烤烟豆浆灌根及标准化技术

◎ 韦凤杰　苏新宏　陈彦春　主编

中国农业科学技术出版社

图书在版编目（CIP）数据

烤烟豆浆灌根及标准化技术 / 韦凤杰，苏新宏，陈彦春主编. --北京：中国
农业科学技术出版社，2021.7

ISBN 978-7-5116-5396-3

Ⅰ.①烤… Ⅱ.①韦… ②苏… ③陈… Ⅲ.①烤烟-栽培技术 Ⅳ.①S572

中国版本图书馆 CIP 数据核字（2021）第 127181 号

责任编辑	崔改泵	
责任校对	马广洋	
责任印制	姜义伟	王思文

出 版 者	中国农业科学技术出版社
	北京市中关村南大街 12 号　邮编：100081
电　　话	(010) 82109194（编辑室）　(010) 82109702（发行部）
	(010) 82109709（读者服务部）
传　　真	(010) 82106650
网　　址	http://www.castp.cn
经 销 者	各地新华书店
印 刷 者	北京建宏印刷有限公司
开　　本	185 mm×260 mm　1/16
印　　张	14
字　　数	341 千字
版　　次	2021 年 7 月第 1 版　2021 年 7 月第 1 次印刷
定　　价	60.00 元

《烤烟豆浆灌根及标准化技术》
编　委　会

主　　编：韦凤杰　苏新宏　陈彦春

副主编：刘文涛　常剑波　王建安　戴华鑫

编　者：陈胜利　马京民　杨军杰　董宁禹　吉贵锋

　　　　张宏超　张建强　韦　刚　史久长　程昌合

　　　　邓力耕　王廷晓　胡　军　杨晋燕　郭志清

　　　　王勇军　李佳颖　段卫东　刘茂林　王新中

　　　　陈建军　彭玉富　牛宝权　王鹏飞　刘剑君

　　　　田效园　朱顺成　赵永伟　刘新源　杨　芳

　　　　赵世民　张继帅　韦　来　李　翀　胡利伟

　　　　李芳芳　赵浩宾　李　磊　宋瑞芳　李　敬

　　　　李洪臣　张树伟　石秋环　董昆乐　李梦竹

前　言

三门峡地处河南省西部，位于北亚热带与暖温带过渡区，气候宜人，四季分明，境内山川丘陵交错，地形复杂多样，光照充足，土壤含钾量高。三门峡烟区属全国烟草种植区划的黄淮烟叶种植区——豫西丘陵山地烤烟区，是我国长江以北最大的烤烟种植产区，也是河南省的核心产区。烟区多分布在海拔600~1 000m的浅山丘陵区，土壤类型主要有褐土和红黏土等，土层深厚，土壤质地和保水保肥性能较好，森林覆盖率高，农业小气候明显，具有得天独厚的自然条件。所产烟叶外观质量好，色泽金黄、厚薄适中，油润丰满、结构疏松、化学成分协调。因其较高的外观质量、内在质量和市场信誉，深受多个烟草工业企业青睐。

三门峡市烟草专卖局（公司）长期坚持问题导向和工业需求导向原则，紧紧围绕烟叶生产实际，立足自身、聚集烟草高科技资源，常年与郑州大学、河南农业大学、郑州烟草研究院、河南省农业科学院等科研院所及有关烟草工业企业开展深度合作，强化先进适用技术集成创新，加快科技成果转化应用，实现了烟区稳定发展，提高了烟叶原料工业可用性，最大限度满足烟草工业企业对三门峡烟叶的需求，为"黄金叶""南京""利群""黄山"等品牌卷烟提供优质原料保障，促进了烟叶供给侧结构性改革，初步实现了三门峡烟叶生产经营高质量发展。

1997年，河南省灵宝市朱阳镇烟农首次尝试将发酵后的豆浆作为肥料应用于烤烟的生产实践，结果表明，当季烟叶的产量、质量和效益均明显提高，技术人员认为，这可能与发酵豆浆中含氮、磷、钾、多肽、氨基酸、维生素、核黄素及低聚糖等多种营养成分有关。三门峡市烟草公司多年来不断成立课题研究小组，围绕豆浆灌根的机理与应用，从初期规范实用技术到规范化栽培技术，从粗放农业生产技术到精细科学管理技术，从以人工为主到水肥一体化技术应用，从分散生产到标准化、工程化豆浆肥料供应，进行了数年的科技攻关，使得三门峡烤烟豆浆灌根技术不断得以成熟和完善，并最终形成了一套科学、系统的技术标准体系。当前三门峡烟区常年种植面积稳定在 20 万亩（1 亩≈667m²）左右，收购量 50 万担（1 担＝50kg）上下，约占河南省收购总量的1/4，所产烟叶凭借"住氧吧、睡绿毯、吃土粪、喝豆浆、披花环"等独一无二的生长待遇，连续多年稳居河南省第一大烟区，为满足烟草工业企业优质原料保障和地方经济与社会发展做出了重要贡献。

为进一步提升三门峡烟叶质量和工业可用性，系统性解决烟叶生产过程中存在的技术问题，推广应用豆浆灌根技术，三门峡烟草公司组织省、市、县有关技术专家，系统整理十余年豆浆灌根的科研项目成果，编写了《烤烟豆浆灌根及标准化技术》一书，希望能从理论和实践上解决优质烟叶生产上遇到的相关问题，能为烟区农民致富有所帮助。

本书分为九章。第一章为三门峡市烟叶生产概况，系统介绍了三门峡烟叶生产概况；第二章切入三门峡豆浆灌根技术主题，介绍豆浆灌根技术及其在烟草中的应用、氨基酸肥料在生产中的应用进展和多肽及大豆多肽在作物生长发育中的作用等；第三章为豆浆原料和发酵的技术指标体系研究；第四章为豆浆发酵高产蛋白酶菌群筛选和工程化改造；第五章为豆浆发酵高产纤维素酶菌群筛选和工程化改造；第六章为豆浆发酵装置和配套系统；第七章为豆浆灌根对植烟土壤的作用机理；第八章为豆浆灌根对烟草生长发育及品质的影响研究；第九章为豆浆灌根自动化机具配套研究。

由于水平有限，时间仓促，错误和遗漏在所难免，敬请各位读者批评指正。

编　者

2021 年 4 月

目 录

第一章 三门峡市烟叶生产概况

第一节 三门峡市概况

一、行政区域

三门峡地处河南省西部，位于豫、晋、陕三省交界处，总人口227万人，国土面积10 496 km²；辖湖滨区、陕州区、渑池县、卢氏县、义马市、灵宝市及1个经济技术开发区、1个产业集聚区；三门峡市人民政府驻湖滨区。全市共62个乡（镇），1 343个行政村和20个涉农社区。

这是一个颇具传奇色彩的地方！相传大禹治水，来到黄河进入平原以前最后一段峡谷中最险要的一座山峡，这里地势险峻，水流湍急，两岸石壁陡峭，因峡谷太窄，黄河水不能及时流向下游而在这里集聚，大禹认为这是导致黄河水患的主要原因，于是使神斧将高山劈成"人门""神门"和"鬼门"三道峡谷。从此，黄河水患明显减少。"鬼门""神门"水势险恶，仿佛只有鬼神才能通过；而"人门"则水势稍缓，但也是水深流急，舟船难行。于是人们将大禹把高山劈成三道峡谷后，在黄河河道中形成的两座孤岛，分别叫做"鬼石"和"神石"。黄河水被"神石"和"鬼石"阻断，将河道分成三流，如同有三座门，三门峡由此得名。这里是仰韶文化的最先发现地和得名地，也是万经之首——老子《道德经》的诞生地，历史文化悠久。"中流砥柱""紫气东来""唇亡齿寒""假虞灭虢"等成语典故都与三门峡息息相关；著名的《将相和》中廉颇、蔺相如的故事也发生在这里。

三门峡古称"陕州"，1957年，国家兴建万里黄河第一坝（三门峡大坝）而成立了三门峡市，经过50多年的建设和发展，如今以崭新的姿态矗立在豫西边陲，被誉为镶嵌在黄河岸边的一颗璀璨明珠。每年冬季，成千上万只白天鹅从遥远的西伯利亚飞到黄河三门峡湿地栖息越冬，又使这里成为全国最大的白天鹅聚集地和观赏地。所以三门峡素有"黄河明珠""天鹅之城"的美誉。

二、三门峡区位

三门峡市位于东经110°21′42″~112°01′24″、北纬33°31′24″~35°05′28″，是豫晋陕三省交界处的交通枢纽，区位优势明显：陇海铁路、连霍高速公路横贯东西，310、209

国道及郑西（郑州至西安）高速铁路和314、318省道在境内纵横交汇，三门峡黄河公路大桥和运三（运城到三门峡）高速公路大桥飞架豫晋两省，浩吉铁路国家"南煤北运"战略大通道穿境而过，黄河水运直达潼关。

三、三门峡地貌

三门峡市地貌以山地、丘陵和黄土塬为主，其中山地约占54.8%、丘陵占36%、平原占9.2%，可谓"五山四陵一分川"。大部分地区在海拔高度300～1 500m，位于灵宝市的小秦岭老鸦岔是河南省最高峰，海拔2 413.8m。主要山脉有小秦岭、伏牛山、崤山、熊耳山等，海拔多在1 000～2 000m。复杂的地形地貌，形成了各种不同的生态环境，光、热、水、土等自然条件具有明显的区域性差异。三门峡市区坐落在黄河南岸阶地上，三面临水，形似半岛，素有"四面环山三面水，半城烟村半城田"之称。目前，全市林地面积709.45万亩（1亩≈667m^2，全书同），林木蓄积量1 734.4万m^3，森林覆盖率50.72%，居河南省第一位；城市建成区绿地面积1 197hm^2，绿化覆盖率44.3%，绿地率39.9%，人均公园绿地面积12.83m^2。

四、三门峡水系

三门峡市共有大小河流3 100多条，分属黄河、长江两大水系。三门峡市多年平均水资源总量29亿m^3（不含黄河入境水），黄河干流年均过境水量420亿m^3，三门峡水库容量达96亿m^3，年调蓄量18亿～20亿m^3。陕州区的矿温泉，属于钙钠型优质高温矿泉水，内含锂、钒、碘等42种对人体健康有益的微量元素，是全国少有的优质矿泉水。

五、三门峡土壤

由于不同的水热、植被等自然要素及社会经济活动的综合影响，三门峡市形成了不同的土壤类型。土壤类型具有明显的垂直分布和水平分布特征。垂直分布从黄河岸边到南部峻岭山地，依次分布着潮土、褐土、黄棕壤、棕壤；水平分布以陕县张茅为界，东部为红土地貌，西部为黄土地貌。

三门峡市土壤类型主要有褐土、红黏土、棕壤三大土类。褐土面积最大，分布在北部低山、丘陵和黄土塬区，土层深厚，耕层疏松，渗水性强，适于小麦、玉米、棉花等作物生长。红黏土主要分布在东部岭岗地区，质地黏重，渗水性差，适于种植小麦、玉米、谷子、豆类、烟叶等作物。棕壤分布在800m以上的山地，土层薄，多含砾石，适于林木生长。据2017年土地利用现状调查汇总结果，耕地面积占总土地面积87.16%；褐土面积占耕地面积63.2%，红黏土面积占耕地面积8.1%，棕壤土面积占耕地总面积12.23%。

三门峡烟区大部分烟田分布在海拔600～1 000m的浅山丘陵地区，土壤类型主要有褐土和红黏土等，土层深厚，土壤质地和保水保肥性能较好。耕层土壤速效氮一般在60～120mg/kg，速效磷5～20mg/kg，速效钾125～245mg/kg，有机质10～20mg/kg，pH值7左右，部分pH值达到8，氯离子含量大多在30mg/kg以下。

六、三门峡气候

三门峡地处北亚热带与暖温带过渡区，气候类型属暖温带大陆性季风型半干旱气候，这里气候宜人，四季分明；光照充足，降水适中；无霜期较长，昼夜温差较大。总的特征是四季分明，春秋短而冬夏长，春季干燥多大风，夏季炎热多雨水，秋季温和湿润，冬季少雨寒冷。年均日照时数2 261.7h，平均日照率51%，多年平均气温13.2℃，大于10℃活动积温4 000℃以上，无霜期216d。雨量偏少且不均，多年平均降水量675.5mm，多年平均蒸发量1 005.7mm，旱象出现频率高，对农业生产影响较大，是一个典型的旱作农业区。

七、三门峡资源

三门峡物华天宝，资源丰富。目前发现矿藏66种，其中已探明储量的有50种，国家储量平衡表中记载的有33种，保有储量居河南省前三位的有31种。其中，黄（金）、白（铝）、黑（煤）是三大优势矿产资源，黄金储量、产量均居全国第二位，锌、锑等15种矿产为全省之冠；钼、铀、铅等9种矿产居全省第二位，是河南省乃至全国重要的贵金属和能源开发基地。高山苹果驰名中外，灵宝大枣久负盛名；仰韶杏全国独有，牛心柿饼是古代贡品；木耳、猴头、核桃、板栗、猕猴桃等土特产在国内外享有盛誉；西南山区是"三步一药"的天然中药库，中药材1 500多种；烟叶生产优势突出，"三门峡"牌烟叶闻名遐迩，有"代云烟"的美誉。灵宝苹果、大枣、杜仲和卢氏连翘、木耳获国家地理标志产品称号，目前在全国省辖市中最多。

第二节　三门峡市烟草概况

三门峡市烟草专卖局（公司）成立于1986年4月，按照国家相关法律法规实行"统一领导，垂直管理，专卖专营"的生产经营体制，一套机构两个牌子。市局（公司）机关内设17个部门，辖6个县级烟草专卖局（分公司）、烟叶营销中心、卷烟营销中心、卷烟物流配送中心和烟草大厦等10个直属单位。全市行业主要职能可概括为"两烟生产经营和专卖管理"，具体讲，一是烟草专卖行政执法，二是卷烟销售，三是烟叶生产、收购和调销。

一、烟叶生产

在全国烟草种植区划中，三门峡市隶属黄淮烟区豫西山地丘陵烤烟适宜区，具有适宜发展烤烟的自然优势。20世纪70年代开始试种烤烟，1973年渑池引种烤烟获得成功，继而于1974年在笃忠藕池、陈村后河、仰韶乐村示范种植281亩获得优质高产；1975年陕县从许昌引进烤烟种子，在西李村乡试种158亩；80年代初卢氏、灵宝、义马、湖滨先后引种并开始大发展。1991年河南省烟草公司把三门峡烟区确定为优质烤烟生产基地；1998年，国家发展计划委员会、国家烟草专卖局把三门峡烟区确定为长江以北烟叶收购价格唯一的"二价区"（根据计价格〔1998〕2119号文）。

截至1998年，全市烟叶工作先后6次被评为"全国烟叶生产收购先进单位"，尤其是卢氏县连续13年获此殊荣。

2001年，三门峡被确定为全国唯一的地（市）级烤烟综合标准化示范区。标志着全市烟叶生产正式跨入了标准化时代。

2003年，三门峡烟区在全国烟草商业企业率先实施ISO 9000烟叶质量管理体系。同时"三门峡"牌烟叶商标在国家工商管理总局登记注册。

2004年，三门峡烟区被评为第三批国家级烤烟标准化示范优秀单位。

2005年，三门峡ISO 9000烟叶质量管理体系顺利通过国际认证机构认证，成为全行业第1家通过第三方权威认证的烟草商业企业。

从此，三门峡烟区拥有了烟叶标准化生产和ISO 9000质量管理体系两件法宝，通过强化烟叶生产基础设施建设，狠抓目标管理和过程控制，认真落实标准化生产措施，全面提升了现代烟草农业基地单元建设水平，烟叶产业发展步入了快速稳健的高铁轨道。

目前，三门峡烟区烟叶收购量稳定在50万~60万担（1担=50kg。全书同），连续10年稳居河南烟叶第一大市地位；所产烟叶凭借"住氧吧、饮泉水、吃土粪、喝豆浆"等独一无二的生长待遇，近年来，年年获得全省"烟叶质量信誉提升"一等奖等荣誉称号。

三门峡所产烟叶具有典型的浓香型风格特色，不仅外观质量好，而且内在品质上乘。据有关科研院校及卷烟工业企业多次评吸鉴定，三门峡烟区烤烟化学成分指标符合国家优质烤烟标准：还原糖18%~24%、总糖20%~28%、烟碱1.5%~3.0%、氯含量0.5%以下、钾氯比大于4。三门峡烟叶因其较高的外观质量、内在质量和市场信誉，深受河南中烟、江苏中烟、浙江中烟、安徽中烟等多个烟草工业企业青睐。同时，烟叶产业为全市农民增收和新农村建设做出了重要贡献。

2019年，全市种植烟叶15.6万亩，收购烟叶42.35万担，烟农总收入5.88亿元，实现烟叶税收1.29亿元。上等烟比例72.03%，中部上等烟占上等烟比例73.5%，烟叶均价27.79元/kg，亩均产值3 771元。2019年三门峡市烟叶收购等级合格率、工商交接等级合格率均位居河南省第一。

二、全市烟叶工作站概况

三门峡烟叶主要种植在东部和西部两个区域，以卢氏县和灵宝市为代表的西部区域为主要种植区，收购量占全市总计划的75%左右；东部烟区主要包括渑池县和陕州区。

2019年全市共设置烟叶收购站（点）46个，其中卢氏县21个、灵宝市9个、渑池县10个、陕州区6个。全市收购量2万担以上的烟站5个，分别是卢氏县的杜关、范里、城关烟站和灵宝市的白羊、朱阳烟站；收购量1万担以上的烟站有12个，其中卢氏县6个，分别是官道口、大岭、东坪、张家、沙河和周家烟站；灵宝市3个，分别是辛店、五亩、马河口烟站；渑池县3个，分别是天池、坡头、西村烟站。

（一）城关烟叶工作站

城关烟叶工作站位于卢氏县东明镇镇政府所在地，始建于 1985 年，占地 15.7 亩，建筑面积 10 228.5 m²，设有 2 条专分散收全自动封闭式收购线。现有职工 9 人，辖 9 个种烟村，500 余户烟农，常年合同种烟面积 8 000 亩左右，收购烟叶 2.5 万担以上，日均收购烟叶 500 担左右。区内成立有天叶农机专业合作社和金地农机专业合作社，建有万亩钢构连体大棚育苗工场 1 个，合作社拥有农用机械 50 余台。2015 年 4 月，被中国烟草总公司授予"烟草行业烟叶工作站标兵单位（2012—2014 年度）"光荣称号。

（二）杜关烟叶工作站

杜关烟叶工作站位于卢氏县杜关镇所在地，属河南中烟"黄金叶"品牌杜关基地单元核心烟站，区内建有"杜荆生态烟叶百里长廊"，定位于全市 6 个现代烟草农业示范区之一。常年合同种烟面积 11 000 亩左右，涉及 21 个村、106 个组。区内成立有荆彰鑫叶烟农专业合作社，建有育苗工场 2 个，其中万亩钢构连体大棚工场 1 个，烘烤工场 5 个，其中清洁能源烘烤工场 1 个，建设水肥一体化示范区 400 余亩，合作社配备农用烟草机械 200 余台（套），整体专业化服务水平较高。

（三）范里烟叶工作站

范里烟叶工作站位于卢氏县范里镇政府所在地，属安徽中烟"黄山"品牌范里基地单元核心烟站。常年合同种植面积 9 000 亩左右，涉及 20 个村、95 个组。区内成立有范里骨垛烟农专业合作社，建有育苗工场 2 个，其中钢构连体大棚工场 1 个，合作社配备农用烟草机械 30 余台（套）。

（四）白羊烟叶工作站

白羊烟叶工作站位于灵宝市五亩乡西淹村，属浙江中烟利群品牌五亩基地单元核心烟站。现有职工 8 人，常年合同种植面积 10 000 亩左右，涉及 5 个种烟村、46 个组。区内成立有金塬烟叶专业合作社，建有育苗工厂 3 个，烘烤工厂 1 个，合作社配备农用烟草机械 120 余台（套）。

（五）朱阳烟叶工作站

朱阳烟叶工作站位于灵宝市朱阳镇，属河南中烟"黄金叶"品牌朱阳基地单元核心烟站。现有职工 8 人，常年合同种植面积 10 000 亩左右，涉及 15 个种烟村，74 个组。区内成立有北塬烟叶专业合作社和鑫源烟叶专业合作社，建有育苗工场 5 个，烘烤工厂 2 个，合作社配备农用烟草机械 100 余台（套）。

三、现代烟草农业发展概况

多年来，三门峡一直坚持现代烟草农业发展方向，积极转变烟叶生产方式，建立完善了市、县、烟站三级技术推广网络，专业从事烟叶生产的各类技术人员达 776 名，具有较强的生产组织能力和丰富的农技推广经验。同时，依托河南省农业科学院烟草研究所、河南农业大学烟草学院、郑州烟草研究院等科研院所，积极开展科技攻关，有效保证了浓香型烟叶生产核心技术措施落地；广大烟农在长期生产实践中形成了精耕细作的传统，同时通过不断学习，将传统经验与新技术有机融合，促进了烟叶生产水平不断提高。"十二五"期间，全市共投入资金 29 726.44 万元，建设烟叶生产基础设施项目 11 058 个，生产基础条件明显改善；建设综合服务型合作社 16 个，完善了制度，成立了专业队，专业化服务水平明显提高，服务面积逐步扩大；烟区规划得到了优化，种烟专业村、专业户大量涌现，户均种烟面积明显增加；在组织管理上，依托烟叶质量管理体系，全面实施烤烟标准化生产，推行 GAP 管理，狠抓关键技术措施的落实，加快科技进步，提高烟叶质量，烟区生产水平不断提高，技术创新能力不断增强，为现代烟草农业的持续健康发展奠定了坚实基础。

第三节　烟叶标准化生产概况

一、烟叶品牌标准体系

（一）烟叶品牌

（1）品牌名称与商标。三门峡烟叶的品牌名称为"河南浓香·三门峡"，商标为 。

商标解释：以万里黄河第一坝和传说中的"三门天险"为主体架构，呈浪花状与仰韶彩绘风格一致，突出了三门峡地理、生态和人文特点，彰显了三门峡丰厚的历史文化底蕴，体现了三门峡烟草人秉承大坝建设者的创业精神和"中流砥柱"所赋予的担当精神，不断开拓创新、勇创佳绩、感恩奉献、回报社会。标识文字与图案并举，特征显著、寓意丰富、简单明了，让人过目不忘。

标识寓意：①烟标图案依托"万里黄河第一坝"三门峡水利枢纽工程国家地标性建筑，并对其进行意义提升凝练而成，气势宏伟，大气磅礴，担当奉献，中流砥柱。②烟标图案形似大坝、似浪花、似金叶片片。"三门峡"三字端庄健秀，点画疏密有致，其正上方图案呈"川"字形，寓为传说中大名鼎鼎的人门、神门和鬼门，壁立千仞，怪石嶙峋。③烟标图案与三门峡的远方贵客天鹅外形相似，蕴含三门峡"黄河明珠天鹅城"的美誉，体现了三门峡地区生态环境的优越。④烟标颜色主色调青绿相称，突出三门峡烟区青山绿水好生态的特点。

（2）品牌核心理念：品自天成　匠心智造。

（3）品牌特性：醇郁浓香　绵融回甘。

（4）品牌传播思想：凝聚核心理念，突出品牌特色，树立品牌形象，增强客户认同，扩大品牌影响力。

（5）品牌宣传语：青山绿水　浓香天成。

（二）烟叶品牌标准体系

1. 体系概念

"河南浓香·三门峡"烟叶品牌标准体系，是烟草商业企业为打造特色烟叶品牌，坚持以"精细实"管理理念为指导，以烟叶品牌标准为统领，以满足工业优质原料需求为目标，将烟叶生产综合标准体系与 ISO 9000 质量管理体系、GAP 管理要求有机融合，用于指导烟叶生产、收购、仓储、销售、服务等生产经营活动的系列规范性文件。

2. 主要内容

主要由品牌标准、综合标准和基地单元标准 3 部分组成。品牌标准阐释了品牌名称、标识、特色、核心理念和品牌宣传语，明确了烟叶品牌标准体系建设的基本要求和结构框架；综合标准主要包括技术标准、管理标准和工作标准三大类，涵盖了烟叶生产经营全过程的 11 个主要方面；基地单元标准是根据烟草工业企业特定要求，以现代烟草农业基地单元为重点，突出质量目标和问题导向，为满足卷烟品牌优质原料需求量身定做的一套标准体系，用于规范基地单元生产收购工作。

"河南浓香·三门峡"烟叶品牌标准体系是"以生产技术标准和工作管理标准为主要内容，以绩效化考核和信息化管理为支撑，以基地单元建设为落脚点"的烟叶生产管理标准新模式。

3. 品牌标准化建设战略

建立健全品牌综合标准体系，落实标准化工作机制，以标准促发展，努力提升品牌价值和竞争力，奋力打造"绿色、生态、优质、安全"的"河南浓香·三门峡"烟叶，倾力建设特色突出、规模稳定、信得过、叫得响的一流烟叶品牌。

4. 品牌基地单元建设目标

以工业需求为导向，打造"特色突出、质量稳定、规模稳定、结构稳定"的现代优质烟叶原料供应基地。

（三）体系建立背景

为主动适应近年全国烟叶生产新形势，市局（公司）党组提出，要加快推进烟叶工作再上新水平，继续保持质量信誉稳中向好的大好局面。并要求将"河南浓香·三门峡"烟叶品牌标准体系建设作为推动烟叶工作开展的重要抓手，讲好三门峡烟叶故事，叫响三门峡烟叶品牌，依托品牌发展，推动烟叶工作水平全面提升。

建设"河南浓香·三门峡"烟叶品牌标准体系意义重大。

（1）是实现三门峡市烟叶转型升级、做优做强的需要。通过行业近几年的调控，烟叶生产计划逐年调减，但受卷烟生产量下滑、单箱耗丝量下降等多重因素叠加影响，烟叶库存高企的态势没有根本扭转，烟草工业企业对烟叶质量和等级结构的要求更加苛刻，烟叶工作面临的新形势更为严峻。一是供给侧结构性改革的新形势。当前，烟草工业企业的原料需求重点已从数量型转为质量型，对等级纯度和等级结构的要求不断提高。为适应新需求，烟叶生产必须进行供给侧结构性改革，必须解决烟叶"供大于求""供非所求""供需错位"等问题，向提质增效、可持续发展转变，向更高质量、更好结构、更优特色转变。二是烟草产业转型升级的新形势。陈润儿省长曾对河南烟草进行了专题调研，对河南烟草业转型发展的战略目标和重点任务提出了新要求。河南烟叶转型发展，就要面向市场，落实订单生产，优化等级结构，推动烟叶工作向市场导向转型、向质量立业转型、向品牌创新转型，生产适销对路的烟叶。三是创新驱动发展的新形势。国家烟草专卖局提出，要深入实施创新驱动发展战略；河南省烟草专卖局指出，烟叶生产要向科技创新转型，彰显浓香特色，提高科技和文化含量；向注重营销转型，精心培育"豫浓香"烟叶品牌，改善供给结构。要坚持以"豫浓香"烟叶品牌建设为依托，着力通过做优做强品牌，打造品牌影响力，破解烟叶数量与质量、等级与结构、区域与特色的矛盾难题，提升"豫浓香"烟叶品牌市场竞争力。

（2）是实现三门峡市烟叶精益生产、"精细实"规范管理的需要。当前，行业烟叶发展方式已经从规模速度转向质量效率，经济结构也从增量扩能转向存量优化，发展重点逐步转向行业内部管理上。为此，要坚决落实国家烟草专卖局精益理念要求，全面推进行业"精细实"管理，谋划工作要做到"精细实"，推进工作要做到"精细实"，评价工作也要做到"精细实"。如何贯彻精益创新发展理念，实现三门峡市烟叶绿色健康发展？如何规范烟叶生产流程，实现烟叶生产全程作业标准化？如何进一步提升质量信誉，树立三门峡烟叶新形象？这些问题都需要我们以"河南浓香·三门峡"烟叶品牌标准体系建设为抓手，大力实施农场化生产、工厂化管理、标准化作业，瞄准"精"的目标，抓住"细"的方法，落实"实"的措施，用工作创新推动烟叶生产与管理的"精细实"。

（3）是破解三门峡市烟叶突出问题、实现持续高质量发展的需要。虽然三门峡是河南烟叶第一大市，连年获得河南省烟叶质量信誉一等奖，市场表现供不应求。但我们也清醒地认识到，目前制约质量信誉提升的矛盾和问题仍较突出：在烟叶生产市场导向问题上，还存在认识不足、重视不够、落实不力的问题；影响浓香型烟叶特色彰显的品种问题、土壤保育问题、采收烘烤成熟度问题依然存在；烟田管理不到位、技术落实不到位的问题还并未全面杜绝；生产经营规范管理问题还有进一步改进的空间；烟叶收购质量尤其是等级纯度还不完全符合工业要求等问题依然存在。当前，这些问题和难题较为集中，更为复杂，必须引起高度重视。在解决这些问题上，不抓不行，抓慢了不行，抓不好更不行。所以要借助"河南浓香·三门峡"烟叶品牌标准体系建设的契机，在标准制定和实施过程中，狠抓基础、强化管理，促进综合标准体系落地生根，切实将烟叶生产发展中的各类问题解决到位。

（四）体系运行机制

1. 运行流程

烟叶品牌标准体系运行流程实际上就是严格落实烟叶质量管理体系的"戴明环"，简称"PDCA"循环，过程详见图1-1。包括以下主要过程。

（1）依据客户需求明确质量目标。针对目标客户的质量要求和特定需求，结合辖区自然生态和土壤条件，共同确定年度烟叶质量目标。

（2）围绕质量目标组织质量策划。瞄准烟叶质量目标，制定相应的生产方案，并以《作业指导单》的形式明确各环节的技术标准和管理要求。

（3）根据策划方案落实作业标准。依据《作业指导单》，相关责任人严格落实环节生产技术标准和管理要求，并对落实结果进行自查自评，严防落实不到位。

（4）通过自查评估监测作业结果。在责任人自查自评的基础上，烟站成立评估小组，对每个烟叶生产环节的《作业指导单》落实效果进行专项评估，并在《质量记录卡》上予以客观记载。

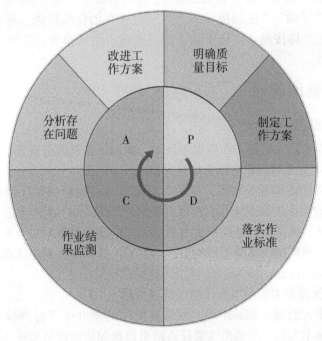

图 1-1　PDCA 循环

（5）开展交流研讨分析存在问题。烟叶生产环节工作结束后，及时组织烟站相关责任人开展交流研讨，分析技术和管理方面存在的问题。

（6）突出问题导向改进策划方案。针对环节生产技术和管理方面存在的问题，讨论制定解决办法，并及时改进《作业指导单》和生产方案，以实现持续提升烟叶质量的目标。

2. "五个一" 烟站工作法

为方便一线员工最大限度方便快捷地落实体系运行流程，我们又总结了"五个一"烟站工作法。该方法是烟叶品牌标准化建设工作的重要举措，是标准化生产和烟叶质量管理体系有机融合的载体，体现了"PDCA"管理思想。"五个一"，即"一书一单一图一卡一表"。"书"是工作计划书，明确烟叶基地单元阶段工作的总目标、总要求；"单"是岗位责任清单，明确相关岗位开展环节技术服务的工作内容及进度安排；"图"是农事操作图，明确环节关键技术落实的内容、要求和时限；"卡"是质量记录卡，主要反映环节技术落实及评估结果；"表"是考核反馈表，用于反馈技术落实考核结果及改进项目。前三个"一"属工作落实范畴，后两个"一"反映工作落实结果和考核情况。

3. "1234" 员工工作法

为便于一线员工指导广大烟农落实各项标准，总结推广了"1234"工作法。即烟叶生产每一环节的重点工作都要明确"一个工作标准，两项重心工作，三条落实措施，四步限时推进"。每项工作开展前均要明确统一的工作标准和要求，然后围绕"宣传培训"和"督促跟进"两项工作重心狠抓落实，坚持抓细、抓实、抓深；"工作落实"环节严格执行"示范带动""巡回指导""个别跟进"的保障措施，责任到人，一抓到底。同时各烟站要严格按照"宣传发动、广泛实施、结果自查、考评兑现"四个步骤限时完成工作任务。

二、体系落地管理

（一）管理机制

体系运行过程中建立完善了六项管理机制，确保了体系运行质量。

1. 以级别评定为主的烟农生产业绩管理机制

推行种烟资格认证和考核制度，按照"自愿申请、村级初审、烟站确认、业绩考核、评定星级"的工作流程强化烟农管理，依据《"双百分"生产业绩考核办法》逐环节对烟农进行考核，根据生产业绩年度考核结果评定烟农星级。实行五星级动态管理和个性化差异服务，不同星级享受不同的服务内容和扶持标准，真正让讲诚信、重质量的烟农得到实惠，感到体面。

2. 以网格化管理为主的员工生产绩效管理机制

全面推行"单元管理、烟站组织、网格实施"的烟叶生产管理模式，一个网格配备 1 名烟叶生产技术人员，严格落实责任人结果自查和烟站评估考核机制，对技术指导不到位的，根据环节质量记录单追溯相关责任人或评估人的具体责任，下达《工作督查通知书》限期整改，整改结果与其生产绩效和效益工资挂钩。

3. 以督查整改为主的层级督查机制

烟站全面落实烟叶工作各项标准，实行"员工督查烟农、烟站督查员工、分公司督查烟站、市公司督查分公司"的四级督查落实机制。阶段督查与专项督查相结合，重点督查《质量记录》《工作日记》和现场落实情况相互印证结果，对技术落实不到位的，由相关责任人向烟农下达《技术整改通知书》；对工作落实不力的，按照管理权限，及时向责任部门或相关责任人下达《督查整改通知书》。

4. 以"套餐"供应为主的烟用物资管理机制

实行了统一编制计划，统一招标采购，统一质量验收，统一标准供应的"四统一"物资管理办法。坚持"上搭下"套餐供应产后扶持模式，严格按照烟农星级兑现生产政策和扶持标准。有效发挥生产扶持的导向作用，最大限度激发烟农种好烟和诚信种烟的积极性。

5. 以"五员一卡"为主的质量溯源管理机制

在认真落实入户预检、站前复检、主检负责、原收原调制度的同时，全面推行了"五员一卡"质量溯源管理机制，对烟叶收购中的预检员、复检员、检验员、司磅员、保管员五个重要岗位，实行了统一岗位编码、统一认可流程、统一标识管理，确保每包烟叶质量可以追溯到烟站、磅组，烟叶市场信誉和核心竞争力明显提高。

6. 以目标管理为主的管理评审机制

不定期开展现场检查指导，发现问题，分析成因，及时整改；定期开展阶段内审，针对查出的不合格项，制定纠正预防措施；年终开展综合评审，对照目标逐项评价，提出改进意见，持续创新提高；坚持目标考核结果与从业人员的业绩和效益工资挂钩，充分发挥目标管理作用。

(二) 落地措施

知易行难,落地和落实比什么都重要。为保证烟叶品牌标准体系更加有效的落地,主要采取以下六项措施抓好落实。

1. 广泛培训宣贯,营造浓厚氛围

坚持实行"压力传导、层级培训"管理模式。市公司通过定期开展专题讲座或召开体系运行现场会等形式,提高各级管理人员的认识;分公司采取制作宣贯版面、印发专业资料、逐环节培训等办法广泛宣传,充分调动一线职工落实体系的自觉性;烟站严格落实现场培训、巡回指导、专题研讨制度,加强对烟农的指导和服务,强化烟农对质量管理体系的认识。

2. 技术精炼于单,操作形象为画

将烟叶生产全过程划分为育苗、移栽、田管、采烤、收购等若干环节,总结提炼每个环节的关键技术标准,形成环节《作业指导单》,同时以漫画的形式做成版画放置于田间地头,使生产技术标准更加生动形象,便于烟农学习领会,保证了技术标准落地的准确性和实效性。

3. 创建微信平台,提升工作水平

利用现代信息技术,分层级创建烟叶烘烤工作微信交流群,充分利用手机微信平台的七大作用(安排工作、过程控制、交流经验、反馈结果、上传数据、通报情况、公示监督),提高了工作效率,提升了一线员工和广大烟农的业务能力和工作水平。

4. 目标过程并重,督导考核齐行

分阶段对烟叶工作目标实现和过程控制进行督导,追求目标实现的同时,切实加强过程控制;督导结束后,下发阶段内审通报,对发现的问题,跟踪整改到位。特别是在烟叶移栽、豆浆灌根、采收烘烤等重点生产环节,适时开展关键技术落实情况专项检查,发布《烟叶质量管理通报》,及时发现和解决问题。

5. 突出问题导向,狠抓重点突破

目前三门峡市烟叶生产存在的主要问题有两个,一是烟叶等级结构与烟草工业企业实际需求的矛盾,二是烟叶成熟度还没有完全达到烟草工业企业需求的理想状态。针对这个问题全面加强了烘烤师队伍建设工作,坚持以烘烤师队伍建设为抓手,以技术标准落地为着力点,以采烤一体化为突破口,以量化考核为手段,强化组织管理,全力抓好烟叶烘烤精益管理工作。制定下发《烟叶烘烤师管理办法(试行)》《烟叶烘烤师服务费及兑现办法》等文件,统一了县级分公司烘烤师队伍管理办法。烘烤师由烟叶合作社牵头招聘,实行片区管理,明确岗位职责,突出结构优化、适熟采收、分类编竿和合理装炕等关键技术;明确阶段工作任务,以旬为单位明确工作内容,适时抓好措施落地。实行三级(合作社、烟站、分公司)管理考核办法,明确考核内容、工作标准和完成时限,确保各项关键技术落实到位,切实提高烟叶成熟度和烘烤质量。

6. 员工绩效联动,层级考核奖惩

市、县公司分别从工资总额中提取一定比例,用于工作考核的奖惩兑现。全年分阶段考核和综合考核两种方式,科学设定不同考核方式的绩效权重,由下到上严格实行层级考核，及时兑现奖惩，使烟叶从业人员"人人有指标、事事有考核、月月有奖惩"，通过考核和奖惩全面激发大家的工作热情。市公司将烟叶工作划分为4个环节，每个环节以分公司主要负责人2万元薪酬为基数，考核结果95分（含）以上的不扣减；85～95分（含85分），每低一分，扣减1000元；85分以下，2万元全部扣减。同时每个环节设一票否决项目，凡被否决的，2万元全部扣减。班子其他成员按80%比例同时兑现。通过绩效挂钩促进领导层，特别是主要领导更加重视烟叶标准化生产工作，持续提升烟叶质量管理水平。

三、体系特点及效果

（一）体系特点

"河南浓香·三门峡"烟叶品牌标准体系坚持以品牌标准为统领，突出了"精细实"管理理念，主要有5个明显特点：一是导向性。率先提出了以品牌标准为统领的烟叶生产管理标准新模式，阐释了品牌标识、特色和核心理念等关键元素；明确了烟叶品牌标准体系的基本框架和主要内容，建立了"河南浓香·三门峡"烟叶品牌相关标准，为突出市场取向和品牌特色的烟叶标准化生产提供了直接依据。二是先进性。有机融合了烟叶生产综合标准体系和ISO 9000质量管理体系，导入了卓越绩效管理的对标理念；主动适应烟叶工作新形势，标准编制坚持不断融入新元素、不断完善新标准、不断转化新成果，积极融合精益生产理念和GAP管理要求，为推动全面质量管理向全面管理质量转型奠定了良好基础。三是实用性。体系内容既包含生产技术标准又包含工作管理标准，涵盖了烟区规划、生产技术、质量控制、烟叶购销、基础设施建设、烟用物资、烟农沟通、专业化服务、基层管理、科技创新和信息化建设等烟叶工作的各个方面，基本实现了"工作有程序，事事有标准"，为全面落实"精细实"管理理念提供了制度支撑。四是简便性。坚持以"标准落地"为最终目标，制标工作着重在去繁就简上下工夫，力争标准好懂易记；贯标工作着重在简化精炼上下工夫，以相关标准为依据，逐环节提炼《作业指导单》，并配套绘制《农事操作宣传漫画》，通过"技术要点精炼于单、农事操作形象为画"的办法，实现了标准核心要素表达"简明扼要、一目了然"，便于使用者掌握应用。五是实效性。建立"五个一"工作落实机制，通过"一书一单一图一卡一表"的形式使烟叶一线员工对阶段工作的目标、内容、标准、时限、考核办法及考核结果应用都了然于胸，规范了工作程序，降低了工作量，提高了劳动效率；同时，便于考核跟进，结果公开透明，有效保障了体系顺利落地和持续改进。

（二）运行效果

"河南浓香·三门峡"烟叶品牌标准体系建立运行以来，有力促进了三门峡烟叶工作水平持续提升，主要表现为"四升一降"：①烟叶品牌影响力显著提升。在国家局收购检查等级合格率和工商交接等级合格率连续多年位居全省前列的基础上，2017年度三门峡烟叶成为全国烟叶工商交接等级质量抽查免检产品，进一步密切了与浙江、江苏、河南等中烟工业公司的关系，提升了烟叶品牌价值和影响力。②标准化工作水平显著提升。深入推行"五个一"工作落实机制和层级管理考核办法，全面调动了一线员工和烟叶种植主体标准化生产的积极性，形成了学标准、用标准、议标准的浓厚氛围，有效促进了关键技术标准顺利落地。③烟叶工作管理水平显著提升。以"查漏洞、补短板、严规范"为目标，进一步理顺了烟叶合同、物资扶持、资金补贴、专分散收、质量溯源等管理工作流程，优化升级了工作标准，明确了岗位职责和问责办法，增强了工作人员的主体意识、规范意识和责任意识。④烟农收入水平显著提升。烟农标准化生产积极性高涨，能够主动及时落实各项烟叶生产标准，科技种烟意识进一步增强，烟田管理整体水平明显提高，亩均产值和户均收入大幅攀升。⑤烟叶生产成本明显降低。全市烟叶亩均用工控制在 20 个左右，减少化肥使用量 5%以上，减少化学农药使用量 8%以上，烟叶亩均生产成本明显降低。

四、体会与思考

"河南浓香·三门峡"烟叶品牌标准体系建立运行过程中，总结积累了一些感悟。

（一）"领导重视，全员参与"是品牌标准体系建设和高效运行的前提

烟叶品牌标准体系建设是一项系统工程，牵涉的部门多、岗位多、环节多、事项多，离开领导特别是主要领导的重视和支持根本无法推动。领导层必须"既挂帅又出征"，做好"顶层设计"的同时，还要主动破解难题、亲自推动工作开展。同时，烟叶品牌标准体系建设和高效运行还是一项实践性很强的工作，离开干部职工的参与，再好的标准也只能成为摆设，再科学的体系也发挥不了作用。只有全员积极主动参与，才能实现自上而下推动和自下而上参与的有效衔接，才能保证体系建设和持续运行高效化。

（二）"优化标准，持续创新"是品牌标准体系建设和高效运行的重点

坚持标准制定与现代烟草农业、烟农合作社、职业烟农、专分散收等烟叶工作新元素相结合，尽可能增加控制点。坚持标准制定与烟叶质量管理相结合，及时发现并适时解决问题，实现持续优化，提升应用效能。坚持标准制定与科技创新、技术攻关和 QC 小组活动相结合，及时将新成果转化为标准，不断提升标准化工作水平。"河南浓香·三门峡"烟叶品牌标准体系共收录烟叶品牌标准 3 个，综合标准 161 个（其中技术标准 45 个、管理标准 38 个、工作标准 78 个），基本实现了烟叶生产要素和过程的全覆盖；同时，结合"农场化生产、工厂化管理、标准化作业"的烟叶生产管理新模式，对全市 7 个基地单元分别编制了配套标准。

（三）"瞄准目标，强化考核"是品牌标准体系建设和高效运行的关键

紧紧围绕标准化生产这条主线，通过目标考核将烟叶从业人员和广大烟农的心思、力量凝聚在促进标准落地、完成质量目标上。针对关键环节的标准落地和实施主体，建立完善"市公司对分公司、分公司对烟站、烟站对员工、员工对烟农"四级考核机制，分层级开展考核评定，实现了参与对象和业务流程的"全覆盖"。严格责任部门目标评审考核，突出烟站员工"五个一"工作落实机制和烟叶种植主体"双百分"业绩考核，确保考核结果及时准确。严格考核结果运用，把考核结果与县分公司领导班子薪酬、员工绩效工资及烟农星级评定挂钩，全面激发大家的工作热情。

第二章 豆浆灌根及其相关技术研究进展

第一节 豆浆灌根技术及其在烟草中的应用

烤烟豆浆灌根技术是在烟苗移栽大田 20~28d 时对烟株根部浇灌一定量发酵豆浆溶液的生产技术措施，该技术具有成本低、易操作、肥效好、生态环保、无毒副作用、无污染的特点，能够有效促进大田烟株生长发育，增强烟株自身营养和抗性，提高烟叶产量和质量，尤其对增加烤后烟叶致香物质含量的作用显著。目前，烤烟豆浆灌根技术已发展成为豫西烟区烤烟生产的一项常规农艺措施，群众自发应用该技术，提高了种烟效益，促进了烤烟生产的可持续发展。现将有关情况报道如下。

一、基本情况

1997 年，河南省灵宝市朱阳镇烟农首次尝试将发酵后的豆浆作为肥料应用于烤烟的生产实践，结果表明，当季烟叶的产量、质量和效益均明显提高，这可能与发酵豆浆中含氮、磷、钾、多肽、氨基酸、维生素、核黄素及低聚糖等多种营养成分有关。次年，灵宝市烟草公司成立课题组，组织科研人员对此进行专项研究，经过数年的努力，烤烟豆浆灌根技术不断得以成熟和完善，并形成了一套科学、系统的技术体系。据河南省农业科学院农业经济与信息研究中心 2008 年 11 月的查新结果，除该课题组的相关报道外，国内尚未发现相关研究。鉴于上述原因，笔者认为该技术是一项来源于生产实践、应用效果明显、农民原创性的生产措施。截至 2005 年，豆浆灌根技术在灵宝烟区推广应用面积达 2 866.7hm²，占种烟总面积的 95% 以上。2005—2007 年，该技术在三门峡市普遍应用，累计推广面积 3.47 万 hm²，累计增产烟叶 1 060 万 kg，累计增加产值 9 540 万元。2008 年、2009 年三门峡烟区推广应用面积分别达 14 800hm² 和 16 467 hm²，年推广应用率达 95% 以上，邻近的河南省主要烤烟产区洛阳、南阳市也开始大面积示范应用。

二、技术要点

1. 大豆种类选择及用量

可采用黑豆或黄豆，黑豆施用效果及投入产出比优于黄豆，但成本稍高。施用量为 75.0~112.5kg/hm²，使用效果随施用量的增加而增加。

2. 豆浆制作及发酵

将黑豆（或黄豆）用水浸泡，然后用打浆机打浆或者将黑豆（或黄豆）磨成粉状，然后渐次加入适量水并搅拌成浆。将制好的豆浆密闭缸中或用塑料薄膜密封，自然放置 5~7d，充分发酵至发臭即可。

3. 施用方法

灌根前，将发酵后的豆浆 150～225kg 兑水 9 000～13 500 kg/hm²，搅拌均匀备用（最好即拌即用）。根据土壤墒情，平均每株烟的灌根量为 0.50～0.75kg。一般在移栽后 20~28d，最迟不超过团棵期（约移栽后第 4 周，最晚第 5 周）。用一头削尖的直径 5cm 木棍，在叶尖处垂直倾斜 30°向根部打孔，深度以 10~15cm 为宜，用搅拌均匀的发酵豆浆溶液灌根，灌后立即用土封口，防止蒸发跑墒。提倡机械化灌根、专业化服务，以适应现代烟草生产的要求。

4. 注意事项

大豆用量和稀释倍数宜灵活掌握。发酵豆浆中含有一定量的氮、磷、钾等营养成分，应根据烟田肥力状况、烟株长势和土壤墒情灵活掌握大豆用量和稀释倍数，以有效平衡烟株自身营养，促叶片适时成熟落黄。

灌根时间严格控制。一般为移栽后 20~28d，最晚不能超过团棵期，即移栽后 35d 前必须灌根。以充分发挥豆浆灌根技术的效应，有效避免贪青晚熟对烟叶采摘烘烤造成的不利影响。宜结合其他肥料同时施用。豆浆灌根时可结合烟株实际营养状况，施入一定量的硝酸钾、硫酸钾等化学肥料，补充烟株氮、钾营养。

充分发挥灌根豆浆溶液对干旱的缓解作用。土壤干旱时可适当加大发酵豆浆的兑水量，从而减轻干旱对烟株造成的不利影响。

三、应用效果

2001—2006 年，课题组组织有关专家和技术人员在豫东的周口市、豫西的三门峡市、洛阳和南阳等地安排了烤烟豆浆灌根技术的试验和示范工作，并在灵宝烟区 4 个乡镇 35 个村的 1 400hm² 烟田内进行了大面积的示范推广，取得了良好的试验示范效果。

1. 对烤烟生长发育的影响

豆浆灌根能够有效促进烤烟大田生长发育，使中期和后期生长加快，尤其是旺长期。至圆顶期时，烟株的株高、茎围、叶片数和最大叶面积等农艺性状较对照分别增加 12.6%、5.3%、10.9%和 22.8%（灵宝大面积示范平均值），烟株生长整齐度明显提高。从根系性状看，灌根后，烟株根系含水量增加且生长更为旺盛，根幅、根体积、根鲜重均表现出明显增加，尤其是根鲜重和根幅较对照分别增加 8.3%和 6.3%。

2. 对烤烟病害的影响

有研究表明，豆浆灌根后，大田烟株病毒病和赤星病的危害程度减轻：病毒病的发病率和病指较对照分别减少 10.7%、13.9%；赤星病的发病率和病指较对照分别减少 16.9%、25.6%。这可能与烟株体内养分更为均衡，营养抗性、鲜烟叶素质和耐熟性提高有关。

3. 对烤烟产量及经济性状的影响

豆浆灌根显著增加烤烟的产量和产值，烤后烟叶的总叶重和单叶重增幅较大，均超过 20%，达显著性差异，烟叶产量平均增加 12.3%，烟叶产值和上等烟比例分别增加 17.0% 和 16.8%，烟叶质量得到提高，等级结构明显改善，均价较对照增加 4.9%。

4. 对烤烟质量的影响

烤烟质量一般从外观质量、内在化学成分、感官（评吸）质量和香气质量 4 个方面进行评定。

（1）对外观质量的影响。豆浆灌根对烤后烟叶的外观质量影响较为明显，与对照相比，主要表现为：叶片油分增多；颜色多橘黄，光泽强而鲜亮，均匀度好；结构疏松；身份适中，手感绵软，弹性好；香气优雅，闻香突出。

（2）对化学成分的影响。对中部橘黄三级烟叶进行了化验分析，结果表明，豆浆灌根使烤后烟叶化学成分含量更为合理，总糖、还原糖、钾离子含量增幅较大，分别达 11.9%、14.3% 和 17.3%，烟碱和总氮含量略有降低，氯离子和石油醚提取物含量变化不大。烤后烟叶化学成分的比例更加协调和均衡，总氮/烟碱、总糖/烟碱和钾/氯值等指标均明显改善，更加符合优质烟叶标准。

（3）对感官（评吸）质量的影响。河南新郑烟草集团公司技术中心对豆浆灌根条件下烤烟的上部、中部和下部烟叶进行了感官（评吸）鉴定，评价指标主要包括香气质、香气量、香气浓度、香气细腻度和烟气甜度、舒适度、燃烧性、灰分、刺激性、杂气等，鉴定结果采用打分法表示。结果表明，烤烟的下部和中部叶片评吸评价总得分均较高，其中下部叶片的香气质、香气量增幅最高，香气浓度明显变高，烟气甜度略有提高，杂气减轻，但刺激性稍大；中部叶片的香气量、香气细腻度略有提高，烟气刺激性明显变小，但灰分稍差；上部叶片的香气量和香气浓度略有降低，香气细腻度明显提高，刺激性和舒适度明显改善，但灰分变差，同时，上部叶片部位特征表现不太明显，可用性提高。

（4）对香气质量的影响。韦凤杰等的研究结果表明，豆浆灌根能够有效提高烤烟下部和中部叶片中香气物质的总量和质量，其中下部叶片的香气总量提高 13.5%，中部叶片的香气总量提高 21.7%。但上部叶片中香气物质的总量却降低了 7.8%。豆浆灌根对烤后烟叶各部位叶片中香气物质的总量和质量影响依次为中部>上部>下部。烤烟叶片中的质体色素主要包括叶绿素和类胡萝卜素两大类，其降解形成的致香物质对烟叶香气的形成关系密切。其中叶绿素降解产物新植二烯是烟叶中重要的香气成分之一，也是烤烟中性香气物质中绝对含量最高的成分，可直接转移到烟气中，并具有减轻刺激和柔和烟气的作用。豆浆灌根可显著增加烤后烟叶中部和下部叶片中新植二烯的含量，其增幅分别达 21.9% 和 14.8%。还有研究结果表明，豆浆灌根使中部橘黄三级烟叶中新植二烯的含量较对照提高 60.2%；但豆浆灌根减少了上部叶片中新植二烯的含量，较对照减少 6.9%。不论是下部、中部还是上部叶，豆浆灌根后，其叶片中新植二烯含量占烟叶中挥发性中性香气物质总量的比例均较对照有不同程度提高。类胡萝卜素的降解和热裂解产物可生成近百种香气化合物，这些化合物是形成烤烟细腻、高雅和清新香气的主要成分。类胡萝卜素降解产物主要包括 β-大马酮、7，11，15-三甲基-3-亚甲基十六烷-1，6，10，14-四烯、巨豆三烯酮、6-甲基-2-庚酮等，豆浆灌根增加了中部和下部烤后烟叶叶片中类胡萝卜素降解产物的总量，分别较对照增加了 9.5% 和 1.5%，但降低了上部叶片中类胡萝卜素降解产物的总量，降幅为 6.7%。需要强调的是，豆浆灌根对中部叶片中类胡萝卜素降解产物总量的增加作用最为显著，南阳市方城县试验结果表明，豆浆灌根使中部橘黄三级烟叶中类胡萝卜素降解产物的总量较对照增加 17.3%。

烟叶中非质体色素降解形成的致香物质按烟叶香气前提物进行分类，可分为芳香族氨基酸代谢产物（苯丙氨酸）类、美拉德（棕色化）反应产物类和类西柏烷类等。其中芳香族氨基酸代谢产物包括苯甲醇、苯乙醇、苯甲醛、苯乙醛等成分，对烤烟的香气有良好的影响，尤其对烤烟的果香、清香贡献较大。洛阳市洛宁县的试验结果表明，豆浆灌根对烤后烟叶中、下部叶片内苯丙氨酸类致香物质的形成影响较小，但能够显著降低上部叶片中苯丙氨酸类致香物质的含量，降幅为 54.5%；美拉德（棕色化）反应产物类致香物质包括糠醛、糠醇、5-甲基-2-糠醛、二氢呋喃酮和乙酰基吡咯等成分，其中多种物质具有特殊的香味。研究表明，豆浆灌根使烤后烟叶下部叶片中美拉德（棕色化）反应产物类致香物质含量较对照增加 43.5%；中部叶片含量增加 73.3%；但上部叶片含量却减少 9.1%。豆浆灌根对烤后烟叶下部叶片中类西柏烷类降解产物影响最大，较对照增加 57.8%；对中部叶片影响较大，较对照增加 12.2%；但上部叶片含量较对照减少 2.8%，差异较小。赵铭钦等对中部橘黄三级烟叶的研究结果表明，豆浆灌根对烤后烟叶中非质体色素降解形成的致香物质含量影响较大，其总量增加 14.6%以上，其中芳香族氨基酸代谢产物类致香物质总量较对照增加 37.2%，美拉德反应产物总量较对照增加 21.3%，类西柏烷类降解产物中以茄酮为代表，较对照增加 8.4%。

5. 经济效益分析

目前，生产中主要采用黄豆进行豆浆灌根，三门峡市 2007—2008 年 5 月（灌根时间一般在 6 月中旬）黄豆平均价格为 3.46 元/kg，按大豆用量 75.0～112.5kg/hm² 计算，豆浆灌根成本为 259.5～389.25 元/hm²。课题组调查发现，在此成本条件下，烟农豆浆灌根的积极性依然很高，因为豆浆灌根显著提高了烟叶产量和质量，烟农收益增加 2 700 元/hm² 左右，投入产出比高达 6.9 以上。

四、技术发展方向

根据三门峡烟草生产实际，有针对性地开展豆浆灌根基础技术研究，使之成为具有工艺可控、操作规范的一项农艺措施；建立灌根用豆浆的大规模标准化生产技术与工艺，最大限度地提取豆浆中有利于提高烟叶品质的氨基酸、酚类、嘌呤等物质，并研发出烟草专用豆浆灌根的田间施用自动化机具，开展不同发酵工艺豆浆灌根的评价，最终确定适合河南三门峡烟叶生产实际的豆浆灌根质量控制技术指标和参数标准，提高河南省烟草生产中使用豆浆灌根的生物效果。该项目的实施对提高三门峡烟区生态绿色优质烟叶质量具有重要意义。

第二节　氨基酸肥料在生产中的应用进展

自从李比希创立植物矿质营养学说以来，人们一直认为植物只能吸收无机态氮而不能吸收有机态氮。但随着科学的发展，越来越多的证据表明植物也能吸收有机态氮。氨基酸是一组分子量大小不等的有机化合物,是合成蛋白质的基本单位,氨基酸可提供有机氮源,植物可吸收分子态的氨基酸。大量研究证明,氨基酸可提高作物产量和品质、增强作物抗性、改善生态环境,因而氨基酸肥料作为一种新型肥料逐渐得到认可。但由于对氨基酸肥料的生产来源及氨基酸肥料应用中的问题缺乏了解,一定程度上限制了氨基酸肥料的发展应用。明确氨基酸肥料的生产来源,掌握其应用中注意的问题,对推动氨基酸肥料的应用和发展,促进农业的可持续发展具有重要的现实意义。

一、氨基酸肥料

氨基酸肥料是以植物氨基酸作为基质,利用其巨大的表面活性和吸附保持能力,加入植物生长发育所需要的营养物质(氮、磷、钾、铁、铜、锰、锌、铝、硼等),经过螯合和络合形成的有机、无机复合物。这种肥料既能保持大量元素的缓慢释放和充分利用,也能保证微量元素的稳效和长效。具有增强植物呼吸作用、改善植物氧化还原过程、促进植物新陈代谢的良好作用。它能促进光合作用和叶绿素的形成,对氧化物活性、酶类活性、种子发芽、营养物质吸收及根系生长发育等生理生化过程均有明显的促进和激活作用。尤其是它与植物的亲合性是其他任何一种物质所无法比的。

1. 氨基酸

氨基酸是构成生物体蛋白质并同生命活动有关的最基本的物质,是在生物体内构成蛋白质分子的基本单位,与生物的生命活动有着密切的关系。它在抗体内具有特殊的生理功能,是生物体内不可缺少的营养成分之一。

2. 对土壤进行改良

促进土壤团聚体的形成。土壤团聚体是土壤结构的基本单位,使用氨基酸,可改变土壤中含盐过高、碱性过强、土粒高度分散、土壤结构性差的理化性状,促进土壤团聚体的形成,施用氨基酸后,土壤容重明显下降,土壤总孔隙度和持水量相应增加,有助于提高土壤保水保肥的能力,从而为植物根系生长发育创造良好的条件。

3. 对土壤微生物区系及酶活性的影响

土壤微生物是土壤中的重要组成成分之一,对土壤有机—无机质的转化、营养元素的循环以及对植物生命活动过程中不可少的生物活性物质——酶的形成均有重要影响。氨基酸能促进土壤微生物的活动,增加土壤微生物的数量,增强土壤酶的活性,国内外大量研究资料证实,施用氨基酸可使好气性细菌、放线菌、纤维分解菌的数量增加。对加速有机物的矿化、促进营养元素的释放有利。

4. 对化学肥料有增效作用

目前我国小麦氮肥、磷肥、钾肥当季平均利用率分别为32%、19%、44%,玉米氮肥、磷肥、钾肥当季平均利用率分别为32%、25%、43%。如何提高化肥利用率,已经成为全世界非常重视的研究课题。提高化肥利用率途径很多,下面主要讲解氨基酸对化肥利用率的提高。

(1)对氮肥的增效作用。尿素、碳铵及其他小氮肥,挥发性强,利用率较低,农民普遍认为其"暴、猛、短",而和氨基酸混施后,可提高吸收利用率20%~40%(碳铵释放的氮素被作物吸收的时间20多d,而与氨基酸混施后可达60d以上)。还有氨基酸对土壤中潜在氮素的影响是多方面的，氨基酸的刺激作用，使土壤微生物流行性增加，导致有机氮矿化速度加快，氨基酸具有较高的盐基交换量，能够减少氮的挥发流失，同时也使土壤速效氮的含量有所提高。

（2）对磷肥的增效作用。氨基酸对磷肥作用的研究，国外已进行多年，中国也进行了这方面的研究，结果表明，不添加氨基酸，磷在土壤中垂直移动距离 3~4cm，添加氨基酸后可以增加到 6~8cm，增加近一倍，有助于作物根系吸收，氨基酸对磷矿的分解有明显的效果，并且对速效磷的保护作用和减少土壤对速效磷的固定上，以及促进作物根部对磷的吸收，提高磷肥的吸收利用率均有极高的价值。

（3）对钾肥的增效作用。氨基酸对钾肥的增效作用主要表现在：氨基酸的酸性功能团可以吸收和贮存钾离子，防止在沙土及淋溶性强的土壤中随水流失，又可以防止黏性土壤对钾的固定，可对含钾的硅酸盐、钾长石等矿物有溶蚀作用，可缓慢分解增加的释放，从而提高土壤速效钾的含量。

（4）对微肥的增效作用。作物生长，除氮、磷、钾三大元素外，还需钙、硅、镁、硼、锰、铜、锌、钼等多种中量、微量元素，它们是作物体内多种酶的组成成分，对促进作物的生长发育、提高抗病能力、增加产量和改善品质都有非常重要的影响。有时不是土壤中缺乏微量元素，而是可被植物吸收的有效部分含量太少。氨基酸的施用，可与难溶性微量元素发生螯合反应，生成溶解度好易被作物吸收的氨基酸微量元素螯合物，有利于吸收，并能促进被吸收的微量元素从根部向地上部位转移，这种作用是无机微量元素肥料所不具备的。

（5）对农作物生长发育的作用。氨基酸含有多种官能团，被活化后的氨基酸成为高效生物活性物质，对作物生长发育及体内生理代谢有刺激作用，活化后的氨基酸高效生物活性物质按一定浓度采用浸种、浸根、蘸根、喷洒、浇灌、作底肥等方式，对各种作物都有明显的刺激效果。综合表现在对根系发育的促进，对作物产量、质量都有良好的影响。

（6）对农作物发育的影响。施用氨基酸腐殖酸，可加速种子发芽，提高出苗率，在早春、低温下尤为显著（一般可提早 1~3d 发芽，出苗率提高 10%~30%）。根系发达，吸收力强，氨基酸对作物的根系发育有特殊的促进作用，许多农科人员称氨基酸为"根系肥料"，对根系的影响主要表现在：刺激根端分生组织细胞的分裂与增长，使幼苗发根快，次生根增多，根量增加，根系伸长，最终导致作物吸收水分和养分的能力大大增强。对地上部分营养体生长的影响，在养分供应充足的基础上，氨基酸的刺激作用可使植株地上部分营养体生长旺盛，表现在株高、茎粗、叶片数、干物质积累等方面。

5. 对产量和构成因素的影响

氨基酸对不同作物的产量、构成因素是不同的，对粮食作物，穗数、粒数、千粒重等起到增产作用，前期对分蘖、减少空秕率均有良好的效果。对作物生理代谢及酶活性的影响，氨基酸进入植物体内后，对植物起到刺激作用，主要表现在呼吸强度的增加、光合作用的增加、各种酶的活动增强，从而使果实提前着色成熟，取得高产、提高产值。

二、植物氨基酸营养的研究进展

氮是对植物生长最重要的元素之一。自从李比希创立植物的矿质营养学说以来，人们一直认为植物只能吸收无机态氮而不能吸收有机态氮，施入土壤中的有机态氮必须由土壤中的微生物矿化为无机态氮后才能被植物吸收，因而矿质养分受到重视，对植物吸收和同化 NH_4^+、NO_3^- 方面有较深入的了解。然而，随着研究的深入和手段的改进，越来越多的证据表明植物也能吸收有机态氮肥。植物有机营养研究最早可追溯到 1868 年。20 世纪 90 年代，植物吸收氨基酸态氮的研究取得了较大的进展。

1. 植物吸收氨基酸现象的发现

Wolf 在 1868 年发现黑麦在酪氨酸作唯一氮源时生长良好，之后陆续发现其他一些植物也能吸收氨基酸态氮。White 等在 1937 年发现精氨酸、缬氨酸、脯氨酸、异亮氨酸、甘氨酸和羟脯氨酸对番茄离体根的伸长有抑制作用。有研究者在 1946 年发现，在无菌条件下，D 型和 L 型的谷氨酰胺和天冬氨酸都可被豌豆和三叶草吸收利用。1950 年另有研究者详细地研究了三叶草、番茄和烟草对几种氨基酸的吸收，表明植物能吸收所有的氨基酸，其效果因不同植物而异。日本科学家用脯氨酸喷洒到玉米上，产量提高 20%，喷洒到水稻、黄瓜上，产量均提高 15%；将甘氨酸拌入无污染的磷、钾肥中，也可增加农作物对磷、钾元素的吸收。20 世纪 90 年代，吴良欢和陶勤南等研究甘氨酸态 N>谷氨酸态 N>铵态 N；在甘氨酸态 N 与铵态 N 配施条件下，以吸 N 总量为基础计算的甘氨酸态 N 营养贡献率可达 55.66%，这些都说明了氨基酸可以作为肥料应用于作物上。

众多研究表明，植物对氨基酸态氮的吸收利用不是个别现象，而是具有一定的普遍性。在生态系统中，植物对养分循环的控制能力比人们预计的要大。正如 Nasholm 所说，氮的矿化作用不是植物利用有机氮之前必需的步骤，现有的概念很可能夸大了氮的矿化作用。

2. 植物吸收和转运氨基酸的机理

高等植物对氨基酸的吸收和运输是两个既相互独立又相互关联的过程。植物细胞对矿质元素的吸收方式可归纳为以下 3 种类型：被动吸收、主动吸收和胞饮作用。被动吸收是指由于扩散作用或其他物理过程而进行的吸收，不直接需要代谢能量。主动吸收是指细胞利用呼吸释放的能量做功而逆着浓度差吸收物质的过程。胞饮作用是指物质吸附在质膜上，通过膜的内褶而转移到细胞内摄取物质及液体的过程。上述方式也是植物细胞对氨基酸、糖、核酸等有机养分吸收的可能方式。

（1）主动吸收和运转。氨基酸在光合作用活跃的组织（叶片）合成后，需运输到分生组织及储藏组织，茎、果实、根或者根系直接吸收的氨基酸也需要运输到其他组织。这些运输都需要氨基酸数次通过原生质膜。因此，原生质膜在氨基酸体内运输上担任重要角色，负责识别氨基酸并进行特异性运输。

植物细胞能通过质膜上的特异性载体蛋白主动吸收氨基酸，该载体为质子耦合运输蛋白，它由质膜 H^+-ATPase 催化产生的 H^+ 电化学势梯度推动向上运输。罗安程等研究水稻对 3 种氨基酸甘氨酸、谷氨酸和精氨酸吸收的动力学参数，结果表明，水稻对 3 种氨基酸的吸收都符合米氏方程，其吸收具有主动吸收的特征。Bush首次描述了高等植物细胞的质子耦合氨基酸运输。之后Li和Bush发现氨基酸运输由△Ph和膜电势（△w）驱动，质膜上至少有4种氨基酸转运子：一种是酸性氨基酸转运子，一种是碱性氨基酸转运子，另两种是中性氨基酸转运子（分别称为中性系统Ⅰ和中性系统Ⅱ）。虽然某一转运子对某组氨基酸具有专一性，但每一转运子均能对另一组氨基酸表现出交换专一性，这表明一个转运子可运输多种氨基酸。近年来对蓖麻、拟南芥质膜的氨基酸转运子研究较多。Weston等研究蓖麻根的纯化质膜囊泡的氨基酸运输后发现，谷氨酰胺、异亮氨酸、谷氨酸和天冬氨酸跨膜运输由跨膜pH值梯度和跨膜电势推动，表明这些氨基酸吸收与质子共运输，而赖氨酸和精氨酸等碱性氨基酸的运输仅由膜电势（内膜为负）驱动，表明碱性氨基酸运输为电压驱动单向运输，但在其他植物，这些碱性氨基酸是质子共运输，这可能是植物或组织不同，其吸收氨基酸的机制不同。进一步的研究发现，拟南芥质膜上有转运赖氨酸和组氨酸的专一性。Robinson等报道，蓖麻的子叶可以从胚乳中吸收氨基酸，尤其偏好谷氨酸。后来的研究发现，韧皮部对氨基酸种类运输的特异性与子叶吸收氨基酸种类的特异性不同。此外，虽然谷氨酸在低时能通过谷氨酰胺转运子运输，但可能有一个独立的专门运输酸性氨基酸载体存在质膜上。因此提出了组织特异性氨基酸载体的观点等。

目前，人们已从分子水平上研究氨基酸载体或转运子。拟南芥、蓖麻等植物的氨基酸转运子基因已被分离和鉴定，某些缺失氨基酸载体的突变体也已被发现。

（2）其他方式。有关氨基酸的被动吸收还缺乏足够的证据。目前对于有机分子是如何通过原生质膜而进入细胞有如下两种假说。

一种是亲脂超滤假说。该假说认为有机分子进入细胞是一个被动过程，因而吸收的多少取决于有机分子的大小及其亲脂性。很小的有机分子可以通过膜的脂相与非脂相的间隙部分而被吸收，稍大一些的有机分子则通过较大的间隙来吸收；脂溶性的有机分子能溶于脂相部分，通过膜分子大且不是脂溶性的分子不能进入细胞。虽然亲脂超滤假说有一定的实验依据，但不能解释植物对具有相似化学性质的有机物进行选择性吸收，所以，有机分子的吸收除了被动吸收外，还可能有其他的一些机制。

另一种是胞饮作用假说。胞饮由于不需载体、非选择性、可吸收大分子物质等特性，被认为是油剂养分极可能的吸收方式，但它不会是养料吸收的主要途径，可能只是植物细胞对某些特殊条件的反应。Bradfute等认为作物对溶菌酶等的吸收作用机理为一种"胞饮作用"。另外，外质连丝也被认为是有机养分吸收的可能方式。

3. 植物氨基酸营养研究现状

氨基酸用于叶面肥是20世纪90年代才兴起的一项新技术，氨基酸本身，仅是一种有机氮，含氮量8%~10%。氨基酸的作用效果并不仅是氮的作用，很可能是一种生理活性物质的激素样作用。分析认为，复合氨基酸中的—NH_2、—OH、—$COOH$和蛋白质水解后的小肽类水溶性物质，都可能刺激作物生长，具有一定的生理活性，特别是—$COOH$与微量元素形成螯合态后，提高微量元素进入植物细胞膜的亲和力和利用率。近年来，随着化学工业的发展，可以利用动物毛发和植物边角料提取各种氨基酸和制造氨基酸肥料，使氨基酸和氨基酸肥料的成本大大降低。氨基酸肥料已经作为一种新型肥料正应用于农业生产。

目前，国内用于氨基酸叶肥有水解氨基酸和生化氨基酸两类。水解氨基酸因原料品种不一而水解后的氨基酸组分也不一，植物性蛋白水解的氨基酸略优于毛发蛋白水解的氨基酸。生化氨基酸就更复杂：一是发酵菌种对氨基酸品种和产率都起决定作用；二是发酵原料和工艺配方，对发酵氨基酸产品质量也有很大影响。但总的来说，生化氨基酸较水解氨基酸含更多的生化活性物质，对植物有更明显的刺激促长作用，具有更广阔的市场前景和使用价值。

喷施植物氨基酸能促进水稻生长发育，提高产量和改善品质。张习奇等在水稻上施用氨基酸叶面肥可促进生长和分蘖，改善水稻经济性状，增加产量，提高经济效益。阎耀礼等研究了氨基酸液肥对小麦生长和产量的影响，结果表明氨基酸液肥不仅对小麦营养生长有一定的影响，而且可使功能叶片叶绿素含量提高，光合能力增强，干物质形成和积累加快，粒数增加，粒重和产量提高。此外，在大豆、花生、棉花、蔬菜、果树上应用氨基酸液肥也都有增产、增质的效果。

叶面喷施有益氨基酸是矫治烟株缺素症和调节作物营养的一项有效措施。研究和生产实践表明，在烟草生长发育过程中喷施叶面肥肥效快、用量少，能及时补充烟株养分，改善烟株营养，调节烟株体内生理机能，促进叶片生长、改善烟叶化学成分、增加产量、提高品质，是一种低成本、高效益、可操作性强的有效施肥途径。

近年来学术界认同有机营养的学者正在增多。不仅寒冷地带植物可以吸收氨基酸，农作物也可吸收氨基酸，这些发现具有十分重要的意义，而且，植物细胞质膜上存在吸收氨基酸的载体，这些氨基酸转运子基因有的已被克隆和鉴定。

三、来源

生产氨基酸肥料的主要工艺是水解或微生物发酵，根据工艺的不同，氨基酸肥料的标准也不同，水解得到的氨基酸肥料水溶性氨基酸应低于 10%，而微生物发酵得到的应不低于 15%。

1. 动物毛发和植物边角料

近年来，随着化学工业的发展，常利用动物毛发和植物边角料提取各种氨基酸和制造氨基酸肥料。如加工油菜菜籽后的饼粕含蛋白质 35% ~ 45%，是研究较多的一种原料。王永红以菜粕作为主要基质，添加 14.1% 麸皮，控制基质含水量 54.4%，起始 pH 值 9.15，接种 5.0% 混合菌种（嗜麦芽糖寡养单胞菌和短小芽孢杆菌），发酵 6d，增加了游离氨基酸和小肽含量，为工业化培养与大规模产业化利用菜粕固体发酵生产氨基酸肥料生产工艺提供了理论依据。同样，华东理工大学生物化学教研组，将豆类植物和毛发水解液配制成不同浓度的氨基酸营养溶液，肥效结果表明可使水稻产量提高 4.44% ~ 9.70%。何珍珍以废丝废茧为原料，使用稀硫酸溶液水解废丝废茧中的蛋白，反应结束加 $Ba(OH)_2$ 完全中和滤液，减压过滤，滤液离心后，可得氨基酸水解液。丰富低廉的工农业废弃蛋白原料使氨基酸肥料生产的成本越来越低，为氨基酸肥料的快速发展提供了物质基础。

2. 发酵废液

某些发酵工业提取所需氨基酸后，废液中仍含有大量的其他氨基酸，利用这些废液生产混合氨基酸肥料，也是目前氨基酸肥料生产的主要方式。如利用谷氨酸发酵废液生产氨基酸植物营养液，其营养丰富、肥效高，易使用。经检测，谷氨酸及各种衍生氨基酸含量达到 17.84%，水分 43.92%，有机质为 22.05%，全氮 5.94%，全磷 2.31%，全钾 0.09%，其余为残糖、微量元素等，具有溶解快、易吸收、肥效高等优点，其丰富的营养成分在改善土壤环境、提高肥力、提高产量和作物抗性方面表现突出。周学来将谷氨酸发酵废液适当稀释处理后作为番茄营养液浇施的效果优于完全营养液。据报道，胱氨酸采用毛发水解工艺，每生产 1t 产品约产生 40t 母液。胱氨酸母液中含有 17 种氨基酸，总含量达 24.8%。废液稀释后直接喷施，对蔬菜有增产作用。如在废液中加入磷、钾等元素组成的添加剂，肥效更加明显，增产幅度大于废液和添加剂增产幅度的总和。废液中添加的各种成分被作物吸收后出现互补增效现象。利用工业废弃物生产氨基酸肥料的方式，不仅解决工业生产中的废水处理问题，变废为宝，而且开发利用了氨基酸资源，提高资源和能源综合利用水平，促进了农业的生态发展，产生较大的经济效益和社会效益。

四、应用中应注意的问题

1. 应与无机氮肥配施

氨基酸是一种有机氮源，目前研究表明，氨基酸不能完全替代无机氮肥，应与无机氮肥配施才有好的效益和效果。田雁飞在测土配方施肥基础上，开展水稻减量化施肥与氨基酸水溶性肥配施的效果试验，结果表明，减氮 10%+氨基酸水溶性肥处理可增产6.73%，节本增收 19.77%；减氮 15%+氨基酸水溶性肥处理则产量和收入与测土配方施肥处理持平；减氮磷钾各 10%+氨基酸水溶性肥处理则显著减少了水稻产量和农民收入。因此，测土配方施肥基础上氮肥减量 10% 或 15%，并配合喷施氨基酸水溶肥可达到稳产或增产目的，且环境效益可观。

2. 应根据作物类型选择浓度

每种肥料都有其适用的作物范围和浓度范围，超出作物的用量范围即会产生不利影响。李志伟采用盆栽试验方法研究了味精废渣肥对油菜生长和土壤化学性状的影响。与等氮量的尿素比较，施用 N1（100mg/kg）、N2（200mg/kg）水平味精废渣肥比尿素处理油菜生物量分别增加 7.9% 和 15.4%；而 N3（400mg/kg）处理，施用尿素处理出苗后死亡，而施用味精废渣肥的处理，也比不施氮处理油菜生物量显著降低。周学来将废液作为番茄营养液浇施时，认为应根据番茄能耐受的营养液电导率要求确定稀释倍数。刘伟在温室基质栽培条件下，以不同比例（28.57% 和 57.14%）的氨基酸态氮分别代替无机营养液里的硝态氮，制成低浓度和高浓度氨基酸营养液。低浓度氨基酸态氮提高了番茄可溶性糖含量，高浓度氨基酸态氮降低了番茄维生素 C 的含量，得出结论：氨基酸可作为番茄的氮源，但在总氮中的比例不宜超过 50%。因此，在生产中，应根据不同的作物选择适当的浓度以利于作物生长和品质提高。

3. 对不同作物品质的影响不一

关于氨基酸肥料影响作物品质方面，陈贵林以甘氨酸、异亮氨酸和脯氨酸的不同组合及尿素替代 20% 硝态氮，通过水培试验研究其对水培不结球白菜和生菜硝酸盐含量和品质的影响。结果表明，氨基酸部分替代营养液中硝态氮后，不但可显著降低 2 种蔬菜体内硝酸盐含量，而且可改善品质。原因是不结球白菜和生菜会优先吸收甘氨酸、异亮氨酸和脯氨酸，从而抑制植株根系对硝态氮的吸收，进而减少 2 种蔬菜体内的硝酸盐含量。张政也发现，在无菌培养条件下，以甘氨酸作氮源不会增加黄瓜植株硝酸盐的含量，因为甘氨酸是以分子态被完整吸收的。而刘伟在温室基质栽培条件下，用氨基酸作氮源一定程度降低了番茄的硝酸盐含量，但与以硝态氮作氮源相比差异不显著。武彦荣等的田间试验发现，叶面喷施氨基酸明显提高了不结球白菜体内的硝酸盐含量。以上研究结果的差异在于，虽然一些作物可吸收分子态的氨基酸，但在田间条件下，由于土壤微生物的存在，部分氨基酸可能是被分解为无机氮后吸收的，因此在生产上，用氨基酸或其他有机氮作氮源同样会增加作物的硝酸盐含量。

五、展望

由水解或发酵产生的氨基酸肥料中含有大量的小分子有机化合物，因而将其作为螯合剂，开发新型多功能肥料得到较快发展。研究较多的是氨基酸微量元素螯合肥。无机微肥吸收生化功能较差，易被土壤固定，且微量元素间有明显的拮抗作用，利用率低、难以满足植物生长的需要；利用 EDTA、柠檬酸、酒石酸等作为螯合剂生产螯合微肥成本甚高。现已制备出含 Mo、Zn、Cu、Fe、Mn 等多元微肥，具有抵抗干扰、缓解金属离子间的拮抗作用、良好的化学稳定性、易被植物吸收利用等特点，而且失去金属离子还原后的氨基酸本身还具有营养作用，也是促进植物生长的优质氮肥。氨基酸螯合微肥是目前农作物生长最理想的微肥，已作为一种新型肥料应用于农业生产。目前还有氨基酸农药和肥料结合在一起的产品，既可以施肥，还可以杀虫灭菌。因而系统开展氨基酸肥料功能研究，发挥氨基酸潜能，提高其利用率和生物学效价，是生态农业的要求，是农业可持续发展的必然趋势。

经水解或发酵产生的氨基酸肥料，是以复合氨基酸为主体的肥料，同时含有糖、蛋白或菌体和其他金属离子。有研究表明，混合氨基酸的肥效大于单种氨基酸的肥效，肥效好的某些单个氨基酸组成的氨基酸群体，其肥效作用仍然高，而肥效作用较差的某些氨基酸组成的氨基酸群体，其肥效作用仍然偏低，认为氨基酸成分仍然存在优选问题。实际应用蛋白水解或发酵产物作氨基酸肥料时，一般都为混合氨基酸，但不同的工艺和不同氨基酸的废液，其废液所含氨基酸的种类和浓度不一样，因而，对同一作物肥效也有差异，也有优选的问题存在。如何根据作物需要进一步优化肥料的组成和结构，调节各成分比例相互平衡，使生产的品种呈多元化、专用化，应在实践中加以探索和试验。

总之，对农业废弃物水解或发酵生产氨基酸肥料及应用的不断研究，开辟了越来越多的新原料来源，为科学开发和应用氨基酸肥料提供了新的科学依据。由于氨基酸肥料生产原料和工艺千差万别，成分全面而复杂，氨基酸肥料的生产和应用研究是一项复杂的系统工程，涉及化学、化工、生化、土壤营养、植物生理等学科领域，具有极广阔的发展空间。

第三节 有机营养肥料研究进展

21世纪将面临日益严重的环境和资源问题，世界各国将在实施可持续发展战略承诺的基础上采取实质性行动，而食物生产将是采取行动的重点领域。未来的发展趋势是，只有在洁净的土地上用洁净的生产方式生产的食物才更具有竞争力，才能更好地满足消费需要。21世纪的主导农业是生态农业，21世纪的主导食品是绿色食品。绿色食品是无污染的安全、优质、营养类食品。而2001年8月在北京召开的第12届世界肥料大会的主题是"21世纪的肥料科学：施肥、食品安全和环境保护"，可见合理使用肥料是生产绿色食品的重要一环，使用肥料必须限制在不对环境和作物产生不良后果，不使产品中有害物质残留积累到影响人体健康的限度内。生产绿色食品不允许或限制化学合成肥料的使用，从而使得非化学合成的有机营养肥料在绿色食品的生产中占据了重要的地位。本文对常见的有机营养肥料——腐殖酸、核酸及其降解物、氨基酸的研究和应用概述。

一、有机营养肥料的生产

腐殖酸、核酸及其降解物、氨基酸的生产都不是化学合成的，是从自然界或废液中提取的，且可以再加入营养元素，制成肥料，原料多，所以成本不高，还可以变废为宝，实现资源的充分利用，减少环境污染，有广泛的应用前景。腐殖酸（Humic acid，简称HA）是一种有机高分子化合物。它是由自然界植物残体经过腐解后形成的产物。它广泛存在于泥炭、褐煤、风化煤之中，在某些海洋沉积物和造纸废液中也含有腐殖酸。可用稀碱抽提、稀酸沉淀或人工氧化（空气或硝酸氧化）的方法把这些富含腐殖酸的物质分离出来，之后可再与对植物有营养作用的氮、磷、钾及微量元素化合，制成有机营养肥料。这样就使无用的煤炭变成高活性的腐殖酸肥料。例如，从泥炭中提取的腐殖酸的含量可达15%~19%。

核酸及其降解物主要是从制造啤酒产生的废液和废物中的废酵母提取而来的。啤酒在生产过程中，排放出的废物和废液主要是废酵母和蛋白蛋凝固物，这些有机物虽然无毒性，但在水中受微生物的分解，消耗水中的氧，使水中氧缺乏，致使大量的动植物死亡，造成水质污染。因此，从啤酒废酵母中提取核糖核酸及其降解物不仅变废为宝，而且还可以降低废水的处理强度，减少污染，保护环境。

从废酵母中提取核酸及其降解物的主要方法：①自溶法（包括稀盐法、氨法）；②酶解法（先将酵母灭活，再外加酶降解）。稀盐法所得核糖核酸纯度达87.8%，提取率达3.23%；氨法可得纯度为83.8%的RNA，提取率达2%以上；利用核酸酶提取法可使5′-GMP含量高达6.37mg/g。

氨基酸肥料主要是利用毛发水解提取胱氨酸后的废液研制的，也可以利用动物毛来提取氨基酸。近几年来，我国的氨基酸工业蓬勃发展，特别是水解法生产L-胱氨酸遍及全国的许多城乡。然而，在生产中产生的大量废液，其COD严重超标，但废液中同时含有 17~18 种氨基酸，且含量很高。

利用该废液提取氨基酸，研制氨基酸肥料，在完成废物再利用的同时，还可降低环境污染。利用该废液提取氨基酸，研制氨基酸肥料的方法主要有膜分离法、电化学法和离子交换法。离子交换法提取的混合氨基酸纯度大于 99%，回收率为 54.21%；电化学法可以制取系列单质氨基酸，纯度达 98.5% 以上。

二、有机营养肥料对土壤的作用

大量施用化学合成肥料，破坏土壤结构，造成环境污染，这与未来的农业发展趋势——生态农业和农业的可持续发展相违背。而有机营养肥料都不会破坏土壤，也不会造成环境的污染。

1. 氨基酸肥料、核酸及其降解物和土壤

氨基酸是合成蛋白质的前体物质，核酸及其降解物是决定蛋白质结构的物质，而蛋白质是生活细胞内含量最丰富、功能最复杂的生物大分子，它们在生物界无处不在。它们及其降解物是不会对土壤和环境造成污染的。

2. 腐殖酸肥料和土壤

腐殖酸不仅不会破坏土壤，还对土壤有很好的改良作用。主要表现如下。

（1）它可以提高土壤缓冲性能，改良土壤环境。腐殖酸是弱有机酸，同其盐类可形成一个缓冲系统，调节和稳定土壤的 pH 值，减少土壤酸碱度急剧变化。酸性土壤施用腐殖酸肥料，腐殖酸与铁、铝离子螯合后释放出的 OH^- 与土壤溶液中的 H^+ 中和，从而降低了土壤酸度；碱性土壤施用腐殖酸肥料，碳酸钠与腐殖酸的钙、镁、铁盐等发生反应，因而降低了土壤碱性。

（2）增加土壤团粒结构，改善孔隙状况。腐殖酸是一种有机胶体物质，由极小的球形微粒联结成线状或葡萄状，形成疏松海绵状的团聚体。它能直接与土壤中的黏土矿物生成腐殖酸—黏土复合体，复合体与土壤中的钙、铁、铝等形成絮状凝胶体，把分散的土粒胶结成水稳程度较高的团粒，土壤疏松多孔，水、肥、气、热协调，土壤容重降低，总孔隙度增加。

（3）提高土壤阳离子吸收性能，增加土壤保肥能力。腐殖酸分子结构中具有较多的羟基、酚羟基等功能团，有良好的离子代换性，腐殖酸的阳离子代换量是土壤的 10~20 倍，所以施用腐殖酸肥料可显著提高土壤的保肥能力。

（4）增加土壤有益微生物的活动。腐殖酸肥料可提供微生物生命活动所需的碳源、氮源及磷源等条件，从而促进了根际微生物的生长繁殖。

（5）促进土壤有效养分释放。腐殖酸能增强土壤中碱性磷酸酶活性，加速土壤有机磷向有效磷的转化过程，提高土壤供磷能力。腐殖酸可与一些以难溶盐形态存在的微量元素如 Fe、Al、Cu、Mg、Zn 等形成络合物，溶于水被作物吸收。

三、有机营养肥料的生物效应

1. 有机营养肥料的增产效应

无论是核酸及其降解物，还是腐殖酸及氨基酸肥料，它们本身都含有碳、氮等营养元素，因此它们可以促进不同作物的植物生长发育，提高这些作物的产量。彭正萍发现，油菜在等养分量条件下，腐殖酸复合肥处理比化肥处理增产显著。其他的实验也发现，与施用化肥相比，马铃薯施用"惠满丰"腐殖酸活性肥料增产显著；在番茄的基质栽培中，腐殖酸液肥与等养分的化肥处理相比，能获得更高的产量。陆力光等报道了腐殖酸能提高烤烟的产量。何萍等的研究结果表明，腐殖酸复合肥处理的产量均高于化学复合肥处理，说明腐殖酸组分有利于番茄产量提高。姜小文等研究发现，核苷酸有机营养剂可以增加柑橘的单果重。其他的试验也发现，核苷酸及其组合物处理，能明显提高冬瓜老、嫩瓜产量和总产量；核苷酸复配剂可以显著增加水稻、小麦、菠菜、大白菜等蔬菜的产量；核酸降解物可以显著增加龙眼的单株产量和单果重。

不同氨基酸以及氨基酸的混合物对植物生长的影响不同。据许玉兰和刘庆城的研究结果，甘氨酸使稻苗增质量 23.7%，亮氨酸使稻苗增质量 30.0%；甘氨酸与亮氨酸混合处理，稻苗增质量最多，增幅为 41.2%。吴良欢和陶勤南在无菌条件下的研究表明，等氮量下甘氨酸单施或与 NH_4^+-N 配施处理稻苗的干物重均显著大于 NH_4^+-N 单施处理，这说明甘氨酸对水稻生长有较好的促进作用。他们还发现在无菌培养条件下，在等氮量有机、无机氮的情况下，水稻干物重依次为甘氨酸>谷氨酸>铵态氮，差异达到极显著水平，这反映了氨基酸对水稻干物质积累有较大的促进作用，特别是甘氨酸处理的水稻株高、根数、叶绿素计读数 SPAD 值与铵态氮处理均有极显著差异。据近期研究报道，高温胁迫下甘氨酸、谷氨酸和赖氨酸培养的水稻干物重显著高于铵态氮，其中甘氨酸培养的与铵态氮培养的差异达极显著水平。

2. 有机营养肥料对作物品质的影响

有机营养肥料由于有特殊的生理功能，所以它们可以提高作物的品质。何萍等通过试验证明，与等养分化学复合肥相比，腐殖酸复合肥可以使番茄果实维生素 C 含量增加，糖含量增加，总酸度有所下降，糖/酸值明显提高，蛋白质含量增加。最近，彭正萍等发现，油菜在等养分量条件下，腐殖酸复合肥处理与化肥（尿素）处理相比，前者能提高维生素 C 和可溶性糖的含量，提高硝酸还原酶的活性，降低硝酸盐的含量。在基质栽培中，腐殖酸液肥处理的番茄果实中糖分和维生素 C 的含量高于等养分的化肥处理和有机肥处理，而硝酸盐含量则远远低于化肥和有机肥处理。腐殖酸还能使烤烟的烟碱增加，总糖减少，香气和劲头均提高，杂气和刺激性均降低，余味舒适，香型浓，燃烧性强；腐殖酸可以提高茶叶的水浸出物、茶多酚和氨基酸的含量；腐殖酸提高鲜叶的氨基酸和咖啡碱的含量，降低茶多酚的含量，能明显降低鲜叶中的酚氨比，有利于改善绿茶品质，尤其是夏秋茶的品质。陈日远等报道，核苷酸及其组合物处理，增加老瓜果实中的干物质、维生素 C、还原糖和总糖含量。姜小文等发现，核苷酸有机营养剂可以增加柑橘的可溶性固形物含量、总糖含量，降低可滴定糖含量，显著提高糖酸比。最近的研究也发现，核苷酸复配剂可以使氨基酸总量增加，而茶多酚含量下降，从而使茶叶更芬芳清醇；核酸降解物可以增加龙眼果实的可溶性固形物和维生素 C 的含量。钟晓红等发现色氨酸使草莓的果实长得较大，果实可溶性固形物、总糖及维生素 C 含量提高，糖酸比增大，品质提高；杨晓红等发现，与对照相比，氨基酸液肥对小白菜、生菜和莴苣有显著的增产效果，幅度均在 20% 以上；氨基酸液肥可显著增加它们的蛋白质、碳水化合物、Ca、P、Fe 和维生素 C 的含量，降低粗纤维的含量，品质改善明显。尹宝君和高保昌发现氨基酸混合物可促进烟株生长，增加产值；并且喷施后，大田前期烟株长势旺，成熟期叶片成熟度较好，叶色鲜亮，鲜烟素质好于对照。同时，米收时发现成熟期烟叶腺毛分泌物明显增多，腺毛分泌物是重要的香味物质组成的前体物质，含有多种香味物质的组分，这种物质的增多对增加香气是非常有利的。这证明氨基酸对增进烟叶品质是有益的。Gunes 等的试验表明，生长在 N 浓度为 20.25mM（93.8% NO_3^-，6.2% NH_4^+）的冬季洋葱，当 NO_3^--N 的 20%被甘氨酸或混合氨基酸取代后，体内硝酸盐的含量显著降低，总氮量显著增加，但干重和鲜重无影响。他还发现生长在 N 浓度 13.4mmol/L（94% NO_3^-，6% NH_4^+）的冬季莴苣，当 NO_3^--N 的 20%被氨基酸取代后，莴苣的硝酸盐含量也会显著下降，但总氮量、鲜质量和干质量基本没有变化。陈贵林和高绣瑞也得出相似的结论。他们在采收前 12d，分别用甘氨酸以及甘氨酸、异亮氨酸、脯氨酸组成的混合氨基酸替代 20%的硝酸盐，研究发现，氨基酸替代硝酸盐，无论是单一氨基酸还是混合氨基酸都显著降低了水培不结球白菜和生菜体内硝酸盐含量，并且显著增加了叶片全氮量，也提高了两种蔬菜叶片可溶性糖和蛋白质含量。

3. 有机营养肥料促进作物对养分的吸收

多年来的研究表明，有机营养肥料能促进作物对养分的吸收，增加作物中这些养分的含量。于建国等报道，生化腐殖酸可以显著增加果树叶片中 N、P、Ca、Zn 的含量。何萍等的研究结果表明，与相应水平化学复合肥相比，腐殖酸复合肥处理增加了番茄幼苗 N、P、K 含量和吸收总量，说明腐殖酸可以增加幼苗对养分的吸收。腐殖酸可促进菠菜对 N、P、K 的吸收，其中对氮的吸收促进作用最大，磷次之，钾最小。Adani 等研究了两种腐殖酸（CP-A、CP-B）对西红柿吸收矿质营养的影响，结果表明，CP-A 促进 N、P、Fe 和 Cu 的吸收；CP-B 促进 N、P 和 Fe 的吸收。他们认为这是由于腐殖酸可以把 Fe^{3+} 还原为 Fe^{2+}，使植物可以得到较多的有效铁。

研究发现，核苷酸复配剂可以增加葵白体内的 Ca、Mg、Zn、Fe、Cu 的含量；核酸降解产物促进水稻根系对磷和钾的吸收。陈振德和黄俊杰等就土施 L-色氨酸对盆栽甘蓝产量和养分吸收的影响进行了研究。结果表明，在移植前一周土施 L-色氨酸，能明显提高甘蓝产量和干物质积累，并明显促进甘蓝植株对 N、P、K 的吸收，提高 N、P 在球叶中的分配，降低 K 在球叶中的积累。Zahir 等发现，一定浓度的色氨酸会显著提高马铃薯对 N 的吸收和块茎中 N、P、K 的浓度，但对马铃薯块茎和秸秆的产量以及 P、K 的吸收无影响。Arshad 等的试验表明，土施一定浓度的色氨酸会显著提高棉花的株高、茎和根的干物质量以及生物量，增加单株分枝数、花数和棉铃数，增加棉花组织中的 N、P、K 的浓度。

4. 有机营养肥料对作物生理生化指标的影响

有机营养肥料可以影响作物体内的叶绿素含量，以及许多酶的活性。据何萍等报道，与相应水平化学复合肥相比，腐殖酸复合肥处理增加了番茄幼苗的根系活力，提高了叶绿素的含量。彭正萍等发现，腐殖酸复合肥可以使油菜体内的叶绿素含量、超氧化物歧化酶（SOD）和过氧化物酶（POD）活性增加。靳志丽等以腐殖酸为基肥进行烤烟盆栽试验，结果表明，腐殖酸能有效提高烟株体内硝酸还原酶、过氧化氢酶、抗坏血酸氧化酶和多酚氧化酶的活性。王珂等发现，腐殖酸可提高小麦根系总吸收面积和活跃吸收面积，提高根系的 TTC 还原力，显著增加小麦的叶绿素含量和净光合强度，提高小麦叶片硝酸还原酶活性，提高细胞色素氧化酶、抗坏血酸氧化酶和过氧化氢酶活性，细胞分裂素、吲哚乙酸、赤霉素含量增加，而脱落酸含量不变或有所降低。

生化腐殖酸可以显著增加果树叶绿素含量，提高超氧化物歧化酶的活性。腐殖酸还可提高丹参的根系活力，增加根系的吸收能力，促进谷氨酸合成酶的活性，提高氨同化的效率，促进根系分泌酸性磷酸酯酶以及改变体内酸性和中性磷酸酯酶的活性，以充分利用体内的磷而适应低磷环境。

核苷酸及其组合物处理能明显提高冬瓜植株叶片的叶绿素含量及光合速率。还原型磷酸吡啶核苷酸能增强花生根系活力和 NR 活性，增加叶绿素含量。核苷酸及其降解物对柑橘的 RuBP 羧化酶有激活作用，加强了柑橘的 CO_2 固定能力。核苷酸能显著提高幼龄温州蜜柑夏梢叶绿素含量，特别是在高温、干旱、强光的盛夏，能维持叶绿素 b 代谢的相对稳定，并且核苷酸处理 1h，叶片的光合强度比对照提高，也显著地促进光呼吸作用。核酸降解物可以提高水稻的光合能力，增强光合作用强度，促进根系活力。

5. 有机营养与作物的抗逆性

由于这些有机营养肥料有特殊的官能团，导致特殊的生理功能，从而能提高作物的抗逆性。腐殖酸钠可以抑制气孔开启，直接原因是抑制了 K^+ 在保卫细胞中的累积。在低温逆境条件下，腐殖酸可以降低子叶和根系组织外渗液的电导率，从而可以维持细胞膜的正常透性，增强抗寒性。还有人认为，黄腐酸对防治黄瓜霜霉病有增效作用。喷施腐殖酸钠、黄腐酸钠可提高小麦叶片细胞超氧化物歧化酶（SOD）和过氧化氢酶（CAT）的活性，降低丙二醛含量和电解质渗出率，使小麦抗旱性增强。低温胁迫下，腐殖酸可提高水稻脯氨酸含量、多酚氧化酶比活力、脱落酸含量，并减少了水稻丙二醛含量，降低质膜透性，提高水稻抗冷性。生化腐殖酸可显著增加抗菌物质——羟基苯甲酸、邻苯二酚、阿魏酸和肉桂酸的含量，从而提高苹果树抗轮纹病的能力；还可使气孔变小，控制呼吸强度，减少蒸腾，提高苹果树的抗旱能力。

四、展望

综上所述，腐殖酸、核酸及其降解物、氨基酸等有机营养肥料可以改善土壤的理化性质；促进作物增产，改善作物的品质，提高作物的抗逆性；并且它们对人和畜无害，不会污染环境。但是由于目前生产上所用的植物有机营养肥料成分一般比较复杂，各种有机组分的生物效应还不太清楚，再加上对这些肥料的标准化、规模化生产的研究还不多，其应用试验还不太系统，致使效果不太稳定，有机营养肥料的应用还不太广泛。但是，可以预料，随着人们对农业可持续发展的重视，特别是植物有机营养研究的不断深入，它们在生态农业和绿色食品的生产中必将发挥重要的不可替代的作用。

第四节　多肽及大豆多肽在作物生长发育中的作用

多肽是五大激素即生长素、赤霉素、脱落酸、乙烯利和细胞分裂素以外的又一新型植物生长调节物质。一般人们将多于 100 个肽键相连接的氨基酸称作蛋白质，2 个以上100 个以下肽键相连接的氨基酸称作多肽。作为植物中的第 1 个多肽激素是由 Pearce 等于 1991 年在番茄中发现的。迄今为止，在植物中发现的多肽有系统素（systemin）、植物磺化激动素（PSK）、快速碱化因子（rapid alkalinization factor，RALF）、早期结瘤蛋白（ENOD40）、CLV3、S 位点富含半胱氨酸蛋白（SCR）等 6 种，它们分别参与了植物的防御反应、细胞的分裂、茎端生长点干细胞数目维持和花粉—柱头的识别过程。同时，多肽对植物生长发育中的信号传导、提高作物产量、增强免疫力、提高肥料利用率、改善品质等都起到了重要作用。

大豆多肽属于生物活性肽，是以大豆蛋白为主要原料，经过提取分离、纯化并精制而成的低聚肽混合物（蛋白质水解物），通常以由 3~6 个氨基酸组成的小分子肽为主，还含有少量游离氨基酸、糖类、水分和无机盐等。大豆多肽具有较高的营养价值。

一、多肽是植物体内的信号物质

Ca^{2+} 在植物体内有信使功能，这是多年研究得出的结论，而如今又有研究认为，多肽类物质在植物体内也有传递信号的功能。多肽信号分子在植物的生长、发育、生殖以及对外界环境的响应中具有重要的调节作用。近几年的研究结果表明，植物体系也存在多肽第一信使，而且这些多肽第一信使还参与诸如防御反应、花粉与柱头之间的相互识别、茎顶端分生组织细胞分裂及分化、平衡控制等许多植物生长发育进程中重要作用。在动物细胞中，按化学本质不同，细胞外第一信使（化学信号）主要包括气体信号分子、有机小分子以及多肽及蛋白质类，其中多肽及蛋白质类信号的种类很多，包括各种神经肽、激素（如胰岛素）及生长因子（如表皮生长因子等），说明细胞广泛地利用多肽作为第一信使。系统素是引起系统伤响应的信号物质，鉴定时的第一个多肽信号分子，受伤植株在伤害部位和未受伤部位大量表达蛋白酶抑制子（PIs），而且受伤部位的粗提液能够活化未受伤植株的 PIs 表达，Pearce 等最后确定粗提液的活性组分为一种含18 个氨基酸的系统素，系统素生理活性浓度为 $10~15mol/L$，在韧皮部中移动传递伤信号。

二、多肽改善农作物品质效应

多肽在植物体生长发育过程中能起到重要的调控作用，作物施用多肽类物质，能够改善作物品质。有研究表明，大豆多肽叶面喷洒和根部灌注施加方式处理毛脉酸模，其中对根中白藜芦醇的产量增加有显著性影响。有研究表明，施用绿丰源多肽的杨梅、桃、李、樱桃糖度都比未施用的得到明显提高，可溶性固形物分别增加 9.6%、0.4%、2.4%、12.9%。绿丰源多肽增效尿素田间试验表明，小麦品质改善明显，千粒重、湿面筋含量、容重、粗蛋白含量等分别提高 0.4g、6.87%、7g/L、2.22%；玉米吐丝提早 2~4d，生育期提前，穗秃尖减少；棉花提前 2~5d 开花，成铃数增加 11%~14.4% 等。吴英用多肽—氨基酸施用于水稻，其品质得到了明显的改善。汤永玲用多肽尿素在花生上的肥效试验结果也表明，花生的出仁率有所增加。

三、多肽在农作物中的节肥增产效应

近年来，多肽在农作物栽培中节约肥料、提高肥料的利用率等方面起到了显著的效果，其作用机理是与多肽的结构有很大关系，在其肽链上有很多羧基，链周围有很多络合基团，与金属离子有很强的螯合作用，能与养分结合并能把养分卡在环内，把养分富集起来给植物利用，从而提高肥料利用率，同时提高作物产量。对一些在植物体内难移动的矿质元素，如钙素能被多肽螯合，被植物很好吸收。胡志涛等研究表明，植物多肽 PA1b（pea albumin 1b）通过打开 L 型钙通道引起细胞内钙升高。有研究报道，添加绿丰源科技公司生产的绿丰源多肽增效肥料，在减少肥料 15%~30% 的前提下仍取得比全量普通肥料增产的效果，既节约了化肥又降低了化肥对环境污染的影响，绿丰源多肽增效剂可以提高植物对氮的吸收率 50%、磷的吸收率 20%、钾的吸收率 10% 以上。汤永玲研究表明，施用多肽尿素比一般的能够节约肥料用量并且产量也有增加。1993 年 Kouchi 和 Hata 教授在大豆根系分泌物中发现并分离出泌脂多肽信号分子，发现此分子有利于促进固氮作物中根瘤的形成，提高作物固氮能力。多肽类肥料能提高作物对养分吸收的速率和吸收数量，有研究表明，多肽叶面肥料的氮素营养成分进入作物角质层的速度相对较快，吸收率相对较高。在水稻拔节和抽穗期表明，叶面喷施多肽肥料，可以明显增加水稻植株对氮磷钾的吸收速率，促进干物质的合成。多肽在植物机体内对光合作用有催化作用和营养平衡作用，从而增强作物生命机能，促进养分吸收，促进生物机体的健康苗壮成长。它对于大幅度促进作物增产，显著改变作物机体品质具有独特的效果。张永北博士研究表明，绿丰源多肽施用于橡胶，其产量提高 13.56%。同时也有研究表明，"多肽—氨基酸"对番茄、辣椒、茄子、马铃薯等具有明显的增产效果，可使番茄增产 15.28% 以上，辣椒增产 13.9% 以上，茄子增产 8.6%，马铃薯增产 13.8%。李贵平用绿丰源多肽在小麦上试验，结果表明 2004 年叶面喷施处理较对照平均增产 7.4%，2005 年叶面喷施处理较对照平均增产 11.9%。李松刚等研究表明，在荔枝上施用多肽，花穗分别增加 15.76% 和 20.60%，单果重和产量都有明显的促进作用。使用绿丰源多肽的番茄产量比对照产量每亩增加 496.1kg，增产 18.12%；空心菜喷施绿丰源多肽有明显的增产效果，增产 27.73%；小白菜也有明显的增产效果，增产 18.18%。门敬菊研究表明，施用大豆多肽对毛脉酸模根长、根直径、根折干率有显著性影响。因此，多肽类物质在作物节肥增产中得到广泛应用，并取得显著效果。

四、多肽在农作物中的抗病虫害效应

在农业生产中，农作物的病虫害防治是一项关键的技术环节，如果不加以防范会影响到其产量和品质。在防治过程中，用药量不足则病虫害防治没效果，过分依赖农药又会造成农药超标、污染品质等。因此要用"预防为主，综合治理"的植保方针指导病虫害防治。多肽能够提高农作物的免疫能力，提高抗逆性，在综合治理过程中起到重要作用。Sachs等（1986）研究表明，在植物病原菌互作系统中已发现许多蛋白和多肽类激发子，其中包括疫酶 Elicitin、细菌 Harpin、植物病毒蛋白类激发子、木聚糖酶以及与寄主单个显性抗病基因相对应的病原菌专业性无毒基因产物无毒蛋白等。植物在环境胁迫条件下，可以通过调节不同基因表达生产出一系列的"胁迫蛋白"以适应各种不良环境。刘卫群研究认为，烟草幼苗经中草药处理后，可诱导植株体内多肽的产生，并且烟草的病情指数明显下降。孙超等研究表明，将多肽抗生素（16~18个氨基酸组成的多肽）基因转入植物体内，可以明显提高植物对真菌和细菌的抗性，并认为这是植物抗病基因工程的一个重要策略。张福锁等对大豆根系分泌物中的多肽类物质和多糖类物质对大豆多迎茬种植的危害具有明显作用。另外，美国华盛顿大学 Ryan 教授从番茄叶中分离出由18个氨基酸组成的多肽，可以增加叶片中蛋白酶抑制剂的合成，从而防御了昆虫食害。近年来，人们又发现多肽有促进细胞活性、加速植物伤口愈合的作用。有研究认为，多肽类叶面肥料能够提高大豆的抗逆性能，在水分胁迫条件下，增加作物的光合作用，同时能提高高粱种子的萌发速率，缩短了种子的休眠期，缩短了种子的萌发与出苗时间，使作物提前进入营养生长和生殖生长阶段。多肽有效地抑制土壤中土传病害的发生，降低茄子褐纹病的发病率与病情指数。

五、大豆多肽及其制备

大豆多肽属于生物活性肽，是以大豆蛋白为主要原料，经过提取分离、纯化并精制而成的低聚肽的混合物（蛋白质水解物），通常以由3~6个氨基酸组成的小分子肽为主，还含有少量游离氨基酸、糖类、水分和无机盐等。大豆多肽具有较高的营养价值，其氨基酸组成与大豆蛋白完全一样，是一种理想的新型大豆深加工产品。

大豆多肽的制备方法：一是利用各种分离提取技术提取生物体中存在的天然活性肽；二是用化学或酶解的方法将大豆蛋白水解成小分子肽，其工艺关键是控制大豆蛋白水解过程并尽量减少游离氨基酸的生成。

1. 酶水解法

酶水解法是目前工业化生产大豆多肽的主要方法，其中蛋白酶的选择是制备大豆多肽的关键。常用的酶主要分为动物蛋白酶、植物蛋白酶和微生物蛋白酶，目前应用较广的主要是枯草杆菌1389、放线菌166、栖土曲霉3942、黑曲霉3350和地衣型芽孢杆菌2709等微生物蛋白酶。

2. 发酵法

用微生物发酵法生产大豆多肽，主要是利用发酵菌株的产酶和酶解能力。通常是以大豆蛋白为底物，以能在生长代谢过程中分泌大量胞外蛋白酶的菌株为发酵菌株，水解大豆蛋白，便可得到相应功能的大豆多肽。

（1）固态发酵法。固态发酵法是一种或多种微生物在固态基质上发酵的方法。其优点是能耗低、丝状真菌在固态发酵过程中不易受到细菌污染，成本低、操作简便等，主要应用在酿酒曲、酱油曲、豆腐乳和豆豉等的生产中。高晓梅等以豆粕粉为原料、大豆多肽转化率为指标，对固态发酵生产条件进行优化，提高了大豆多肽的含量，表明固态发酵法可制备大豆多肽，并具有较好前景。

（2）液态发酵法。液态发酵法是一种或多种微生物在液态基质上发酵的方法。余勃等以豆粕为原料，利用发酵菌株枯草芽孢杆菌（*Bacillus subtilis* SHZ3）分泌的蛋白酶和羧肽酶水解大豆蛋白的方式制备具有生物活性的大豆多肽。与用纯酶制剂制备大豆多肽相比，用发酵法制备大豆多肽具有明显优势，可以很好地解决目前大豆多肽生产中成本居高不下、所得产品苦味难除等问题。

六、多肽肥料

多肽肥料，就是在肥料中加入一定数量的 PASP 的肥料。最先出现的多肽肥料是多肽尿素。2005 年，德赛化工公司与同济大学、天津化工研究设计院共同制定了聚天冬氨酸行业标准（HG/T 3822—2006）。2005 年 10 月，商品名多肽尿素（即聚天冬氨酸尿素）在山东禹城中农润田化工公司试生产成功，随之转入大批量生产。此后，出现了多肽过磷酸钙、多肽含氮过磷酸钙、多肽复合肥、多肽 BB 肥、多肽碳酸氢铵、多肽叶面肥等系列多肽肥料产品。

1. 多肽尿素

多肽尿素是在传统尿素基础上添加聚天冬氨酸而生产制造的。据介绍，40kg 多肽尿素大于 50kg 普通尿素的增产效果。可提高化肥利用率 20% 以上，作物增产增收 20% 以上。被世界称为普通尿素的换代产品。

2. 多肽过磷酸钙

多肽过磷酸钙，是在普通过磷酸钙生产工艺中，通过添加"瑞利源"高效肥料增效剂"多肽金属蛋白酶"研制而成的新型增效磷肥产品，具有提高肥料利用率、减少速效磷固定的良好效果。在全国不同地区小麦、玉米、油菜、大蒜、果树等多种作物上试验示范，均表现出明显的增产作用。

3. 多肽复合肥

多肽复合肥产品类型较多。如中国农业科学院农业资源与农业区划研究所研制的多肽复合肥，在山东远东国际化工有限公司产业化示范成功，目前年产 10 万 t 多肽复合肥。广东东莞市大众农业科技有限公司，引进国家专利技术"高分子量多肽聚合物的合成方法——智能肽"生产的复合肥称作"氨基酸多肽高塔复合肥"。该肥料能节肥20%、增产 15% 左右。济南赛阳农化有限公司采用多肽活性炭生物学原理和提纯增效应用技术成功研制出"提能牌"多肽活性炭撒施缓释性肥料，该产品采用天然优质鱼蛋白及多种活性酶，引进新西兰 cet 微孔道增效技术，经多肽提纯复合而成。可提高肥效20%~30%。

4. 多肽有机肥和生物肥

中国农业科学院土壤肥料研究所与中农兴泰（北京）生物科技有限公司共同研发的新一代高产、抗病微生物有机肥，该肥主要由聚天门冬氨酸和丰益菌剂、进口 ADY增效剂等原料合理配制，利用纳米技术合成。节约化肥用量 1/3，并能增强药效，提高植物抗病抗逆能力，激发生物酶活，强化氮、磷、钾及微量元素的吸收作用，对植物的锌、锰、铁三种元素尤为明显。吸收促进率可达 2~3 倍，无毒无害，可完全生物降解，是世界公认的高分子绿色化学品。

七、展望

多肽信号分子的发现改变了人们对植物信号调控的传统认识，开辟了植物科学研究的新领域。尽管目前一些多肽信号和受体已得到鉴定，但这些多肽信号对植物的生长发育等方面的重要性还没有完全了解。另外，多肽在农作物上已得到大量的应用，取得了显著效果，但有些作用机理未得到解释。多肽不仅可为作物提供有机态营养成分，而且对于作物的生理功能调节、细胞组织活化、激活高等作物除草剂和杀虫剂活性、提高作物抗逆性能、降低作物发病指数具有明显的效果。尤其是促进作物对养分的吸收、提高肥料和农药等的利用率都有显著效果。

第三章 豆浆原料和发酵的技术指标体系研究

第一节 不同原料来源发酵豆浆的土壤学和烟草植物学效应

豆浆灌根能够有效促进烤烟大田生长发育，使中期和后期生长加快，尤其是旺长期。至圆顶期时，烟株的株高、茎围、叶片数和最大叶面积等农艺性状较对照分别增加12.6%、5.3%、10.9%和22.8%（灵宝市大面积示范平均值），烟株生长整齐度明显提高。从根系性状看，灌根后，烟株根系含水量增加且生长更为旺盛，根幅、根体积、根鲜重均表现出明显增加，尤其是根鲜重和根幅较对照分别增加8.3%和6.3%。为提高豆浆灌根效率，筛选合适的豆浆原料来源，开展了评价豆浆发酵、豆粕发酵相应豆油和豆粕发酵的土壤学和烟草植物学效应，以期为豆浆灌根技术提升提供理论依据。

一、试验设计

1. 大田豆浆灌根实验

2017年实验安排在河南三门峡卢氏县杜关镇开展，烤烟品种K326，土壤肥力中等水平。5月5日移栽，移栽密度1 100株/亩，行距115cm，株距55cm。田间管理按照当地种植操作规范进行，各处理间管理措施保持一致，并防止杂草及病虫害发生。烟苗移栽25d后进行豆浆灌根，发酵豆浆和酵解豆粕灌根量为5kg/亩。为消除豆浆中氮素施入因素影响，按照大豆全氮含量7%换算，对照处理中加入2.26kg/亩的硝酸铵钙，兑水混匀后施入烟株根部。实验设置4个处理：①清水对照；②无机氮肥处理；③传统豆浆；④酵解豆粕。每个处理4垄（400株烟以上）。具体见表3-1。

表3-1 不同处理大田豆浆灌根实验

处理①	处理②	处理③	处理④
清水	氮肥（2.258kg/亩硝酸铵钙）	传统豆浆（5kg干豆/亩）	1倍酵解豆粕5kg/亩

注：传统大豆5kg/亩，全氮含量按7%换算成相应的硝酸铵钙的使用量。

2. 大田实验过程

选择平整烟田地块，烟农具有丰富的豆浆灌根经验，灌溉设施良好，种植单一烟草品种。大田烟株生长期间保持土壤含水量适中，各处理间田间管理措施（浇水、喷药、除草、打顶等）保持一致，并防止杂草及病虫害发生。烟株打顶前测定株高、节距、茎围、单株有效留叶数、叶长、叶宽等农艺性状；挂牌标记采收中部叶和上部叶，取烤后 C3F 和 B2F 等级烟叶，用于烟叶物测、化学和评吸质量等指标的测定。大田豆浆灌根后 30d、45d、75d、100d、120d，按照随机和多点混合的原则采用 GPS 定位和"S"取样法，采集 0~20cm 耕层土壤样品，每份 1.5kg 左右。采集的土壤样品分为两部分，一部分装入无菌瓶中，冷藏带回实验室保存于 -80℃ 冰箱中，用于土壤微生物指标和酶活性的测定；一部分装于布袋中，带回实验室自然风干，用于土壤蛋白和活性有机质的测定。

3. 盆栽实验

采集三门峡卢氏杜关镇当地土壤，实验安排于 2017 年在河南农业大学试验地开展，土壤充分混用过筛，去除石子等杂质后装入塑料盆（50L）中。实验分 4 个处理：①清水对照；②无机氮肥处理；③传统豆浆；④酵解豆粕。具体同大田实验设置相同。

4. 盆栽实验过程

与大田种植时间一致，5 月 1 日前选择长势一致的 K326 品种烟苗移栽至塑料盆中，每盆栽 2 株，处理前 3d 剔除 1 株，移栽后 25d 左右进行处理。处理前采集烟株周围土样 1 次，处理后每 5d 采集土样一次，取样至豆浆施入后第 30d，共取样 7 次，要求每次采样去除杂草石子等杂物。采集土壤样品分为两部分，一部分装入无菌瓶中，冷藏带回实验室保存于 -4℃ 冰箱中，用于土壤酶活性的测定；一部分装于布袋中，带回实验室自然风干，过孔径为 2mm 的筛后，用于土壤活性有机碳和土壤蛋白含量指标检测。烟苗生长期间保持土壤含水量在 60% 左右（移栽期可适当提高含水量），各处理间须保持一致，并防止杂草及病虫害发生。烟株打顶前测定 SPAD、株高、节距、茎围、单株有效留叶数、叶长、叶宽等农艺性状。实验结束后挂牌标记烟株茎部，用自来水冲洗植株根系，WinRHIZO 根系扫描系统（加拿大 Regent Instruments 公司）测定烟草根系生长指标，主要包括总根长、根表面积、根直径、单位体积根长、根体积、根尖数和分根数，之后用吸水纸吸干表面水分后，随后将样品置于 105℃ 烘箱中杀青 30min，55℃ 烘干后称重。

二、结果分析

1. 豆浆灌根对烟叶生理指标的影响

（1）豆浆灌根对盆栽烟草根系生理指标的影响。由表 3-2 看出，施用氮肥、传统豆浆和酵解豆浆后，烟草总根长、单位体积根长、分根数均显著高于清水对照。4 种处理中，清水处理的烟草根系各指标值均最低；施用传统豆浆和酵解豆浆后的烟草根表面积、根体积高于氮肥处理，说明传统豆浆和酵解豆浆对烟草根系生长的促进作用大于纯氮肥施用。与氮肥处理相比，施用传统豆浆后的烟草根干重无显著差异，但施用酵解豆浆的根干重较高，说明酵解豆浆可能对根系干物质积累的促进作用更好。

表 3-2　豆浆灌根对盆栽烟草根系生理指标的影响

处理	总根长（cm）	根表面积（cm²）	根直径（mm）	单位体积根长（cm/m³）	根体积（cm³）	根尖数（个）	分根数（个）	根干重（g）
清水	9 467.22 b	1 858.31 c	1.66 c	9 467.22 b	29.27 d	21 880 b	68 891 b	5.73 c
氮肥	15 460.57 a	3 133.03 b	1.94 bc	15 460.57 a	51.64 cd	29 890 ab	130 879 a	7.85 bc
传统豆浆	17 056.25 a	3 646.21 ab	2.05 abc	17 056.25 a	63.50 bc	33 581 a	157 070 a	8.09 abc
酵解豆浆	16 031.03 a	3 973.19 ab	2.38 ab	16 031.03 a	79.40 ab	24 018 ab	145 864 a	11.68 a

（2）豆浆灌根对盆栽烟草农艺性状的影响。由表 3-3 看出，传统豆浆和酵解豆浆处理后，烟草株高分别为 82.00cm 和 82.78cm，单株留叶数分别为 16.0 个和 15.4 个，显著高于清水对照（69.64cm 和 14.1 个）。酵解豆浆处理后，烟株茎围和中部叶最大叶宽分别 5.94cm 和 22.50cm，显著高于清水处理的 5.36cm 和 20.07cm。综合来看，相对于清水对照，传统豆浆和酵解豆浆施用后促进了烟株茎叶的生长，主要表现在烟叶 SPAD、株高、茎围、留叶数和中部叶宽等指标；相对于氮肥对照，酵解豆浆施用主要促进了烤烟茎围和中部叶最大叶宽的生长。

由表 3-3 看出，与清水对照和氮肥处理相比，传统豆浆和酵解豆浆灌根处理烤烟后的株高、节距、单株有效留叶数、上部叶最大叶长等无显著差异。与清水和氮肥处理相比，传统豆浆和酵解豆浆施用后对烤烟农艺性状促进作用不明显，只是在中部叶最大叶长和上部叶最大叶宽绝对值上相对较高。因此，大田状况下，酵解豆浆对烤烟农艺性状的生长促进作用较好，促进了茎围、叶宽的增加。

表 3-3　豆浆灌根对盆栽烟草农艺性状的影响

处理	SPAD	株高（cm）	节距（cm）	茎围（cm）	单株有效留叶数（个）	中部叶最大叶长（cm）	中部叶最大叶宽（cm）
清水	35.27 b	69.64 b	2.84 a	5.36 b	14.1 b	40.43 a	20.07 b
氮肥	35.36 b	73.13 ab	2.88 a	5.34 b	15.4 ab	39.00 a	19.66 b
传统豆浆	39.09 ab	82.00 a	2.89 a	5.58 ab	16.0 a	38.44 a	20.38 ab
酵解豆浆	40.92 ab	82.78 a	2.96 a	5.94 a	16.0 a	42.83 a	22.50 a

（3）豆浆灌根对大田烟草农艺性状的影响。由表 3-4 看出，大田状况条件下，与清水、氮肥对照相比，豆浆灌根（传统豆浆和酵解豆浆）对烤烟株高、节距、单株有效留叶数、上部叶最大叶长等 4 个指标无显著影响。酵解豆浆施用后茎围、中部叶最大叶长、中部叶最大叶宽、上部叶最大叶长等指标在试验处理中较高；其中，中部叶最大叶长为 65.8cm，显著高于清水处理；茎围、上部叶最大叶长分别为 8.52cm、53.8cm，高于清水、氮肥、传统豆浆等处理水平；中部叶最大叶宽为 27.7cm，高于清水、氮肥、传统豆浆等处理水平。结果表明，酵解豆浆对大田烟草农艺指标的促进作用较好。

表 3-4 豆浆灌根对大田烟草农艺性状的影响

处理	株高（cm）	节距（cm）	茎围（cm）	单株有效留叶数（个）	中部叶最大叶长（cm）	中部叶最大叶宽（cm）	上部叶最大叶长（cm）	上部叶最大叶宽（cm）
清水	110.0 a	38.7 a	8.08 c	23.2 a	62.0 b	25.5 b	55.3 a	20.8 c
氮肥	111.8 a	38.8 a	8.45 bc	23.2 a	63.5 ab	25.9 h	52.3 a	20.5 c
传统豆浆	114.2 a	38.9 a	8.40 bc	23.4 a	65.3 ab	25.4 b	52.0 a	22.2 bc
酵解豆浆	111.0 a	39.0 a	8.52 bc	22.2 a	65.8 ab	27.7 ab	53.8 a	22.2 bc

2. 豆浆灌根对土壤酶活性、活性有机质和土壤蛋白的影响

由表 3-5 看出，盆栽条件下，传统豆浆灌根后 7d，土壤蔗糖酶活性高于清水和氮肥对照；豆浆灌根后 14d，传统豆浆和酵解豆浆施用后土壤蔗糖酶活性显著高于清水和氮肥对照处理，豆浆灌根 3 周后，4 种处理土壤蔗糖酶活性无显著差异。此外，豆浆灌根对土壤过氧化氢酶活性及脲酶活性无显著影响；与清水和氮肥对照相比，传统豆浆和酵解豆浆施用后 7d，土壤磷酸酶活性较高，之后与对照相比无显著差别。

表 3-5 豆浆灌根对盆栽土壤酶活性的影响

酶活	处理	T1	T2	T3	T4	T5	T6
蔗糖酶（mg/g）	清水	3.20 b	8.82 b	12.56 a	10.99 a	12.92 a	9.87 a
	氮肥	3.25 b	9.61 b	10.58 a	12.04 a	10.93 a	10.01 a
	传统豆浆	4.53 a	13.43 a	14.07 a	10.95 a	10.20 a	11.84 a
	酵解豆浆	3.79 ab	15.54 a	11.01 a	11.95 a	11.06 a	11.29 a
过氧化氢酶（μmol/g）	清水	1.10 a	1.10 a	1.08 a	1.04 a	1.14 a	1.12 a
	氮肥	1.14 a	1.09 a	1.15 a	1.11 a	1.13 a	1.15 a
	传统豆浆	1.15 a	1.15 a	1.16 a	1.06 a	1.18 a	1.14 a
	酵解豆浆	1.14 a	1.12 a	1.11 a	1.13 a	1.16 a	1.15 a
磷酸酶（mg/g）	清水	0.21 b	0.20 a	0.15 a	0.16 a	0.21 a	0.18 a
	氮肥	0.24 b	0.21 a	0.28 a	0.20 a	0.29 a	0.19 a
	传统豆浆	0.32 a	0.23 a	0.20 a	0.19 a	0.28 a	0.25 a
	酵解豆浆	0.44 a	0.18 a	0.17 a	0.24 a	0.30 a	0.28 a
脲酶（mg/g）	清水	1.07 a	1.06 a	1.02 a	1.04 a	1.13 a	1.05 a
	氮肥	1.09 a	1.09 a	1.08 a	0.93 a	1.02 a	1.13 a
	传统豆浆	1.13 a	1.13 a	1.16 a	1.07 a	1.06 a	1.09 a
	酵解豆浆	1.15 a	1.16 a	0.99 a	1.07 a	1.07 a	1.01 a

注：T1、T2、T3、T4、T5、T6 分别表示大田豆浆灌根后 5d、10d、15d、20d、25d、30d。

由表 3-6 看出，大田状况下，传统豆浆和酵解灌根后 30d，土壤蛋白含量显著高于清水和氮肥处理；灌根后 45d，传统豆浆和酵解豆浆处理后的土壤蛋白含量仍高于清水

和氮肥对照。豆浆灌根后75d、95d 和120d，不同处理间的土壤蛋白含量无显著差异。与清水处理和氮肥对照相比，传统豆浆和酵解豆浆施用30d 后，土壤活性有机质含量较高；之后直至豆浆灌根后100d（上部叶采收），不同处理间活性有机质含量无显著差异；采收结束后20d，传统豆浆和酵解豆浆处理后的活性有机质含量高于清水和氮肥处理。因此，豆浆灌根后土壤蛋白对烤烟生长的促进作用持续时间较长（45d），且随着烤烟生长进程不断消耗，直至下降到一定水平；豆浆灌根后活性有机质对烤烟生长的促进作用相对较长（45d），且随着烤烟生长进程不断消耗，至采收后期活性有机质含量有恢复上升趋势。

表 3-6　豆浆灌根对大田土壤活性有机质和土壤蛋白的影响

检测指标	处理	T1	T2	T3	T4	T5
上壤蛋白（mg/g）	清水	1.90 b	1.69 b	1.21 a	1.05 a	1.05 a
	氮肥	1.84 b	1.61 b	1.32 a	1.08 a	1.04 a
	传统豆浆	2.54 a	1.97 a	1.54 a	1.26 a	1.21 a
	酵解豆浆	2.31 a	1.80 a	1.49 a	1.19 a	1.25 a
活性有机质（mg/g）	清水	323.90 b	304.65 a	201.80 a	237.20 a	309.15 b
	氮肥	326.15 b	305.10 a	212.40 a	248.85 a	311.55 b
	传统豆浆	404.70 a	356.95 a	229.95 a	288.20 a	372.00 a
	酵解豆浆	380.85 a	333.00 a	217.75 a	282.75 a	350.30 a

注：T1、T2、T3、T4、T5 分别表示大田豆浆灌根后30d、45d、75d、100d、120d。

3. 对发酵原料的质量进行测定分析

对发酵豆浆的原料大豆和豆粕的质量进行调研和分析，结果如表3-7 所示。从表3-7中可以看出，大豆粉与豆粕的主要成分差别不大，不影响其作为发酵原料进行豆浆的发酵。

表 3-7　大豆和豆粕的质量参数抽样结果与国标参数

项目	大豆		豆粕	
	膨化豆粉	黄大豆（二级）	豆粕	含皮大豆粕（二级）
水分（%）	12.0	≤13.0	13.0	≤13.0
粗蛋白质（%）	42	≥42.0	44.0	≥42.0
粗纤维（%）	6.5	≤4.5	5.0	≤4.5
粗灰分（%）	5.5	≤7.0	6.0	≤7.0
尿素酶活性（依氨态氮计）[mg/（min·g）]	0.25	≤0.2	0.3	≤0.3
氢氧化钾蛋白质溶解度（%）	71	≥70.0	72	≥70.0

三、试验结论

与氮肥处理相比，施用传统豆浆后的烟草根干重无显著差异，但施用酵解豆浆的根干重较高，说明酵解豆浆可能对根系干物质积累的促进作用更好。酵解豆浆施用主要促进了烤烟茎围和中部叶最大叶宽的生长。酵解豆浆对大田烟草农艺指标的促进作用较好。豆浆灌根后土壤蛋白和活性有机质对烤烟生长的促进作用持续时间较长（45d），且随着烤烟生长进程不断消耗，两者差异是土壤蛋白会直至下降到一定水平，而活性有机质在采收后期有恢复上升趋势。大豆粉与豆粕的主要成分差别不大，不影响其作为发酵原料进行豆浆的发酵。

第二节 豆浆发酵工艺优化技术研究

当前化肥施用量的增加，对土壤产生的不良影响越来越明显，主要表现：土壤重金属与有毒物质含量的增加，硝酸盐的累积，土壤团体结构被破坏，土壤酸化程度加剧，土壤微生物活动降低等。菌肥作为微生物肥料，可以有效促进植物生长调节剂即激素的产生，从而调节、促进作物的生长发育。

研究发现，利用豆浆加上以植物性蛋白为养分的菌类进行发酵后形成的营养液施用在烟草根部，取得了良好效果。即烟田营养液如豆浆灌根能够提高烟叶抗性，补充基肥的不足，增加烟草所需氨基酸供给，改善烟叶品质，特别对改善烤后烟叶的颜色和油分，提高上中等烟比例具有明显作用，并且还能提高产量以及改良土壤质地。现有技术中通常是种植烟叶的农户单独将豆浆进行发酵一段时间，制作成豆浆营养液的原液，在烟田使用的时候再进行一定的配比使用。现有技术中豆浆菌种也均是通过农户单独在一个容器中发酵培育，在豆浆菌种培育过程中发酵时间、发酵温度、发酵环境均没有严格的操作规范；尤其是农户不具备对豆浆菌种的杀菌消毒环境，无法杀灭环境中的有毒细菌；无法保证豆浆菌种的安全。这就加大了豆浆发酵工艺技术优化的研究意义。

巨大芽孢杆菌（*Bacillus megaterium*）：促进磷等吸收。磷作为农作物生长不可或缺的重要营养元素，以多种形式参与它们体内各种生化生理过程，从而促进农作物的生长发育及新陈代谢，而土壤中却缺乏可溶性磷源。大量的研究表明，巨大芽孢杆菌在其生长繁殖过程中产生大量有机酸，能够把土壤中的矿物磷酸盐分解成易被植物所吸收利用的磷元素，同时能释放高活性的分解酵素及促进因子，促进农作物对营养元素的吸收，提高肥效。地衣芽孢杆菌（*Bacillus licheniformis*）：促进土壤中有机物腐殖化，增强土壤肥效，并能提高土壤保温、蓄水和蓄能性能，还可以抑制病原菌繁殖，降低植物病害。枯草芽孢杆菌（*Bacillus subtilis*）：有固氮、解磷、解钾效果，促进土壤中有机物质分解成腐殖质，增加土壤中营养物质，进而改善土壤结构，提高肥料利用率。解淀粉芽孢杆菌（*Bacillus amyloliquefaciens*）：有机质分解能力特强，代谢生成物比较丰富，产生多种对植物病原真菌有抑制作用的物质，同时对腐败菌及病原菌的抑制力比较高，繁殖速度快，形成聚铁胺酸，构成土壤的保护膜，保湿性强。乳酸菌（*Lactobacillus*）：乳酸菌是一大类菌，能从碳水化合物的发酵过程产生乳酸，并且抑制其他细菌的生长，起到杀菌的作用。在菌剂肥料中，主要通过分解其他菌类生成的木质素和纤维素，转化成植物可以利用的养分。并且它还能分解硫化类的有毒物质，保护并促进植物在良好的环境中生长。有研究表明，接种乳酸菌后能使植物叶片的 pH 值降低，提高叶片的品质。本试验以豆粕为原料制作豆浆，然后以豆浆为培养基接种混合菌生产，通过液态发酵优化豆浆发酵工艺，以提高产品中的有效成分。

一、材料与方法

（一）材料与试剂

1. 菌种

菌种：巨大芽孢杆菌（*Bacillus megaterium*）、枯草芽孢杆菌（*Bacillus subtilis*）、地衣芽孢杆菌（*Bacillus licheniformis*）、解淀粉芽孢杆菌（*Bacillus amyloliquefaciens*），均来自河南师范大学微生物实验室。

混合菌群（简称混菌）：将上述 4 种菌株的菌悬液等体积比例混合，其中各菌株菌悬液浓度控制在 $2×10^8$ cfu/mL 左右。

2. 培养基

（1）菌种活化培养基。牛肉膏蛋白胨固体培养基（pH 值为 7.4~7.6）：牛肉膏 3g，蛋白胨 10g，氯化钠 5g，琼脂 15~20g，加蒸馏水至 1 000mL，121℃灭菌 20min。

牛肉膏蛋白胨液体培养基（pH 值为 7.4~7.6）：牛肉膏 3g，蛋白胨 10g，氯化钠 5g，加蒸馏水至 1 000 mL，121℃灭菌 20min。

（2）发酵培养基。将大豆干豆称重后，加入 5 倍质量的水置于 37℃浸泡 8h，弃去水，在豆浆机中加入一定比例的湿豆与水，制得所需固形物含量的豆浆，经 121℃灭菌 20min，得到指定固形物含量的无菌大豆豆浆。

（二）仪器与设备

高压蒸汽灭菌锅、超净工作台、恒温培养箱、摇床、电子天平、微孔板恒温振荡器、真空抽滤泵、高效液相色谱仪、色谱柱（Agilent Zorbax carbohy-dratc 柱）、酶标仪、水浴锅等。

（三）试验方法

1. 发酵豆浆生产主要工艺

大豆挑选→浸泡［豆水比 1∶3（g/mL）］→磨浆［豆水比 1∶9（g/mL）］→过滤→豆浆→加碳源→灭菌→接种混菌→摇瓶发酵。

2. 菌种活化

将巨大芽孢杆菌、枯草芽孢杆菌、地衣芽孢杆菌、解淀粉芽孢杆菌在牛肉膏蛋白胨培养基中于 30℃培养箱中培养 24h 进行活化。

3. 种子培养

分别从巨大芽孢杆菌、枯草芽孢杆菌、地衣芽孢杆菌、解淀粉芽孢杆菌的斜面上挑取一环培养物接种到装有 20mL 培养液的 50mL 三角瓶中，于 30℃、150r/min 条件下振荡培养 24h，得到发酵用的种子，备用。

4. 发酵培养

将上述种子液在液体培养基中扩大培养，分别于规格为 500mL 的三角瓶装 100mL 培养基，5% 接种量，30℃，150r/min 恒温摇床培养 48h。

5. 发酵豆浆的制备

将混菌以接种量 3%（V/V，种子液占发酵液的体积百分比）接种于制备好的大豆豆浆中，37℃ 静置培养 24h 得发酵豆浆。

（四）单因素摇瓶发酵培养基的优化

在 250mL 的三角瓶中加入麸皮为基本培养基，加入不同种类和浓度的碳源、氮源、无机盐后，加入自来水定容至 100mL，并在不同单因素条件（温度、发酵时间、静置时间）下，每个水平 3 次重复，灭菌后按 5% 体积比接种置于 30℃ 摇床振荡培养 48h 后取样测芽孢数量，根据芽孢数量高低确定最佳培养基和发酵条件。

1. 麸皮浓度对菌株发酵生物量的影响

最佳碳源确定以后，将其麸皮作为基础碳源并改变其浓度，共设置 6 个梯度分别为 2%、3%、4%、5%、6%、7%、8%，固定其余组分条件不变，每个水平做 3 次重复，发酵后测芽孢数量，根据芽孢数量高低确定最佳碳源含量。

2. 不同碳源对菌株发酵生物量的影响

在麸皮发酵培养基基础上，改变碳源的种类，比如葡萄糖、乳糖、蔗糖、麦芽糖、可溶性淀粉共 5 种，浓度为 3%，固定其余组分条件不变，每个水平做 3 次重复，发酵后测芽孢的数量，根据芽孢数量高低来确定最佳碳源。

3. 不同氮源对菌株发酵生物量的影响

上述两条件确定后，用不同的有机氮或无机氮作为唯一氮源，蛋白胨、黄豆饼、酵母浸膏、牛肉膏、尿素、硫酸铵共 6 种，浓度均为 0.5%，每个水平做 3 次重复，发酵后测芽孢数量，根据芽孢数量高低确定最佳氮源。

4. 无机盐对菌株发酵生物量的影响

在培养基中分别添加 5g/L 的 $MgSO_4$、$FeSO_4$、$MnSO_4$、$CaCO_3$、$NaCl$、K_2HPO_4，调节 pH 值至 7.0，以无机盐基础培养基作为对照，30℃、180r/min 振荡培养 30h，每个处理重复 3 次，发酵后测芽孢数量，根据芽孢数量高低确定最佳无机盐。

（五）发酵条件的优化

上述培养从最佳组分确定后，研究培养温度、初始 pH 值、发酵周期、装液量、静置时间 5 个条件对芽孢杆菌发酵产孢子的影响。在基本培养条件的基础上接种量 5%，考查其中某一单项条件时，保持其余的培养条件固定不变，每个水平做 3 次重复。

1. 温度对混合菌种发酵生物量的影响

接种 0.5mL 振荡培养 24h 的细菌液（2×10^8 cfu/mL）于 250mL 培养液中，分别置于 28℃、30℃、32℃、34℃、36℃、38℃ 培养，每处理重复 3 次，取培养液以不接菌培养液为对照，发酵后测不同温度下芽孢数量，根据芽孢数量高低确定最佳温度。

2. 初始 pH 值对菌株发酵生物量的影响

用 1mol/mL NaOH 和 HCl 将培养液的 pH 值调为 5.5、6.0、6.5、7.0、8.0，灭菌

后接种 500μL 振荡培养 24h 的细菌液（$2×10^8$ cfu/mL）于 250mL 培养液中，置 30℃ 培养，每次处理重复 3 次，取培养液以不接菌培养液为对照，发酵后测不同初始 pH 值下芽孢数量，根据芽孢数量高低确定最佳初始 pH 值。

3. 装液量对菌株发酵生物量的影响

在 250mL 三角瓶中分别装入 25mL、50mL、100mL、125mL、150mL、200mL 培养液，灭菌后按 5% 体积比接种量接入菌龄为 24h 的种子液，置于 30℃、150r/min，培养 24h，每个处理重复 3 次，以不接菌培养液为对照，发酵结束后，测定菌株的芽孢数量，根据芽孢产量的高低来作为选择最佳装液量的依据。

4. 发酵周期对菌株发酵生物量的影响

取 10mL 振荡培养 24h 的种子液于 250mL 培养液中，30℃、150r/min 培养，分别在 12h、24h、36h、48h、60h、72h 等时间取样，每个处理重复 3 次，测不同发酵周期条件下培养液的芽孢数量，确定最佳发酵时间。

5. 静置时间对菌株发酵生物量的影响

在装液量 100mL/250mL、30℃ 条件下，分别静置 0h、12h、24h、36h、48h、72h 每个处理重复 3 次，测不同静置时间下培养液的芽孢数量，确定最佳静置时间。

二、结果与分析

（一）发酵培养基的优化

1. 麸皮浓度对混合菌产芽孢的影响

依次选择液体发酵培养基的麸皮浓度（过 100 目筛）2%、3%、4%、5%、6%、7%、8%，在 180r/min、35℃ 摇床发酵 48h，测定发酵液中的芽孢数量（图 3-1）。当麸皮浓度为 5% 时枯草芽孢杆菌产芽孢数最多，达 $2.41×10^{10}$ cfu/mL，但麸皮浓度 3.0%～6.0% 时无显著差异（$p<0.05$），由于麸皮浓度越大，发酵过程中产生的泡沫越多，易产生容易粘壁的问题，所以选择麸皮浓度 3% 为发酵基本培养基为适宜。

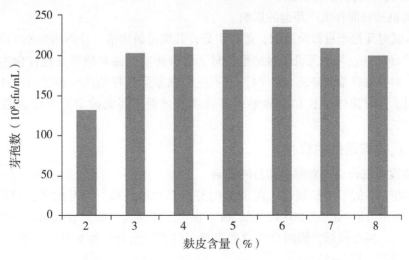

图 3-1 培养基麸皮浓度对混合菌产芽孢影响

2. 不同碳源混合菌产芽孢的影响

通过改变碳源的种类比如葡萄糖、乳糖、蔗糖、麦芽糖、可溶性淀粉共5种，浓度为3%，添加浓度3%的葡萄糖芽孢数达6.33×10^{10}cfu/mL，与其他碳源差异显著，说明葡萄糖作为快速利用碳源有利于枯草芽孢杆菌迅速繁殖，也有利于菌体快速进入休眠期。高浓度葡萄糖能使菌体快速生长但不促进芽孢的形成，可能是由于高浓度葡萄糖抑制细胞内促使芽孢形成的调控蛋白的表达，进而抑制芽孢产生，所以葡萄糖浓度也不宜过高（图3-2）。

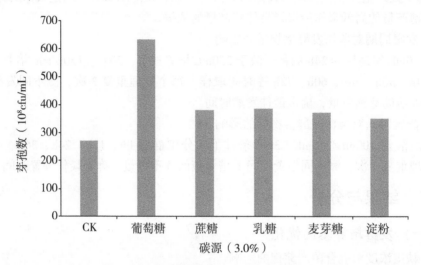

图3-2　不同碳源对混合菌产芽孢影响

3. 不同氮源对混合菌产芽孢的影响

菌株芽孢数以有机氮源蛋白胨最占优势，无机氮源硫酸铵次之，分别达3.98×10^{10}cfu/mL、3.83×10^{10}cfu/mL（图3-3）。说明该菌既能利用有机氮源又能利用无机氮源，但硫酸铵廉价易得，应作首选。

4. 无机盐对混合菌产芽孢的影响

硫酸锰对芽孢产量影响最大，差异明显，其次是氯化钠，分别达5.89×10^{10}cfu/mL、4.34×10^{10}cfu/mL。其他无机盐对芽孢产量无显著影响，锰是枯草芽孢杆菌生长所必需的元素，如果培养基中缺乏 Mn^{2+} 时，就不适合枯草芽孢杆菌的生长繁殖，Mn^{2+} 也是酶的辅助因子，对菌体生长和芽孢形成有显著的效果，因此确定硫酸锰为最佳无机盐（图3-4）。

（二）发酵条件的优化

1. 温度对混合菌种发酵生物量的影响

菌体在31~37℃生长较好，在32℃时芽孢形成率最高，34℃次之，32℃、34℃分别达3.74×10^{10}cfu/mL、3.30×10^{10}cfu/mL。温度主要是改变酶的合成和活力等从而影响菌体的生长，温度过低，酶的反应速率降低，过高还会导致酶失活，因此33℃是芽孢形成最适温度（图3-5）。

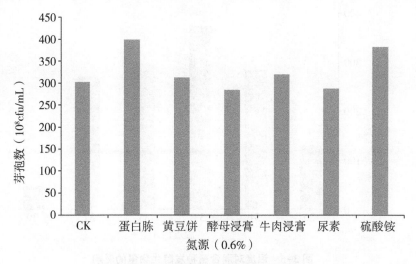

图 3-3　不同氮源对混合菌产芽孢的影响

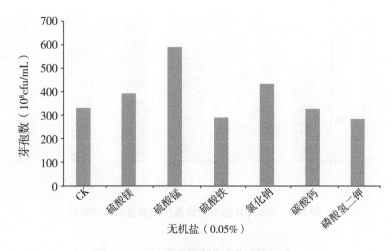

图 3-4　无机盐对混合菌产芽孢的影响

2. 初始 pH 值对混合菌种发酵生物量的影响

培养基初始 pH 值影响菌株产芽孢的结果见图 3-6。从图 3-6 可以看出，初始 pH 值为 7.0 时芽孢产量最高，pH 值 7.5 时次之，分别达 3.34×10^{10} cfu/mL、2.98×10^{10} cfu/mL。在酸性和过碱条件下不利于菌体生长和芽孢形成，所以以培养基初始 pH 值在 7.0 左右为宜。

3. 装液量对混合菌种发酵生物量的影响

从图 3-7 中可以看出，装液量为 60mL 时效果最佳，90mL 时次之。枯草芽孢杆菌是好氧菌，在容器体积相同且转速一定的条件下，装液量对供氧量有很大的影响，供氧量的大小又对发酵液中溶氧速率造成影响，而溶解氧又直接影响了芽孢形成率，60mL 和 90mL 装液量能很好满足氧的需求，但是在相同单位容积不同装液量的芽孢总量相差悬殊，所以选择装液量 90mL 能够较好地满足菌体生长和芽孢形成过程中对氧的需求和可获得更多的芽孢数量。

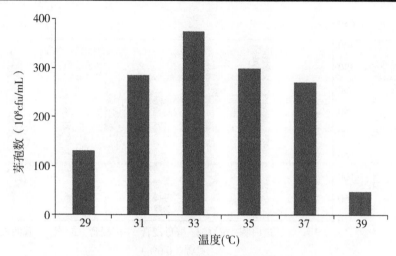

图3-5　温度对混合菌种发酵生物量的影响

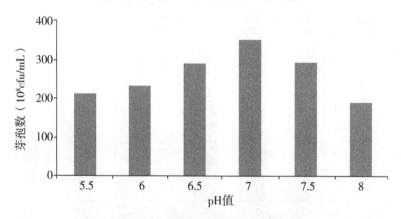

图3-6　初始 pH 值对混合菌种发酵生物量的影响

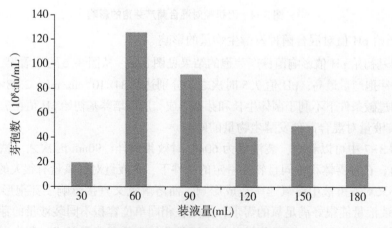

图3-7　装液量对混合菌种发酵生物量的影响

4. 发酵周期对混合菌种发酵生物量的影响

在摇瓶培养 36h 后芽孢产量最高，48h 略微减少，分别达 3.36×10^{10} cfu/mL、3.03×10^{10} cfu/mL，若继续发酵培养，菌体进入自溶阶段。考虑到发酵周期短能降低生产成本、提高生产效率、降低染杂菌的概率，所以确定最佳发酵时间为 36h（图 3-8）。

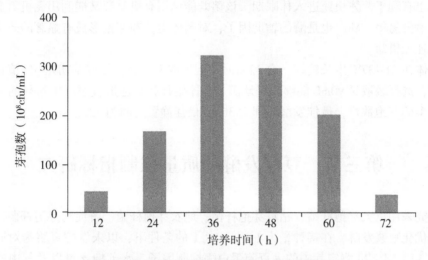

图 3-8　发酵周期对混合菌种发酵生物量的影响

5. 静置时间对混合菌种发酵生物量的影响

静置 12h 后芽孢产量最高，随着静置时间增加，芽孢数量也随之减少，发酵后静置其溶氧不足会促使芽孢的形成，但静置时间太久芽孢会形成菌体，并且菌体衰老加快，营养不足引起菌体自溶等，降低了发酵液中的生物量，所以最佳静置时间为 12h。静置时间对芽孢产率具有很大的影响，在菌体达到一定数量时，采取静置措施是促使芽孢形成的很好的方法，静置条件下溶氧等条件不足，相当于处于逆境环境下，促使产生耐受能力更强的芽孢的形成，从而提高芽孢产率（图 3-9）。

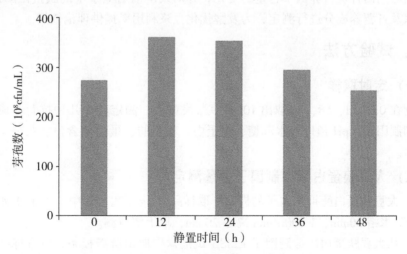

图 3-9　静置时间对混合菌种发酵生物量的影响

三、试验结论

麸皮浓度 3% 为发酵基本培养基为适宜，添加浓度 3% 的葡萄糖芽孢数达 6.33×10^{10} cfu/mL，与其他碳源差异显著，说明葡萄糖作为快速利用碳源有利于枯草芽孢杆菌迅速繁殖，也有利于菌体快速进入休眠期。该菌既能利用有机氮源又能利用无机氮源，首选硫酸铵廉价易得，Mn^{2+} 也是酶的辅助因子，对菌体生长和芽孢形成有显著的效果，硫酸锰为最佳无机盐。

菌体在 31~37℃ 生长较好，在 32℃ 时芽孢形成率最高，培养基初始 pH 值在 7.0 左右为宜，选择装液量 90mL 能够较好地满足菌体生长和芽孢形成过程中对氧的需求和可获得更多的芽孢数量，最佳发酵时间为 36h，最佳静置时间为 12h。

第三节　豆浆发酵的质量控制指标研究

研究采用巨大芽孢杆菌、枯草芽孢杆菌、地衣芽孢杆菌、解淀粉芽孢杆菌，通过混菌组合优化豆浆发酵，在接种量为 1:1:1:1 的条件下，以未发酵豆浆为对照，分别在 0d、3d、5d、7d 测定其中的大豆胰蛋白酶抑制因子、水苏糖含量以及其中的营养成分、pH 值、蛋白质含量、粗脂肪含量、灰分、钙及磷含量。研究表明，不同的发酵时间对其品质的影响存在一定的作用。发酵豆浆相较于未发酵豆浆抗营养因子含量有明显降低，营养因子大部分无明显变化，粗蛋白和粗脂肪含量均有较明显的提升，pH 值明显下降维持在 4.5 左右。分别利用酶联免疫吸附（ELISA）法、高效液相色谱（HPLC）法、凯氏定氮法、索氏抽提法、灼烧法、钼黄比色法等同测定未发酵豆浆和发酵最优豆浆中大豆胰蛋白酶抑制因子含量、水苏糖、粗蛋白、粗脂肪、灰分、磷等的含量。

本次实验采用混合菌种对豆浆进行发酵，目的是降低豆浆中抗营养因子的含量，并探究不同时间内各抗营养因子含量的变化，并对发酵前后豆浆中的胰蛋白酶抑制因子、水苏糖以及各营养成分进行测定，为发酵优化豆浆利用率提供理论依据。

一、试验方法

（一）定时取样

分别在 0d、3d、5d、7d 取出 10mL 豆浆发酵液，测定其中几种抗营养成分大豆胰蛋白酶抑制因子、pH 值以及水苏糖、粗蛋白、粗脂肪、蛋白质含量、灰分、钙及磷等成分含量。

（二）大豆胰蛋白酶抑制因子含量测定

（1）大豆胰蛋白酶抑制因子的提取：取样品 0.1g 于离心管中，加 1mL 水，置水浴锅中 100℃ 水浴 30min，1 000r/min 离心 20min，取上清待测。

（2）从大豆胰蛋白酶抑制因子 ELISA 试剂盒中取出所需板条，设置标准品以及样品孔，标准品孔各加不同浓度的标准品 50μL。

（3）样本孔先加 10μL 样品再加 40μL 样品稀释液。

（4）标准孔与样本孔每孔加入 100μL 辣根过氧化物酶（HRP）标记的检查的抗体，将反应孔用封板模封住，放至恒温箱中温育 60min。

（5）弃去液体，在吸水纸上拍干，将每孔加满洗涤液，放置 1min 后甩去洗涤液，在吸水纸上拍干，重复洗板 5 次。

（6）每孔加入底物 A、B 各 5μL，50℃ 避光孵育 15min；每孔加入 50μL 终止液，15min 内在 450nm 波长处测定各孔 OD 值。

（7）以标准品浓度为横坐标，对应 OD 值为纵坐标，绘制出标准曲线，按曲线方程计算出各样本浓度。

（三）水苏糖含量的测定

1. 色谱条件

色谱柱：Agilent Zorbax carbohy‑dratc 柱（4.6mm×150mm，5μm）；乙腈：水（75∶25）作为流动相；柱温 30℃；流速 1.0mL/min；进样量为 10.0μL；示差折光检测器，检测池温度 35℃。

2. 标准溶液配制

称取水苏糖标准品 0.02g 定容于 1mL，配制成 20mg/mL 的稀释液，分别吸取 60μL、120μL、180μL、240μL、300μL 稀释液加入 540μL、480μL、420μL、360μL、300μL 纯水混匀配制成 2mg/mL、4mg/mL、6mg/mL、8mg/mL、10mg/mL 五个浓度，经 0.22μm 滤膜过滤，把过滤好的溶液供 HPLC 分析用。

3. 样品制备

用电子天平称取 1g 各时段的发酵样品，定容至 50mL，0.22μm 滤膜过滤备用。

4. 测定方法

把水苏糖标准溶液放到液相色谱仪，测定其色谱峰面积，以水苏糖浓度为横坐标，其对应的峰面积为纵坐标绘制出标准曲线。在同样的色谱分析条件下，测定各样品色谱峰面积，与标准曲线对比确定进样液中水苏糖的浓度，根据计算得出豆粕中水苏糖的含量。

（四）营养成分的测定

1. 灰分的测定

将坩埚干燥处理后，称重记为 m_0；再取 1.5g 左右的样品（记为 m_1）放在坩埚中；将坩埚放到电炉上加热炭化至无烟（约 0.5h）；然后将坩埚放入高温电炉内，550℃ 灼烧 3h（温度达到 550℃ 时开始计时）；将坩埚取出后放入干燥器中冷却 30min，称重记为 m_2，记录数据。低价料中灰分的计算公式为：

$$灰分含量（\%）=（m_2-m_0）/m_1$$

2. 粗蛋白含量的测定

取一圆底烧瓶，称取 0.5g 左右样品，加 6.4000g 催化剂，混匀加入 15mL 浓硫酸，小火加热，颜色变绿后改为大火加热（约 2h）。冷却半小时后加蒸馏水冲洗，静置 20min 后转移到圆底烧瓶中冲洗干净，放在清水中冷却，最后定容至 100mL，制成母液。分别加 25mL 硼酸和 2 滴混合指示剂在三角瓶中。先用母液润洗移液管 2~3 次，用移液管取 10mL 母液放入反应器中，然后加 10mL 氢氧化钠，将三角瓶放在出水口处，滴头浸入液体内，待三角瓶液体变成亮蓝色开始计时 6min，再把滴头在液体上面回流 1min 后取出并用盐酸标准溶液滴定，以溶液由蓝色变为淡粉红色且 30s 内颜色不褪去为反应终点，记录数据。样品中蛋白质计算公式为：

$$m（干物质）－样品质量×（1 水分含量）$$

$$蛋白含量（\%）=［（滴定量-0.05）×c×0.014×6.25］/［m×(V'/V)］$$

3. 粗脂肪含量的测定

称取 1g 样品，用滤纸包好，并将各组样品做好标记，置于 105℃ 烘箱内烘干 1h；将烘干后的滤纸包称取出重记为 m_1，然后放于索氏抽提管中，在抽提瓶中加入无水乙醚 100mL（没过滤纸包）；65℃ 水浴加热 6h，使乙醚回流；取出已抽提过的滤纸包于通风处干燥 5min 后，再将其置于 105℃ 烘箱内烘干 1h；取出滤纸包于干燥器中冷却 30min，称重记为 m_2，记录数据。粗脂肪计算公式为：

$$m（干物质重）=样品质量×（1-水分含量）$$

$$粗脂肪含量（\%）=（m_1-m_2）/m（干物质）$$

4. 钙含量的测定

将测定灰分时称量后（记为 m）的灰分加入 10mL 盐酸溶液和 3 滴浓硝酸；将坩埚小心放在电炉上煮沸（沸腾 2min 左右）后，将溶液转移至 100mL 容量瓶内，定容并混匀，静置 10min，即为样品解离液（总体积记为 V_0）。

准确移取 10mL 样品解离液（记为 V_1）于三角瓶中，依次加入 50mL 蒸馏水（每加一次药品就摇匀一次）、2mL 三乙醇胺溶液、1mL 乙二胺溶液、孔雀石绿指示剂 1 滴、NaOH 溶液 11mL、盐酸羟胺 0.1g 左右，摇匀溶解后加钙羧酸（溶液变色）后，用 EDTA 标准溶液滴定至溶液红色褪去（30s 内不变色）为止（记录此刻滴定度记为 V_2）。低价料中钙含量的计算公式为：

$$钙含量（\%）=［（T×V_2）/m］×（V_0/V_1）$$

式中，T 为 EDTA 标准溶液对钙的滴定度。

5. 磷含量的测定

将测定灰分时称量后的灰分（记为 m）加入 10mL 盐酸溶液和 3 滴浓硝酸；将坩埚小心放在电炉上煮沸 2min 后，将溶液转移至 100mL 容量瓶内，定容并混匀，静置 10min，即为样品解离液（记为 V）。

准确移取样品解离液 2mL（记为 V_1）于 50mL 容量瓶中，加入 10mL 钒钼酸铵显色剂，定容并混匀，静置 10min；以蒸馏水为对照，用分光光度计在 400nm 波长下，测得样品解离液的吸光度。低价料的磷含量计算公式为：

$$磷含量（\%）=［（a×10^{-6}）/m］×（V/V_1）$$

式中，a 为由标准曲线查得比色用样品解离液含磷量（μg/50mL）；10^{-6} 为从微克（μg）转化为克（g）的系数。

6. pH 值的测定

取 250mL 三角瓶，用量筒量取 45mL 蒸馏水于三角瓶中，并在三角瓶内加入 11~14

颗玻璃珠；于高压蒸汽灭菌锅中 121℃ 灭菌 30min。称取 5g 样品于已灭过菌的三角瓶中，摇匀制成菌悬液；用玻璃棒沾取菌悬液于 pH 试纸上，对比并记录结果。

二、实验结果

（一）大豆胰蛋白酶抑制因子的含量

使用酶标仪在 450nm 波长处测得 OD 值见表 3-8。

表 3-8　各样品 450nm 处 OD 值

样品	0d	3d	5d	7d
对照	0.202 957	0.184 231	0.130 340	0.072 815
A	0.199 243	0.211 897	0.081 437	0.077 131
B	0.205 632	0.177 247	0.086 819	0.077 560

根据不同浓度（分别为 0ng/mL、50ng/mL、100ng/mL、200ng/mL、400ng/mL、800ng/mL）的标准品绘制的标准曲线见图 3-10，线性回归方程为 $y = 0.001\,7x$，其中 y 为 OD 值，x 为大豆胰蛋白酶抑制因子的浓度，由于测定的浓度含量是 10 倍之后的，因此根据相应的计算所得的大豆胰蛋白酶抑制因子的浓度（ng/mg）见表 3-9。

表 3-9　计算所得的各样品浓度　　　　　　　　　　（单位：ng/mg）

样品	0d	3d	5d	7d
对照	11.94	10.84	7.67	4.28
A	11.72	12.47	4.79	4.54
B	12.10	10.43	5.11	4.56

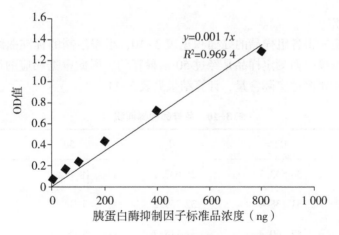

图 3-10　胰蛋白酶抑制因子标准曲线

观察结果可得，在发酵第 0d 实验组与对照组大豆胰蛋白酶抑制因子含量相当，发酵进行至第3d浓度均有所下降，但变化不大可忽略不计，当发酵进行至第5d实验组大豆胰蛋白酶抑制因子均有大幅下降，A、B组分别下降59%和57.77%，而对照组仅下降了35.76%，当发酵进行至第7d三组大豆胰蛋白酶抑制因子含量均达到最低，分别减少了64.15%、61.26%、62.31%，变化率相当。因此可以得出，未加菌液的豆浆相较于加有菌液的豆浆在发酵终点的人豆胰蛋白酶抑制因子含量并无太大变化，然而实验组相较于对照组明显有缩短试验周期的优势，因此认为有菌发酵至第5d为发酵最优条件。

（二）水苏糖的测定

1. 水苏糖的标准曲线

用 HPLC 同时测定未发酵豆浆和两组发酵豆浆水苏糖含量。所得水苏糖的标准曲线见图3-11。图3-11中，水苏糖的直线回归方程为 $y = 23\ 721.51\ 758x - 3\ 457.609\ 38$，$x$ 为水苏糖的含量；y 为水苏糖峰面积，$R^2 = 0.998\ 62$；水苏糖在 $1 \sim 10\text{mg/mL}$ 范围内线性均良好，相关系数为 0.998 62。

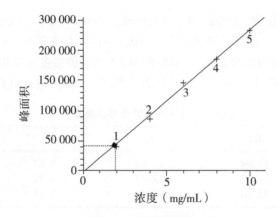

图3-11 水苏糖标准曲线

2. 水苏糖测定

经 HPLC 测定所得各组样品的峰面积见表3-10，根据绘制的标准曲线可以计算出样品中水苏糖的浓度，而测定样品是经过50倍稀释的，因此根据相应的计算可以得出各时段每克样品中水苏糖实际含量，计算结果见表3-11。

表3-10 各样品的峰面积

样品	0d	3d	5d	7d
对照	36 543.7	25 637.7	18 192.2	5 852.4
A	31 138.4	32 769.2	5 109.1	9 606.3
B	42 160.4	31 715.7	5 164.7	5 679.4

表 3-11　各样品中的水苏糖含量　　　　（单位：mg/g）

样品	0d	3d	5d	7d
对照	84.3	61.4	45.7	19.6
A	72.9	76.4	18.1	27.6
B	96.2	74.2	18.2	19.3

观察结果可得，在发酵第 0d 实验组与对照组水苏糖含量相当，发酵进行至第 3d 浓度均有所下降，但变化不大可忽略不计，当发酵进行至第 5d 实验组水苏糖有大幅下降，A、B 组分别下降 75.17% 和 81.08%，而对照组仅下降了 45.79%，当发酵进行至第 7d 对照组水苏糖含量也达到最低，减少了 76.75%，与实验组发酵至第 5d 变化率相当。

（三）营养成分含量

1. 豆浆中灰分含量的变化

发酵过程中豆浆灰分（%）变化见表 3-12，绘出折线图（图 3-12）可看出，灰分含量在发酵过程的第 3d、第 5d 降至最低，而当发酵持续至第 7d 时，灰分含量有所回升。

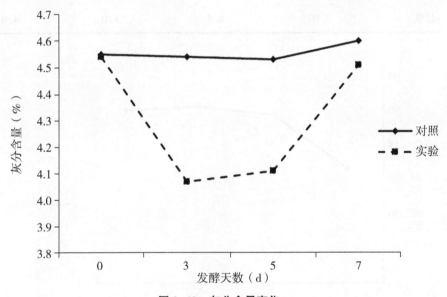

图 3-12　灰分含量变化

表 3-12　各样品中灰分含量　　　　（单位:%）

项目	0d	3d	5d	7d
对照组	4.55	4.54	4.53	4.60
实验组	4.54	4.07	4.11	4.51

2. 豆浆中其他营养成分（粗蛋白、粗脂肪、磷、钙、活菌数、pH 值）含量变化

发酵过程中豆浆中粗蛋白、粗脂肪、磷、钙、活菌数含量及 pH 值变化见表 3-13，可以看出，发酵进行至第 3、第 5d 时各组豆浆中的粗蛋白与粗脂肪含量均在持续上升，而当发酵持续至第 7d 时，粗蛋白含量有所下降，而粗脂肪含量仍在增加，但并无太大变化。为更直观地显示出两者的含量变化，现将其绘制相应的折线图（图 3-13、图 3-14）；发酵过程中钙、磷含量均无明显变化；活菌数呈现先下降后上升的趋势，发酵终期与对照相比有大幅提高；发酵过程中 pH 值持续下降并稳定至 4。

表 3-13　发酵过程中豆浆营养成分含量变化

项目	0d	3d	5d	7d
粗蛋白（%）	33.85	49.62	52.17	51.12
粗脂肪（%）	–	0.2	0.37	0.42
钙（%）	–	0.28	0.30	0.31
磷（%）	–	0.47	0.49	0.50
活菌数（cfu/mL）	6.2×10^8	3.5×10^8	3.7×10^9	2×10^{10}
pH 值	5.0	4.5	4.0	4.0

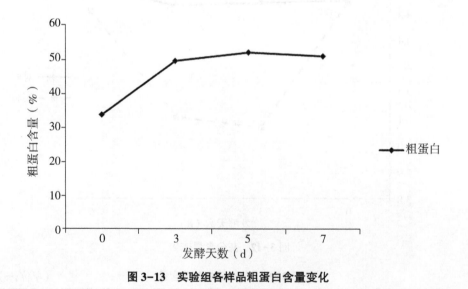

图 3-13　实验组各样品粗蛋白含量变化

三、结果讨论

大豆中的抗营养因子是影响大豆蛋白源利用率的主要因素，主要包括大豆胰蛋白酶抑制因子、寡糖（包括水苏糖）等。微生物发酵豆浆可以产生水解酶、发酵酶和呼吸

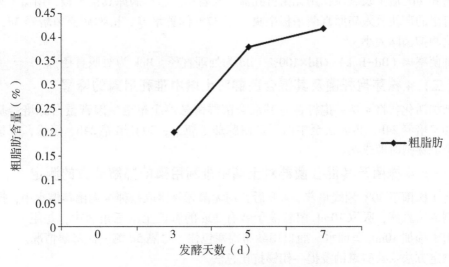

图3-14　实验组各样品中粗脂肪含量变化

酶，使大豆抗营养因子失活、钝化，从而有效提高了豆浆的利用率，而且微生物发酵后的豆浆中抗营养因子含量显著降低，营养成分中的蛋白质脂肪含量均有提高，降低了发酵液的酸度。因而经发酵后的豆浆相较于未发酵豆浆有更高的营养价值及利用率，避免了以往灌溉引起的臭味的现象，对于当前菌肥的研究具有积极的作用。

第四节　发酵豆浆过程中根系微生物区系主要控制因素分析

生物有机肥具有以下特性：富含生理活性物质，发酵过程后，产生赤霉素、吲哚乙酸、多种维生素以及核酸、氨基酸、生长素等生理活性物质；富含有益微生物菌群；促进微生物活性长效性，有利于转化土壤中的有效养分，提高土壤微生物对碳源的利用能力；显著提高土壤中供应养分的能力，激活土壤中磷素、氮素的释放。生物有机肥适用于小麦、玉米、水稻等农作物上，也适用于水果、蔬菜等旱地作物上，目前生物有机肥使用的菌剂很多。大量研究表明，混合菌群抑菌性能较其他菌株强。对梨青霉病菌的抑制率高达75.8%；混合菌群与巨大芽孢杆菌M3对土壤中难利用磷降解情况相差不大，均比其他菌株降解性强。

一、4株芽孢杆菌及其混合菌群研究

（一）4株芽孢杆菌及其混合菌群对植物病原菌的抑制

琼脂块法测定4株芽孢杆菌及其混合菌群对梨青霉病菌（ACCC37275）、梨黑斑病菌（ACCC30001）、苹果斑点落叶病菌（ACCC37394）的抑菌圈大小，并计算抑菌率。

具体操作：首先分别将4株芽孢杆菌及其混合菌群涂布至牛肉膏蛋白胨固体平板

上，培养 24h 后生长满皿，用无菌打孔器打孔备用。涂布病原真菌平板，用镊子夹取打孔器打出的菌块放入病原真菌平板中央，于 37℃ 倒置培养，植物病原菌培养 3d，十字交叉法测抑菌圈大小。

抑菌率 =（Bd-Bck）/Bd×100%（Bd 为处理直径，Bck 为对照直径）。

（二）4 株芽孢杆菌及其混合菌群对土壤中难利用磷的降解

菌株活化：将 4 株芽孢杆菌及其混合菌群菌悬液涂布至牛肉膏蛋白胨培养基平板上，30℃ 培养 24h，再转接至牛肉膏蛋白胨茄子瓶上，30℃ 培养 24h，镜检，观察多数菌体形成芽孢时即成熟。

（三）4 株菌及其混合菌群对土壤中难利用磷的降解能力的测定

将 4 株菌于 30℃ 划线培养，48h 后，用无菌牙签挑取接种至无菌蒸馏水中，振荡摇匀，制成菌悬液；吸取 10mL 菌悬液于装有 30g 的碱性土壤三角瓶中，每组 3 个平行，对照组土壤加 10mL 蒸馏水。瓶口用纱布棉塞包住，每隔 5d 测一次降解情况。

测定方法：碳酸氢钠浸提—钼锑抗比色法。

二、试验结果分析

1. 试验结果表明

4 株芽孢杆菌对烟草的根部生长有明显的促进作用，处理后烟草根系的总长度、总表面积和总体积均显著增加；处理后土壤中细菌数量和比例显著增加，真菌数量和比例明显减少。与对照相比，土壤微生物区系优势菌数量发生改变：优势甲基营养型芽孢杆菌在烟草根区、根表土壤中和根内的数量大幅提高；病原真菌腐皮镰刀菌和尖孢镰刀菌在根区和根表土壤中的数量显著减少。推知芽孢杆菌对根系微生物区系的调节作用是其发挥防病促生作用的重要机制之一。

2. 微生物数量与比例

不同芽孢杆菌处理的烟草根区、根表及根内的三大类群微生物的数量均为根表>根区>根内。在烟草根区土壤中，用混合菌处理的烟草根表土壤中细菌分别增加 239.0%、222.0% 和 44.0%，真菌分别减少 8.0%、4.0% 和 30.0%；4 株芽孢杆菌处理的根内只有细菌存在，用豆浆发酵液处理的根内细菌数量分别增加 557.0%、419.0% 和 229.0%，相比于芽孢菌处理组的根表以及根区土中的细菌增幅，根内细菌增幅最为明显。综上可见，用发酵豆浆处理后的烟草根区、根表和根内细菌数量增加，而真菌的数量减少。

除微生物数量以外，微生物种群的组成比例也是作物根区土壤微生物生态系统正常及健康与否的重要指标。细菌真菌比（B/F）反映了土壤微生物系统中细菌和真菌的比例，B/F 愈大，真菌数量及所占比例愈低，则土壤的健康程度愈高，B/F 的变化是细菌接种后直接和间接作用的结果。实验数据结果表明，发酵液灌溉后烟草根区、根表的 B/F 分别增加 213.0% 和 271.0%；混合菌接种后烟草根区、根表的 B/F 分别增加 115.0% 和 236.0%；发酵液处理后的烟草的根区、根表的 B/F 分别增加 54.0% 和 106.0%。

3. 优势微生物

采用 16S rRNA 序列和 rDNA-ITS 序列分析技术分别对烟草根区、根表土壤及根内样品中的优势细菌、放线菌和真菌种类进行鉴定，共获得 14 株优势菌，其中，优势细菌 6 株、优势真菌 4 株、优势放线菌 4 株。

根际中有大量微生物定殖，其中主要为细菌，细菌的种类及数量均与作物的生长有密切的关系。在根际定殖的细菌有可能存在着大量的根际促生细菌，它们能分泌一些代谢产物直接或间接地作用于植物，从而表现出促进植物生长、抑制病原、诱导抗性的效果。结合实验数据可知，烟草根际中几株根际促生菌（PGPR）的数量均达到了优势菌的范畴，其中，3 株菌中有 2 株菌与接种菌相似度在 99.8% 以上，另外 1 株为甲基营养型芽孢杆菌（*Bacillus methylotrophicus*），在各处理的根系不同区域这 3 株优势菌的数量以及所占比例不同。

烟草根区土壤中 3 株优势菌所占的总比例为 61.2% 和 37.0%，分别增加 360.0% 和178.0%；发酵液处理后烟草根表土中 3 株优势菌所占的总比例为 51.1%、23.7% 和26.5%，分别增加 126.0%、7.0% 和 19.0%；在发酵液处理后的烟草根内，3 株优势菌所占的总比例为 40.0%、39.6% 和 7.6%，分别增加 139.0%、137.0% 和 54.0%。其中，这 3 株优势菌在混合菌处理后的根系各区域的数量最大，所占比例也最高，其他两个处理均有增幅，但幅度较小。接种芽孢杆菌在根系的定殖数量能直观地反映接种菌对烟草根系的直接影响. 由此可知，这 4 种芽孢杆菌均能在烟草根际和根内定殖，其定殖数量均达到各自区域优势菌的范畴。

三、试验结论

4 株芽孢杆菌对烟草的根部生长有明显的促进作用；土壤中细菌数量和比例显著增加，真菌数量和比例明显减少。土壤微生物区系优势菌数量发生改变，表明芽孢杆菌对根系微生物区系的调节作用是其发挥防病促生作用的重要机制之一。

发酵豆浆处理后的烟草根区、根表和根内细菌数量增加，而真菌的数量减少；酵解豆浆灌溉后显著提高了烟田土壤健康度。烟草根际中几株根际促生菌（PGPR）的数量均达到了优势菌的范畴，芽孢杆菌均能在烟草根际和根内定殖，其定殖数量均达到各自区域优势菌的范畴。

第四章 豆浆发酵高产蛋白酶菌群筛选和工程化改造

第一节 高产蛋白酶菌株的筛选及鉴定

蛋白酶是催化分解蛋白质肽键的一类酶的总称，它作用于蛋白质，将其分解为蛋白胨、多肽及游离氨基酸。在工业用酶当中，蛋白酶是应用最广的一种，约占整个酶制剂产量的 60% 以上，广泛应用于食品、饲料、纺织和洗涤等领域。2007 年，一份关于世界用酶量的研究表明，全世界酶用量有望每年增长 7.6%，截至 2011 年其销售额达 60 亿美元。蛋白酶的主要来源为微生物，它不仅对细胞的代谢活动起着重要作用，而且在工业应用中也举足轻重。豆浆是中国人民喜爱的一种饮品，又是一种老少皆宜的营养食品，在欧美享有"植物奶"的美誉。从传统豆浆中筛选高产蛋白酶菌株，并对其进行鉴定，以获得高产蛋白酶菌株，为豆浆发酵生产提供优良菌种，采用脱脂牛乳平板法，作为筛选模型，从而分离和筛选高产蛋白酶的菌株，比浊法测定各菌株生长曲线，了解各菌株的对数生长期；牛津杯法及 Folin 法对菌株所产粗酶液活性进行定性与定量分析，以筛选出高产蛋白酶菌株，并对其进行鉴定。结果：筛选获 3 株高产蛋白酶菌株 A-1、A-2、A-3，经菌种形态学鉴定、生理生化实验及 16S rDNA 分子序列分析将其鉴定为地衣芽孢杆菌（*Bacillus licheniformis*）、短小芽孢杆菌（*Bacillus pumilus*）、枯草芽孢杆菌（*Bacillus subtilis*）；其对数生长期分别为 4~18h、6~18h、10~20h；其蛋白酶活力分别为 137.042U/mL、165.560U/mL、103.286U/mL。

一、材料与方法

（一）材料与仪器

传统豆浆样品；福林酚试剂、酪氨酸、酪蛋白：Sigma 公司；斜面培养基：营养琼脂 4.5g，蒸馏水 100mL；种子培养基：牛肉膏 1g，葡萄糖 1.5g，NaCl 0.5g，蒸馏水 100mL；脱脂牛乳平板：脱脂牛乳 1.5g，葡萄糖 1g，KH_2PO_4 0.03g，Na_2HPO_4 0.4g，NaCl 0.5g，琼脂粉 2g，蒸馏水 100mL；发酵培养基：玉米粉 2.0g，黄豆粉 1.5g，葡萄糖 0.5g，KH_2PO_4 0.03g，Na_2HPO_4 0.4g，NaCl 0.5g，自来水 100mL。

SHP-250 型智能生化培养箱（上海光都仪器设备有限公司）；LDZX-50K BS 型立式压力蒸汽灭菌锅（上海申安医疗机械厂）；DHG-R40A 型热风恒温鼓风干燥箱（上海

试验仪器总厂）；MolecularDevices SPECTRA M AX 190 酶标仪（昆明纳瑞科技有限公司）；STARTER 3C 型试验室 pH 计（奥豪斯仪器上海有限公司）；JM 2003 电子天平（余姚纪铭称重校验设备有限责任公司）；CJ-1D 超净工作台（天津市泰斯特仪器有限公司）；CS501 恒温水浴锅（上海博迅实业有限公司）；TGL20M 台式高速冷冻离心机（长沙迈佳森仪器设备有限公司）；CX21FS1 光学显微镜（Olympus 公司）。

（二）实验方法

1. 菌种的分离及初筛

取 1g 传统豆浆加入 9mL 无菌生理盐水，振荡均匀，80℃水浴中保温 10min。冷却后，吸取上清液 1mL，制成 10^{-2}、10^{-3}、10^{-4}、10^{-5} 稀释度的菌液，每个稀释度取 0.2mL，涂布于脱脂牛乳平板，37℃下培养 24h，选择能产生较大透明圈的菌株进行进一步分离纯化，37℃培养 24h，接入斜面保藏培养基，37℃培养 24h，保存于 4℃冰箱。所有实验均设 3 组平行。

2. 菌种生长曲线绘制

细菌菌悬液的制备：取 37℃培养 16h 的菌斜面 3 支，用 5mL 无菌水，洗下菌苔制成菌悬液，吸取 0.3mL 菌悬液，接种到装有 20mL 营养肉汤三角瓶中，于 37℃、160r/min 振荡培养 16h。

接种：取 48×3 支装有灭过菌的营养肉汤的培养管（每管 5mL），注明菌名、培养时间、编号，然后接种上述培养 16h 的菌悬液，每管 100μL，轻轻摇荡使菌体分布均匀。

培养：将接种后的上述培养管置于摇床上，37℃振荡培养，分别在培养 0h、2h、4h、6h、8h、10h、12h、14h、16h、18h、20h、22h、24h、26h、28h、30h、32h 后取出，放冰箱中保存，最后一起比浊测定。

比浊：把培养不同时间而形成不同浓度的细菌培养液，置于酶标仪中进行比浊，用浑浊度的大小来代表细菌的生长量。用酶标仪选择 600nm 波长，以未接种的液体培养基为空白对照。

3. 菌种的鉴定方法

菌种形态学鉴定：用肉眼观察菌株在营养琼脂平板上生长 24h 后菌落的形状、大小、干湿、颜色、边缘、表面、透明度，并加以记录；对培养 16h 的菌体进行革兰染色，观察菌体革兰染色情况。

生理生化特性分析：按照《伯杰氏细菌鉴定手册》《常见细菌系统鉴定手册》有关章节进行鉴定试验。主要鉴定内容包括需氧性试验、过氧化氢酶反应、淀粉水解反应、明胶水解反应、酪素水解反应、糖发酵试验和耐盐性试验。16S rDNA 分子序列分析：将纯化好的菌种送至上海生工生物股份有限公司进行 16S rDNA 测序，测序结果在核糖体数据库上进行序列比对。

二、结果与分析

（一）产蛋白酶菌株的初筛结果

依照菌种的分离及初筛方法分离纯化并初筛获得 3 株产蛋白酶较强的菌株，分别将

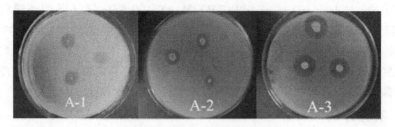

图 4-1　产蛋白酶菌株初筛图片

其编号为 A-1、A-2、A-3。将其分别接种于脱脂牛乳平板上过夜培养，如图 4-1 所示，3 株菌的蛋白水解圈较为明显，经测量，蛋白水解圈与菌株之比 HC 值均大于 3。

（二）各菌种生长曲线的绘制

从图 4-2（A）可知，菌株 A-1 从 0~4h 为调整期，4~18h 为对数生长期，18~22h 为稳定期，之后进入衰亡期，细胞开始溶解；从图 4-2（B）可知，菌株 A-2 从 0~6h 为调整期，6~18h 为对数生长期，18~22h 为稳定期，24h 后开始进入衰亡期；从图 4-2（C）可知，A-3 从 0~10h 为调整期，10~20h 为对数生长期，到 20~26h 为稳定期，26h 后逐渐进入衰亡期。

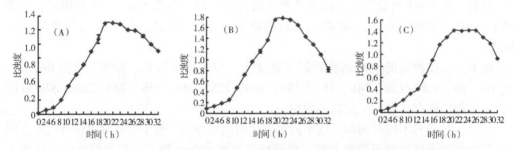

图 4-2　产蛋白酶菌株生长曲线的绘制

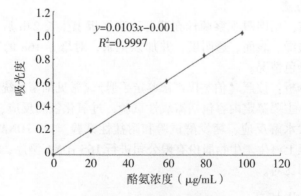

图 4-3　酪氨酸标准曲线

（三）酪氨酸标准曲线的绘制

按照表 4-1 浓度制作标准溶液，并绘制标准曲线如图 4-3 所示。利用一元线性回归方程分析得到酪氨酸标准曲线回归方程为 $y = 0.0103x - 0.0010$，相关系数 $R^2 = 0.9997$，表明酪氨酸浓度与 OD_{660} 之间线性回归比较显著，在酪氨酸浓度为 $20 \sim 100\ \mu g/mL$ 时，以酪氨酸为标准样品，采用福林酚法可以用于以酪蛋白为底物的蛋白酶活力测定。

表 4-1　酪氨酸标准曲线的绘制

酪氨酸浓度（μg/mL）	0	20	40	60	80	100
吸光度	0	0.204	0.407	0.616	0.835	1.021

（四）产蛋白酶菌株的复筛

牛津杯法定性测定酶活：将所制取的粗酶液置于放有无菌牛津杯的脱脂牛乳平板上过夜培养，如图 4-4 所示，与空白组相比，3 株菌的发酵上清液均能产生一定大小的蛋白水解圈。

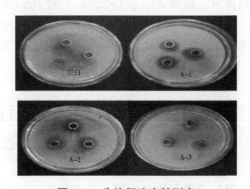

图 4-4　牛津杯法定性测定

表 4-2　蛋白酶水解圈大小

菌株编号	水解圈大小（mm）（$\bar{X} \pm SD$）
空白	0±0.00
A-1	16.33±0.58
A-2	17.67±0.58
A-3	15.33±0.58

由表 4-2 可知，3 株菌的粗酶液水解圈均大于 14mm，可初步推断其解蛋白能力的高低，首先，菌株 A-2 的蛋白水解圈最大为 17.67mm，解蛋白能力最强，A-1 次之，A-3 最弱。

（五）菌种的鉴定

1. 菌种形态鉴定

包括菌落形态鉴定及菌体形态鉴定，筛选获得的 3 株菌在营养琼脂平板上生长 24h 后的菌落形态存在一定的区别。筛选得到的 3 株菌在营养琼脂平板上生长 16h 后进行革兰氏染色，镜检发现革兰氏染色均为蓝紫色，菌株 A-1 的细胞形态呈杆状，单生，产生近中生的椭圆状芽孢，菌株 A-2 的细胞形态呈杆状，两端钝圆，产生近中生的杆状芽孢，菌株 A-3 细胞形态呈杆状，产生中生的椭圆状芽孢。

2. 生理生化实验

3 株菌均能分解葡萄糖、蔗糖产酸，不能分解乳糖、山梨醇产酸，H_2S 实验、山梨醇实验均为阴性；菌株 A-1、A-2 的接触酶、氧化酶、甲基红、V-P 反应为阳性，而菌株 A-3 为阴性；菌株 A-1 能分解尿素，利用麦芽糖，而菌株 A-2、A-3 不能利用尿素，不能分解麦芽糖；菌株 A-1、A-2 不能水解淀粉，菌株 A-3 可分解淀粉。

3. 16S rDNA 分子序列分析

将纯化好的菌种送至上海生工生物股份有限公司进行 16S rDNA 测序，测序结果在核糖体数据库上进行序列比对，菌株 A-1、A-2、A-3 的 16S rDNA 经 PCR 扩增分别得到 1 483bp、1 471bp、1 429bp 的条带。将所测序列在核糖体库中进行序列相似性比对，结果结合菌株形态学及生理生化特征初步鉴定菌株 A-1 为地衣芽孢杆菌，菌株 A-2 为短小芽孢杆菌，菌株 A-3 为枯草芽孢杆菌。

第二节　发酵条件的探索及目的菌株产酶能力的研究

豆浆发酵作为植物养料的步骤与注意事项：①将豆浆渣装入一密封的透明容器内。②放到有阳光的地方暴晒，几天后见容器内长有灰白毛并有水珠出现。③进行多日就发酵成肥料了。④注意在使用时，不可直接埋入种植的植物边，一定要与适量的土壤混拌后方可使用，另因有极强的异味，需做好防护。⑤若室外有地方，也可直接将豆浆渣拌入土里，并用土覆盖进行自然发酵，然后过几天翻倒一次。

目的菌株产酶能力的研究过程如下。

1. 粗酶液蛋白酶活力测定

待测粗酶液的制备：将活化的菌液接种于种子培养基中，37℃培养 14~16h（保证各菌株均处于对数生长期且比浊度为 1.0），然后以 4% 的接种量接种于发酵培养基（50mL/250mL 三角瓶）中，摇床培养 160r/min，37℃，48h。发酵培养 48h 后转移至 50mL 的离心管中离心（10 000r/min，4℃，20min），收集上清液即为待测粗酶液。

2. 牛津杯法定性分析

根据 Ama-Awua（2006）、Freitas（1999）、Macedo（1997）的报道，采用牛津杯—底物平板法进行定性测定。将灭菌牛津杯呈等边三角形放置脱脂牛乳平板中，取 50μL 粗酶液于牛津杯中，37℃过夜培养，观察水解圈的大小，测定水解圈直径。

3. Folin-酚法定量分析

酪蛋白溶液预先放入（40±2）℃的恒温水浴中预热5min。按以下顺序操作：取洁净试管，编号。取粗酶液1.0mL，（40±2）℃预热2min→加缓冲溶液配置2%酪蛋白溶液1.0mL，（40±2）℃准确反应10min→加0.4mol/L三氯乙酸2.00mL终止反应，立刻摇匀，取出静置10min后过滤→取滤液1mL→加入0.4mol/L碳酸钠溶液5mL→加稀释的Folin试剂1mL→混匀后置（40±2）℃水浴中发色20min，加蒸馏水定容至20mL。空白对照：样品中先加入三氯乙酸使酶失活，再加入酪蛋白溶液，以后操作步骤同上。用酶标仪测定OD_{660}。在上述条件下酶活性定义为在一定的反应条件下，每分钟每毫升酶液水解底物产生相当于1μg酪氨酸所需的酶量为一个单位（U）。

粗酶液的蛋白酶活力：

$$U = (OD_1 - OD_2) \cdot K \cdot V \cdot N/t$$

式中，K为酪氨酸标准曲线求出吸光常数，本试验所求的$K=97$；OD_1为样品的吸光度值；OD_2为空白对照的吸光度值；N为稀释倍数；V为反应试剂总体积；t为反应时间。

Folin-酚法定量测定酶活：结合牛津杯所测结果，采用Folin法定量测定3株菌的粗酶液活力。菌株A-2的蛋白酶酶活力最强为165.56U/mL，A-1次之为137.04U/mL，A-3最弱为103.29U/mL。所测结果与采用牛津杯法测定结果基本吻合。

上述结果表明，从传统豆浆中筛选到3株产蛋白酶菌株A-1、A-2、A-3的对数生长期分别为4~18h、6~18h、10~20h，其酶活分别为137.04U/mL、165.56U/mL、103.29U/mL。

第三节　基因工程菌质粒稳定性研究及工艺优化

一、稳定性研究

狭义的基因工程即重组DNA技术，其基本过程主要包括以下5个方面：①从供体细胞中分离出基因组DNA，用限制性核酸内切酶分别将外源DNA（包括外源基因组和目的基因）和载体分子切开（简称切）；②用DNA连接酶将含有外源基因的DNA片段接到载体分子上，形成DNA重组分子（简称接）；③借助于细胞转化手段将DNA重组分子导入受体细胞中（简称转）；④短时间培养转化细胞，以扩增DNA重组分子或使其整合到受体细胞的基因组中（简称增）；⑤筛选和鉴定转化细胞，获得使外源基因高效稳定表达的基因工程菌或细胞（简称检）。作为现代生物工程的关键技术，基因工程的主体战略思想是外源基因的稳定高效表达，基因工程菌（细胞）即是现代生物工程中的微型生物反应器。

用于重组DNA技术中的宿主细胞既有原核生物，又有真核生物，典型的宿主细胞如：大肠杆菌、酿酒酵母等。在重组基因工程菌培养过程中，遇到的主要问题有：①有机酸类代谢副产物积累并抑制菌体生长和产物的表达；②大规模及高密度培养过程的供氧限制；③外源基因高表达引起宿主细胞生理负担过重；④质粒不稳定性问题。其中，质粒的稳定性研究尤为重要，对于一定结构的基因工程菌而言，提高质粒的稳定性对于基因产物的生产及科学研究具有重要意义，就基因工程菌中影响质粒稳定性的因素及提高稳定性的策略展开研究。

（一）质粒不稳定性的定义及类型

重组质粒的不稳定性，是指重组菌在培养过程中发生突变或丢失，结果使重组菌失去了原有的表型特征。依据重组质粒的变化本质，质粒不稳定性可分为结构不稳定性、分离不稳定性。质粒的结构不稳定主要是由于 DNA 的插入、缺失或重排等引起的不稳定，使目的基因功能丢失，但对质粒主要遗传标记丢失影响较小。质粒的分离不稳定是细胞在分裂后分离时引起的不稳定，由于质粒在子代细胞中的不均匀分配而使部分细胞不含质粒，是质粒丢失的主要原因。质粒的分离不稳定性常出现在两种情况下，一是传代质粒只在许多世代之后才明显产生丢失；二是带有质粒的细胞与无质粒细胞有不同的生长速率导致。外源基因载体 DNA 的存在犹如细胞内存在多拷贝的质粒一样，对宿主是一种代谢负担，当外源基因大量产生特异蛋白时，这种代谢压力就变得更加严重。一般条件下，带有重组质粒的宿主菌的生长速率低于无质粒的细菌，由此，质粒的稳定性伴随着生长速率的不同而变化。基因重组菌的比生长速率对质粒稳定性有很大的影响，在连续培养时，发现在低比生长速率下重组质粒只可以完全维持 20 代。O' Kennedy 等（1995）发现，在复合培养基和基本培养基中，重组酿酒酵母的质粒稳定性和比生长速率的关系不同。在葡萄糖限制的复合培养基中，质粒丢失速率随稀释率的增加而增大，但是在葡萄糖限制的基本培养基中则相反。

（二）质粒不稳定性的影响因素

1. 宿主细胞的遗传特性

重组质粒的稳定性在很大程度上受宿主细胞遗传特性的影响。相对而言，重组质粒在大肠杆菌中比较稳定，在枯草杆菌和酵母中较不稳定，但是也有例外。黄立志等发现外源 NK 基因的导入对宿主 E. coli HB101 与 yeast Pichia GS115DE 生长没有明显影响，重组质粒 Pbv220-NK 在大肠杆菌中结构稳定性有待提高，而在毕赤酵母中稳定性很好。

2. 质粒的特性

在重组菌细胞中，质粒载体的大小与拷贝数是影响质粒分离不稳定的重要因素。插入 DNA 片段的大小及特性等在质粒分离不稳定性中有关系，一般小的片段质粒比较稳定。对于松弛型质粒载体，一般情况下，伴随着细胞分裂，质粒以随机方式分配到子细胞中，质粒拷贝数越高，出现无质粒载体细胞的概率就越低，质粒就越稳定，而质粒载体的寡聚化效应会导致质粒载体拷贝数大大降低，从而加重质粒的分离不稳定性。Michelle E. Gahan 等研究发现口腔减毒疫苗菌株 BRD 质粒拷贝数降低影响质粒稳定性及人类特异性免疫反应的降低。

3. 调控突变、培养条件等

外源基因的调控突变、培养条件及质粒中所携带的外源基因性质、重组菌的生长速率、外源基因的表达水平等因素都是影响质粒稳定性的因素，有些需要在质粒设计和构建时仔细考虑，有些则与培养过程有关。

（三）提高质粒稳定性的策略

1. 质粒的选择

为了构建稳定的结构体，最好利用小的质粒，小的质粒在高密度发酵中遗传性状比较稳定，而大的质粒往往由于发酵环境中各种因素的影响，而出现变异的概率较高。Kim 等报道，用穿梭质粒克隆大肠杆菌 DNA 片断，转化大肠杆菌，重组质粒能稳定地传代；而转化 *Pseudomonas putida* 后，重组质粒在传代过程中发生分离。

2. 选择合适的插入片段或重新构建表达载体

Bion 和 Luxen 报道，插入 DNA 片断的大小，在质粒分离不稳定性中有关系。它们酶切同源和外源染色体 DNA，得到大小不同的片断，与穿梭质粒 pwB110 重组。得到两个重组质粒 pLB2（3.6kb）和 pLB5（5.9kb），转入枯草芽孢杆菌后，重组质粒的稳定性表现出和插入 DNA 片断大小有关。而转入大肠杆菌，重组质粒却不表现出这种相关性。赵月娥等对人 *tPA* 基因进了重建，保留了 F、G 和 P 区并引入突变，构建了 K1，K2 区缺失突变的重组 tPA 质粒 pQE30，并在大肠杆菌 JM109 菌株中成功表达。从理论上分析与实验数据均显示，由于重建的 *tPAr* 基因的 DNA 长度减少了 40%，克隆并导入宿主菌后，具有更高的遗传稳定性。

parDE 基因的插入，可提高重组质粒稳定性。莫志伟等将 *parDE* 基因插入到 pST1021 等质粒上，可以提高重组质粒的遗传稳定性，提高基因工程菌的应用效果。赵立平等也利用 RK2 质粒的 *parDE* 片段提高重组质粒在生防菌成团泛菌中的稳定性。

3. 选择适当的宿主细胞

重组质粒的稳定性在很大程度上受宿主细胞遗传特性的影响。相对而言，重组质粒在大肠杆菌中比较稳定，在枯草芽孢杆菌和酵母中较不稳定，但是也有例外。同一宿主菌株对不同质粒的稳定性不同，而同一质粒在不同宿主菌株中的稳定性也有差别。因此对于不同的表达系统、外源基因表达产物的性质、表达产物是否需要进行后加工及其复杂程度将决定宿主菌的选择，如真核或原核生物、蛋白酶缺陷型或营养缺陷型等的宿主菌。

4. 添加选择压力

重组菌的稳定性受遗传及环境因素两方面的控制，所以可以通过基因水平的控制来限制反应器中无质粒细胞的繁殖以提高系统中含质粒细胞的比例。在重组菌培养过程中通常采用增加"选择压力"来提高重组菌的稳定性。"选择压力"通常包括：①在质粒构建时，加入抗生素抗性基因，在生物反应器的培养基中加入抗生素以抑制无质粒细胞（P-）的生长和繁殖；②利用营养缺陷型细胞作为宿主细胞，构建营养缺陷型互补质粒，设计营养缺陷型培养基抑制无质粒细胞的生长和繁殖；③噬菌体抑制及转化子中自杀蛋白的表达，在含"选择压"的培养基中培养基因工程菌可以有效地抑制细胞的生长和繁殖，提高质粒稳定性。这种方法对于质粒或宿主细胞本身发生了突变，虽保留了选择性标记，但不能表达目的产物的细胞无效。史悦等发现质粒 PETNHM 在无抗生素选择压力下，连续传代 48 代后质粒丢失的无质粒细胞开始出现，进一步研究表明，卡拉霉素的选择压力能够保证质粒的稳定遗传。

5. 控制培养条件

（1）培养基组成。培养基组成成分及其比例对质粒的稳定性影响较大，Jones 和 Melling 研究了连续培养 *E. coli* 中几种质粒的稳定性，分别以葡萄糖、磷酸盐和无机盐作为限制性基质，发现除 pBR325 外的大部分质粒在以磷酸盐为限制性基质时很快丢失。周宇荀等也发现抗菌肽基因 Adenoregulin（ADR）培养基中适当加入葡萄糖，对质粒的稳定性及蛋白表达量有重要作用。

（2）氧传递和搅拌。对固定化重组工程菌菌培养来说，氧传递受固定化胶粒屏障和胶粒表面高浓度细胞的限制，搅拌速率影响着培养液内的氧供应和对菌体的剪切力，强烈搅拌使固定化胶粒内细胞浓度明显减少，质粒稳定性也显著降低，温和的搅拌速率适于保存质粒的稳定性。在搅拌罐发酵时，质粒拷贝数通常比摇瓶培养低，原因是搅拌罐中有较好通气，生长速率较高，染色体复制增加，当溶解氧强度在非选择性培养基中周期变化时，重组酵母连续培养质粒稳定性强烈依赖于培养的生长速率，在较低生长速率下完全稳定，提高氧压力或增加氧浓度能引起细胞内氧化性胁迫，而过渡或稳定阶段缺氧条件引起氨基酸生产和质粒稳定性受限制。

（3）温度和 pH 值。有的质粒属温度敏感型质粒，如农杆菌质粒，当农杆菌培养温度超过 30℃，即引起质粒丢失；有研究显示培养温度处于 30~44℃ 时，巨大芽孢杆菌 PCK108 质粒结构基本稳定，而且其目的产物——纤维素酶产量比 30℃ 时显著提高，但 30℃ 时质粒稳定性较强。对于温度敏感型质粒，为了控制在生长前期其外源基因不表达，一般采用二阶段温度培养系统，即在菌体生长阶段，采用较低的培养温度，当菌体生长至适宜浓度和生长时期时，提高温度进行诱导，使外源基因表达。与一般微生物发酵相似，重组工程菌的生长和产物合成时的 pH 值往往不同，如重组 *Lactococcus lactis* subsp. *lactis*（pIL252）对生长和质粒稳定性的最适 pH 值分别为 6.39 和 6.41。

（4）选择合适的培养操作方式。

1）适当采用流加操作方式。不同流加方式对质粒的稳定性影响也较大。在研究生产重组葡聚糖酶的枯草芽孢杆菌质粒稳定性时发现，周期性分批流加的酶产量和质粒稳定性高于间歇培养和恒化器培养，周期 2~4h，质粒稳定；大于 6h，质粒丢失增多，而间歇性培养和恒化器培养时质粒很快丢失。另外，选择合适的流加方式可提高质粒在非选择性培养基中的稳定性和工程菌的产量。

2）连续培养。连续培养的方式很多，一种选择性循环反应器在连续培养过程中采用诱导方法使含质粒细胞在分离器中絮凝，而细胞生长和产物合成在主发酵罐中进行，循环过程将目的菌株（含质粒菌株）和非目的菌株（不含质粒或杂菌）分开，富集重组菌或生产菌，能使含质粒细胞占优势并能高速合成外源蛋白。连续培养的稀释速率对质粒稳定性有显著影响。对含重组质粒 PLG669-2 的酿酒酵母研究发现，稀释速率周期变化时，周期的振幅和频率是质粒稳定性的重要参数。

3）固定化培养。细胞固定化是在固定化酶技术的基础上发展起来的，细胞的固定化方法可以分为吸附法、包埋法、交联法及共价法等。由于大部分细胞在固定化后仍可以保持生长繁殖能力，因此，大多数研究工作都集中在吸附法和包埋法。固定化细胞的主要优点是：细胞可以重复或连续使用，可以提高生产效率；另外，细胞固定化后，可以为细胞创造一个适宜的局部环境（如温度、pH值、剪切力等），有利于细胞的生长和产物表达。对于基因工程菌而言，相对于游离细胞悬浮培养，固定化细胞培养可以有效克服或减少质粒不稳定现象，特别用非选择性培养基时，固定化细胞培养系统可提高反应器产率，得到高细胞浓度和高产物。在固定化细胞培养体系中，重组质粒稳定性得到提高，但其机理还不是很清楚，主要原因可能有：①固定化细胞的生长速率下降；②细胞的区域化分布；③固定化材料的物理结构和化学性质影响质粒稳定性，使得质粒的分离不稳定性得到改善，不含质粒细胞的生长优势减少，使质粒稳定性高于游离细胞培养。在细胞固定化方法及固定化细胞反应器的研究中，应该注意尽可能地应用最简单的固定化方法及与其相匹配的最优生物反应器。中空纤维反应器、固定床反应器、三相流化床反应器等就是其中的典型例子，这些反应器有些已经工业化应用，有些还处于实验室或工业化实验研究阶段。

（四）存在的问题及展望

虽然提高质粒稳定性的研究有了很多成功实例，但因基因工程菌的培养与发酵受诸多因素与条件的影响，而且随机性和可变性大，要在实验条件下使基因工程菌的质粒保持稳定的遗传性状，仍存在各种工程问题有待于解决。由于基因工程菌的多样性，所采用的手段常缺乏通用性，研究的特定体系一般要采取具有针对性的措施，才能获得较好的效果。随着基因工程及分子生物学技术的进一步发展，将会从根本上解决基因工程菌中质粒稳定性的问题，为外源基因高效稳定表达提供坚实的基础。

二、工艺优化

（一）培养条件的选择

1. 营养物质

发酵的控制包括营养物质、温度、pH值、溶氧等的控制，其中营养控制是关键。在高密度培养中，大肠杆菌生物量能达到 $60\sim150g/L$，酵母菌达 $150\sim200g/L$，需要投入 $2\sim5$ 倍生物量的基质。而高浓度的碳源、氮源和盐会造成溶液渗透压过高，细胞脱水死亡，往往会抑制菌体的生长，使目的产物得率下降。而且过量的碳源会使细胞迅速生长，导致溶氧急剧下降，糖代谢从 TCA 循环转至乙醇合成途径，导致大量乙醇的产生，抑制了细胞密度的进一步升高。因而高密度培养通常采用分批补料培养，使各种培养基成分低于抑制浓度。李寅等在高密度生产谷胱甘肽中考察了 WSHKE1 对葡萄糖浓度的耐受性及其对葡萄糖的消耗能力，发现初糖浓度超过 $20g/L$，即对 WSKKE1 细胞生长和 GSH 合成起抑制作用。

要实现高密度培养，就要对培养基的成分进行优化，Haggstrom 统计了大量已发表的细菌所用的基本培养基的元素组成，发现一些元素大大过量而一些元素不足。他给出了一般常用的营养极限指标：铵盐 $5g/L$，磷酸盐 $10g/L$，硝酸盐 $5g/L$，NaCl $10\sim15g/L$，乙醇 $100g/L$，葡萄糖 $100g/L$。

2. 溶氧

在高密度发酵过程中，由于菌体密度高，发酵液的摄氧量大，需要增大搅拌转速和增加空气流量以增加溶氧量。过去曾在发酵罐中通入纯氧来提高氧的传递水平。现认为使用纯氧不安全、不经济，同时在大规模发酵罐中可能局部混合不匀，易使微生物氧中毒，所以提倡富氧培养，以及提高发酵罐的压力来提高氧分压。目前提高溶氧量的方法通常有：用空气分离系统来提高通气中氧分压；在菌体中克隆具有提高氧传质能力的 VHB 蛋白；亦有报道在培养基中添加 H_2O_2，血红蛋白或氟化物乳剂，或采用与小球藻混合培养，用藻细胞光合作用所产生的 O_2 直接供菌体吸收。但不同菌株对氧的要求是有差别的，在发酵过程中一味追求溶氧水平未必得到高表达效果。

3. 温度

对于采用温度调控基因表达或质粒复制的基因重组菌，发酵过程一般分为生长和表达两个阶段，分别维持不同的培养温度。然而在大规模培养中，常因升温过程长而引起比生长速率的下降或质粒的丢失。另外，降低温度也可以减少重组蛋白的降解。

4. pH 值

菌体生长和产物合成过程中的 pH 值一般控制在 6.8 ~ 7.6。较高的 pH 值对包涵体的形成及产物的产量有促进作用。也有的研究人员认为，pH 值和溶氧影响重组酵母菌的稳定性。在 pH 值为 6.0 时，重组酿酒酵母的稳定性和乙型肝炎表面抗原的生产最好。常用于控制 pH 值的酸碱有 HCl、H_2SO_4、NaOH、KOH 和氨水等，其中氨水常被使用，因为它还具有补充氮源的作用。Thompson 等发现，NH_4^+ 浓度对大肠杆菌的生长有很大影响。培养过程中用 NaOH 和 HCl 调节培养液 pH 值，可大大提高菌体密度，但用 NH_4OH 代替 NaOH 调节 pH 值则效果明显变差。不控制 pH 值但控制铵离子浓度在 10mmol/L 左右，也可将菌体浓度提高 50% 左右。进一步研究表明，当 NH_4^+ 浓度高于 170mmol/L 时会严重抑制大肠杆菌的生长。在 5 ~ 170mmol /L 范围内，随 NH_4^+ 浓度的提高，以氨为基准的生长得率下降（由 24g 菌体/g NH_4^+ 降到 1g 菌体/g NH_4^+）。因此，在进行大肠杆菌的高密度培养时，应注意控制 NH_4^+ 水平。

（二）培养方式

发酵的基本操作方式有分批、连续和补料分批等三种培养模式。分批培养操作简单，但缺乏营养补给而造成生长密度有限，而连续培养则多用于动力学特性和稳定性的研究，现多采用补料分批培养。李寅等在高密度培养工程菌生产谷胱甘肽（GSH）时比较了三种补料分批培养方式：葡萄糖浓度反馈控制流加、恒速流加以及指数流加。三种方式下发酵罐内残糖浓度低，有利于解除高浓度底物对菌体生长的抑制，并指出指数流加在获得最大细胞干重、细胞生产强度、细胞产率和 GSH 总量方面均具有显著优势。

基因工程菌的发酵受诸多因素和条件的影响和制约，因而需要科研人员进行进一步的研究，结合反应器的合理设计、配置、操作和控制，才能实现高效表达的目标。

第五章　豆浆发酵高产纤维素酶菌群筛选和工程化改造

第一节　高产纤维素酶菌菌株的筛选及鉴定

纤维素在人们的生活中无处不在，与人们的衣食住行都有紧密的联系，由于纤维素不能直接被人们利用，所以人们都是把它降解成人们可利用的物质，比如，葡萄糖、酒精燃料等。因此，筛选出高效降解纤维素酶的菌株有着十分重要的意义。在豆浆肥料的制备过程中，很多因素都影响着酶活力，比如，温度、酸碱度、含水量等。因此，掌握好酶的最佳产酶条件显得非常重要。本试验从豆粕堆积土壤和豆皮堆积土壤等不同的土壤中筛选出一株产酶能力较强的菌株，通过分子生物学方法确定其种属，并测出此菌株的酶活力。

一、材料和方法

（一）样品的采集

样品采自周边的豆粕堆积土壤和豆皮堆积土壤等不同的土壤中的样品共 12 份（表层 3cm 去除，取湿润肥沃土壤）。

（二）试剂

羧甲基纤维素钠 CMC-Na 在生物工程（上海）有限公司（以下简称生工或上海生工）购买；蛋白胨、酵母浸出汁粉、琼脂在上海生工购买；细菌基因组提取、质粒提取、胶回收这三种试剂盒，都来自美国 OMEGA 公司；引物合成及测序是由上海生工测序公司完成。

（三）仪器设备

PCR 仪（伯乐生命医学产品）；SW-CJ-1F 洁净工作台（苏州净化设备有限公司）；电热恒温鼓风干燥箱（Thermo）（泰斯特有限公司）；高压蒸汽灭菌器 MLS-3751（日本三洋公司）；恒温培养振荡器（上海精宏有限公司）；台式高速冷冻离心机（Sigma 公司）；分光光度计（Thermo 公司）；台式显微镜（Olympus 公司）；-80℃超低温冷冻冰箱（新飞集团）。

二、实验方法

(一) 培养基的制备

牛肉膏蛋白胨固体平板培养基：牛肉膏 2.8g，蛋白胨 10.2g，NaCl 5.0g，琼脂 20.0g，水 1 000mL，pH 值 7.0。

马铃薯固体培养基：土豆去皮称量 200g，葡萄糖 20g，琼脂 AGAR 15~20g，无菌水 1 000mL，不用刻意调 pH 值，土豆去皮，切成小方块儿，在搪瓷缸内煮沸大约 30mim，然后用纱布过滤，最后把葡萄糖和琼脂粉分别加入，用玻璃棒搅拌到葡萄糖和琼脂全部溶解，最终定容至 1 000mL。

平板分离培养基：羧甲基纤维素钠 10.0g，蛋白胨 10.0g 酵母粉 5.0g，磷酸二氢钾 1.0g，$MgSO_4 \cdot 7H_2O$ 0.2g，氯化钠 10.0g，琼脂 20.0g，水 1 000mL，115℃灭菌 30min。

改良后的 CMC 刚果红琼脂培养基：磷酸氢二钾 0.5g/L，$(NH_4)_2SO_4$ 2g/L，$Mg_2SO_4 \cdot 7H_2O$ 0.25g/L，微晶纤维素粉 1.88g/L，刚果红 0.2g/L，琼脂 18g，pH 值自然，121℃灭菌 20min。

淀粉培养基：牛肉膏 0.5g，蛋白胨 1.0g，氯化钠 0.5g，可溶性淀粉 0.2g，蒸馏水 100mL，pH 值 7.0~7.2，琼脂 2.0g，灭菌 121℃灭菌 20min。

(二) 酶活力的测定

CMC 酶活力测定方法：

(1) 绘制葡萄糖标准曲线。测定 OD 值，并绘制葡萄糖标准曲线。

(2) 粗酶液的制备。取发酵液于 4℃、5 000 r/min 离心 10min，得上清液。

(3) DNS 法测酶活力。(a) 取 4 支试管，最好带有 20mL 刻度，1 支作为对照 (CK)，其余的做 3 个重复实验组。(b) 4 支试管中均加入 1mL 酶溶液，3 支平行样品管放置于 50℃的水浴锅中，事先预热 2min，1 支空白管放置于沸水浴煮沸 10min。(c) 在 4 支试管中分别加入 4mL 已预热至 50℃ 的 1% CMC 为底物的溶液，3 支平行样品管放置于 50℃ 水浴锅中，水浴 5min 后取出。(d) 把每支试管中加入 1mL 2mol/L 氢氧化钠溶液，再加入 2mL 的 DNS 显色液。(e) 把所有试管摇匀，把样品管与对照管都置于沸水浴中，煮沸 3min 后取出，用流水迅速冷却，并用蒸馏水定容到试管刻度 20mL 处。(f) 把所用试管全部摇匀，用分光光度计在 485 nm 处测定吸光度值。以 1min 产生 1μg 葡萄糖为 1 个酶活单位进行计算。

(三) 产纤维素酶菌的筛选

1. 目的菌株的初次筛选

从土壤表面 3cm 以下取样，取出 5g，与 95mL 蒸馏水一起放入有玻璃珠的三角瓶中，上下颠倒摇匀，把三角瓶静止，直到上清液和沉淀分开，用枪头吸取 1mL 上清液，加入到装 9mL 无菌水的试管中，分别稀释为不同的浓度，作一系列浓度梯度，分别为：10^{-1}、10^{-2}、10^{-3}、10^{-4}、10^{-5}、10^{-6}，然后通过划 "Z" 字形画线接在 CMC 培养基上，或者稀释涂布于 CMC 培养基之上，在 37℃恒温培养 24h，查菌落数，观察菌株的形态，挑选出单菌落，重复划 "Z" 字形接种于相应的琼脂平板上，继续 37℃恒温培养，直至纯化后得到单菌落为止。

把筛选出来的单菌落，分别接种到 CMC 刚果红培养基上，一一对应，37℃恒温培养。若菌株降解纤维素酶，则会在菌落周围出现清晰的透明圈，用游标卡尺测量透明圈直径的大小，就可以定性的比较菌株产酶能力的大小。透明圈比较大的菌株，可以用肉眼看出来，如果透明圈的大小比较接近，可以用游标卡尺测量，将测量后比值较大的菌落挑取到 CMC 选择培养基上培养，为后续的实验提供产酶能力高的菌株，为下一步的实验保存菌种。

2. 菌株的纯化

对上一步初步筛选出的产酶能力较强的菌在牛肉膏蛋白胨固体培养基平板上进行划线分离，最终得到纯化的目的菌株。

3. 菌株的复筛

用点接的方法，把初筛得到的菌株接种在 CMC 固体培养基中，同初筛目的菌株的方法进行复筛菌株，选择生长速度快、透明圈直径大并且生长性能稳定的菌株进行保存，以便进行后续实验。

（四）利用刚果红 CMC 固体培养基测量水解圈直径

用接种环分别蘸取各个菌株的菌丝体，保证等量接种，接于 CMC 刚果红固体平板中，把接种后的平板放入培养箱，按照 37℃的温度条件进行培养，大约培养 48h 后，观察水解圈直径的大小。

（五）菌种的分类及鉴定

1. 菌株的形态学观察

将筛选出来的菌株接种到 LB 固体平板培养基中，或"Z"字形接种，按照 37℃的温度进行过夜培养，直到观察到明显的单菌落，进行革兰氏染色鉴定。

革兰氏染色方法。①涂片固定。②草酸铵结晶紫染 1min。③自来水冲洗。④加碘液，覆盖在载玻片上，继续覆盖染色持续约 1min。⑤水洗，用吸水纸吸去水分。⑥用 95%的酒精进行脱色，把酒精滴到载玻片上，轻轻摇晃，20s 后水洗，用吸水纸吸去水分。⑦最后，用番红染色液复染 60s 左右，用自来水小心谨慎地冲洗，自然风干或者用酒精灯灼烧干燥，固定装片后进行镜检。

淀粉水解试验。提前制备好淀粉固体培养基，灭菌后，备好平板，待培养基凝固后，方可使用。把过夜培养好的菌种用点接的方法接于平板中，并可在一个平板中分成不同的区域接种，37℃培养 1~2d 或 20℃培养 5d。之后直接将碘试剂滴加在平板上，若平板中显现出明显的深蓝色、菌株附近呈现出无色的明显的圆圈，这种现象叫做淀粉阳性；若菌株附近没有明显的圆圈，这种现象叫做淀粉阴性。由于淀粉水解的过程不是一步到位的，其中有很多小的化学反应，中间的很多因素都会对其造成影响，比如，菌种的产酶能力、培养的条件、培养基中淀粉含量等都能影响实验结果。为确保准确的实验结果，要使用最适 pH 值的培养基，淀粉琼脂培养基应现用现配。

过氧化氢酶试验。灭过菌的牙签挑取菌落置于试管中，加入 2mL 浓度为 3%的 H_2O_2 溶液，观察是否产气泡。由于过氧化氢酶能催化 H_2O_2 产生水和新生态氧，后又形成分子氧而产生气泡。阳性菌种在短时间内会产生气泡；阴性菌种不产生气泡。此实验常用于对革兰氏阳性球菌的初步分群。

M-R试验。甲基红指示剂在不同的酸碱条件下显色是不同的。在细菌的代谢过程中，会产生丙酮酸，由于不同菌株的代谢途径不同，产生的酸性物质或者碱性物质也会有差异。比如有的细菌可以生成乳酸、琥珀酸等大量酸性产物，使培养基pH值下降到甲基红指示剂变红色，结果显示为甲基红试验阳性；有的细菌反应后，使得甲基红指示剂呈橘色偏黄，结果显示为甲基红试验阴性。

V-P试验。在蛋白胨固体培养基中加入葡萄糖，使得葡萄糖作为碳源，可以让目的菌株与葡萄糖反应生成乙酰甲基甲醇，乙酰甲基甲醇可以与氧气反应生成为二乙酰，这必须在碱性环境中进行，如果观察到培养基内有红色出现，称V-P（+）反应。比如，大肠埃希菌 E. coli V-P试验结果是阴性，产气肠杆菌 Gas enter bacteriaceae V-P试验结果为阳性。试验方法：

1）O'Meara氏法。将筛选出来做生理生化的菌株接种于LB培养基，在37℃的条件下培养48h，培养液1mL加提前配好的O'Meara试剂1mL，上下颠倒试管三四次，把试管放入试管架，放在室温条件下静置4h，观察试管内的颜色，如果不出现红色，则为阴性。如果水浴，也可以得到结果，水浴的条件是50℃放置2h。

2）Barritt氏法。将筛选出来做生理生化的菌株接种于LB培养基，在37℃的条件下培养96h，按照培养液2.5mL加入5mL 5%α-萘酚的比例进行试剂的添加，100%酒精溶液0.6mL，再加40%氢氧化钾水溶液0.2mL，慢慢摇晃使溶液混合均匀，如果试管中显示红色，则为阳性，若无红色出现，静置放置，如果2h内红色还是没有出现，则为阴性。

3）快速法。取若干干净的试管，滴2滴0.5%肌酸溶液，将筛选出来做生理生化的菌株与100μL α-萘酚，75μL 40%氢氧化钠水溶液一起加入试管中，使溶液混合均匀，保证其充分反应，在室温下放5min，观察结果。本试验一般用于各种目的菌株生理生化实验的鉴定，因为操作简单不烦琐，实验结果易于观察，为菌株的测定提供了新的思路和方向。

葡萄糖的利用实验。又称葡萄糖阻遏或分解代谢产生阻遏作用。就是在培养基中加入葡萄糖，利用葡萄糖作为某些菌株生长所需要的碳源，看菌株能否正常生长。生化课本上用大肠埃希氏菌 E. coli 进行举例说明，在含葡萄糖和乳糖的培养基上，在葡萄糖没有被利用完之前，乳糖操纵子就一直被阻遏，乳糖不能被利用，直到葡萄糖被利用完后，乳糖操纵子才进行转录，形成利用乳糖的酶，这种现象称葡萄糖效应。

蔗糖、乳糖的利用。在培养基中分别加入蔗糖和乳糖，用它们当碳源，看菌株能否正常生长。

2. 16S rRNA鉴定

用细菌通用引物进行16S rDNA PCR扩增。PCR反应体系（25μL）为 Ex Taq 0.25μL，10× buffer 2.5μL，dNTPs 2μL，上下游引物（F: AGAGTTTGATCCTGGCTCAG，GGTTACCTTGTTACGACTT）各0.3μL，DNA模板0.5μL，ddH₂O 19μL。PCR反应条件：94℃ 3min；94℃ 30s，55℃ 30s，72℃ 30s，35个循环；72℃ 5min。真菌扩增通用引物（5'

ATTGGAGGGCAAGTCTGGTG3′，5′CCGATCCCTAGTCGGCATAG3′）进行 PCR 扩增，扩增产物经胶回收纯化后送到上海生工生物公司进行测序，把得到的序列结果在 NCBI 中进行核苷酸序列同源性比对。

三、结果分析和讨论

（一）菌株的筛选

通过用平板分离培养基的初筛和刚果红试剂的复筛，最终确定 6 株菌株作为后期研究对象。该菌株在 CMC 平板中生长旺盛，透明圈直径很高（图 5-1）。

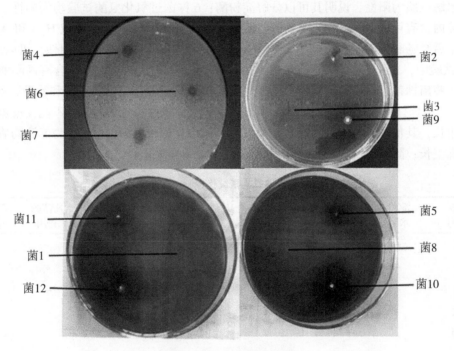

图 5-1　刚果红染色水解圈

水解圈大的酶活力比较强，由表 5-1 可以看出 2 号、4 号、5 号、6 号、7 号、9 号、10 号、11 号、12 号水解圈比较大，其中 2 号、5 号、9 号、10 号、11 号、12 号水解圈最大，1 号、3 号、8 号基本没有水解圈，按照水解圈大的菌株酶活力高的原理可以知道 2 号、5 号、9 号、10 号、11 号、12 号分解纤维素酶的能力比较强。

表 5-1　水解圈直径大小

菌株编号	1	2	3	4	5	6	7	8	9	10	11	12
水解圈直径（mm）	—	16.1	—	15.2	16.8	12.8	15.6	—	25.3	25.8	16.4	25.4

（二）菌株形态学鉴定结果

通过扫描电镜观察，确定菌株形态。电镜观察发现，2 号菌株菌体细胞呈杆状，无荚膜，菌落大，表面粗糙，扁平，不规则；5 号菌株也是杆状，无荚膜，周生鞭毛，革兰氏检测为阳性；9 号菌株革兰氏染色呈阳性；10 号菌株细胞形态和排列呈杆状，革兰氏阳性；11 号菌株菌体微小，革兰氏阳性，呈杆状；12 号菌株呈不定型棉絮状或致密丛束状，其菌落表面的颜色呈绿色。

（三）指纹代谢分析

从表 5-2 中得出结果，在这些菌株中，2 号、5 号、9 号、10 号、11 号、12 号菌株淀粉水解试验为阳性，说明其可以分解淀粉酶；6 株菌过氧化氢酶试验均为阳性，说明它们体内含有可以分解过氧化氢酶的物质，能催化过氧化氢 H_2O_2，生成 H_2O 和 O_2，氧气产生后会随着出现气泡；甲基红试验中，5 号、10 号、11 号菌株呈阳性，可以产酸；V-P 试验中，2 号、5 号、9 号、10 号、11 号菌株呈阳性，说明菌株中含有丙酮酸脱羧酶；这些菌株都可以在有葡萄糖的培养基中生长，利用葡萄糖作为碳源和能源；除了 2 号、5 号菌株外，其他菌株都可以利用乳糖，12 号菌株是绿色的团状，不能在蔗糖培养基上生长，其他菌株均可以利用乳糖和蔗糖，那么乳糖和蔗糖也可以作为能源物质，促进菌株生长；除 12 号菌株外，其余菌株革兰氏染色均为阳性。

表 5-2　指纹代谢分析

菌株编号	淀粉水解	过氧化氢酶实验	甲基红实验	V-P试验	葡萄糖的利用	蔗糖的利用	乳糖的利用	革兰氏染色
2	+	+	−	+	+	+	+	+
5	+	+	+	+	+	+	+	+
9	−	+		+	+	+	+	+
11	−	+	+	+	+	+	−	+
12						+	−	+	未鉴定
13	+	+		+	+	+	+	+

（四）菌株种属鉴定

按照网上公布的细菌和真菌的通用引物进行 PCR 扩增，电泳结果如图 5-2 所示，16S rDNA 片段大小为 1 500kb 左右，NCBI blast 结果显示，该基因大小为 1 500bp 左右，通过比对分析发现 2 号为蜡状芽孢杆菌，5 号被鉴定为枯草芽孢杆菌，9 号被鉴定为巨大芽孢杆菌，10 号为地衣芽孢杆菌，11 号均为微小杆菌，12 号为绿色木霉。

四、讨论

从 10 种不同性质土壤中分离纯化出来的 12 个菌株均为细菌和真菌，并且从该试验选出 2 号、5 号、9 号、10 号、11 号、12 号菌株的产酶能力比较高。我们都知道，绿色蔬菜、植物、水果中的纤维素含量特别高，在公园的草丛中、灌木丛中、湿地中，取

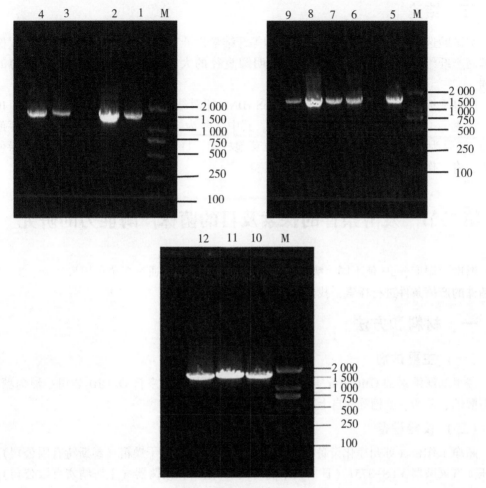

图 5-2　电泳检测（单位：bp）

样得到的菌株所产纤维素酶活力很高。因此，在从自然环境中分离纤维素酶高产菌株的时候，取样地点是特别重要的，不同环境中取得的菌株的性能有很大的差异。

筛选出降解纤维素酶能力强的菌株可以为人们带来巨大的经济效益，不仅可以应用于工业，还可以应用于农业，在科学研究方面，也有重要的作用。从自然界中，挑好取样地点，筛选出降解纤维素能力强的菌株，是环保、高效又简单的方法。此外，降解纤维素酶高产菌株也可以进行紫外诱变去发现，用化学诱变剂也是不错的选择，不过诱变比较困难、费时，还需要我们有耐心。本实验筛选出酶活力较高的菌株作为后期研究对象，把其当作实验菌株，进行后续一系列的实验。

科学发展的脚步很快，分子生物学、基因工程等学科和技术都在不断地更新和完善，判断一个菌株的属性，仅仅靠形态学的观察是不够的，还需要配合 16S rDNA 技术进行鉴定。把微生物学和分子生物学结合在一起，共同发展进步，是十分有必要的。

五、结论

本试验选择灌木丛、腐木、稻秆堆积等纤维素含量丰富的土壤中取样，筛选到 6 株能够高产纤维素酶的菌株，可以通过透明圈直径的大小，直观地观察到产酶能力的强弱。

经过平板培养，革兰氏染色观察，16S rDNA 比对结合表明，2 号、5 号、9 号、10号、11 号、12 号菌株的产酶能力比较高。其中 2 号为蜡状芽孢杆菌，5 号为枯草芽孢杆菌，9 号为巨大芽孢杆菌，10 号为地衣芽孢杆菌，11 号均为微小杆菌，12 号为绿色木霉，将其作为后续的菌株进行下面的实验。

第二节　发酵条件的探索及目的菌株产酶能力的研究

温度、湿度、pH 值不同，酶活力也会有差异，本实验通过多个单因素实验，对 10号菌株的产酶条件进行探索，找到菌株产酶的最适条件。

一、材料和方法

（一）主要试剂

羧甲基纤维素钠 CMC-Na、蛋白胨、酵母浸出汁粉都来自 OXOID 公司；葡萄糖、酒石酸钠、苯酚、蔗糖等购自上海生工。

（二）仪器设备

超净工作台（苏州净化设备有限公司）；电热恒温鼓风干燥箱（泰斯特有限公司）；高压蒸汽灭菌器 MLS-3751（日本三洋公司）；恒温培养振荡器（上海精宏有限公司）；分光光度计（Thermo 公司）；台式显微镜（Olympus 公司）；-80℃超低温冷冻冰箱（新飞集团）。

（三）溶液的配制

DNS 的配制：酒石酸钠 18.2g，慢慢放入 50mL 蒸馏水中，用玻璃棒搅拌，边加热边搅拌，在搅拌后的溶液中依次加入 3，5-二硝基水杨酸 0.63g，NaOH 2.1g，苯酚10.5g，直到溶解，等溶液温度下降到室温左右，加入蒸馏水至 100mL，放在棕色瓶中常温保存。

值得重视的是，3，5-二硝基水杨酸和 NaOH 要连续加入，不要时间隔很久，反之，会有沉淀出现，使得配制好的溶液不能发挥作用。并且溶液在加热的过程中，温度不要太高，否则，溶液容易失效。

二、纤维素酶活力的测定

羧甲基纤维素 CMC 酶活力测定：

（1）测定 OD 值，并绘制葡萄糖标准曲线。

（2）粗酶液的制备。取发酵液于4℃、5 000 r/min离心10min，得上清液。

（3）DNS法测酶活力。（a）取4支试管，最好带有20mL刻度，1支作为对照（CK），其余的做三个重复实验组。（b）4支试管中均加入1mL酶溶液，3支平行样品管放置于50℃的水浴锅中，事先预热2min，1支空白管放置于沸水浴煮沸10min。（c）在4支试管中分别加入4mL已预热至50℃的1% CMC为底物的溶液，3支平行样品管放置于50℃水浴锅中，水浴5min后取出。（d）向每支试管中加入1mL 2mol/L氢氧化钠溶液，再加入2mL的DNS显色液。（e）把所有试管摇匀，把样品管与对照管都置于沸水浴中，煮沸3min后取出，用流水迅速冷却，并用蒸馏水定容到试管刻度20mL处。（f）把所用试管全部摇匀，用分光光度计在485nm处测定吸光度值。以1min产生1μg葡萄糖为1个酶活单位进算计算。

把2号、5号、9号、10号、11号、12号这6株菌用于小型的生产实践，检测它们发酵后的OD值，由此，算出酶活力。用米糠和麦麸作为发酵原料，结果如表5-3所示，6株菌发酵后的酶活力均显著高于没有发酵后的。不管发酵材料是哪种，地衣芽孢杆菌在发酵后的酶活力均是最强的，故本研究将地衣芽孢杆菌作为产酶候选的目的菌株，进行后续实验。

表5-3　发酵后酶活力大小

菌株编号	麸皮CMC酶活力（U/mL）	米糠CMC酶活力（U/mL）
CK	166.67±1.00	878.00±1.00
2	522.67±2.73[**]	1546.00±3.06[**]
5	2577.67±1.45[**]	5988.00±1.53[**]
9	675.67±2.96[**]	14.0160±1.00[**]
10	3437.00±0.58[**]	8541.00±0.58[**]
11	1458.00±1.15[**]	4166.67±2.96[**]
12	2055.67±2.96[**]	1031.33±0.67[**]

三、结果分析和讨论

（一）发酵时间对酶活力的影响

将10号菌株作为目的菌株，37℃、180r/min扩大培养，定时取样适当倍数稀释后测定OD值并换算好酶活力，做折线图，见图5-3（b）。

（二）发酵温度对酶活力的影响

选取不同的有代表性的温度作为梯度：26℃、28℃、30℃、32℃、34℃、36℃，将10号菌株分别在这几个温度下扩大培养，转速为180r/min，36h后取发酵液测定OD值并换算好酶活力，做折线图，见图5-3（a）。

（三）含水量对生长及产酶的影响

当其他条件不变，水分含量为20%、30%、40%、50%、60%时，酶活力也不同。

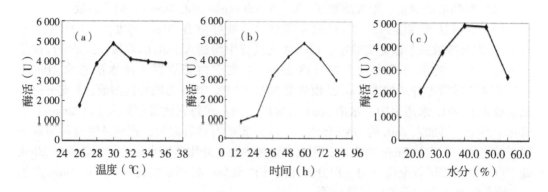

图5-3 发酵条件的探索

结果如图5-3（a）所示，当其他条件不变，发酵温度为30℃时，酶活力达到最大值，随着温度的增加，酶活力开始降低；而酶活力随发酵时间延长不断提高，但当发酵时间达到60h后，酶活力达到最大值，此后随时间的延长酶活力逐渐降低［图5-3（b）］；图5-3（c）则显示当其他条件不变，水分含量为40%时，酶活力处于最大值。因此，确定最适发酵条件为：温度30℃，初始水分含量40%，发酵时间60h。

四、讨论

细菌的特点是繁殖快，但是，外界的很多环境条件也对酶活力有很大的影响。比如，温度、含水量、pH 值等，本实验做了温度、培养时间和含水量对酶活力的影响，得到了10号菌株经不同纤维质材料发酵后，产酶能力的变化曲线，发现，含水量40%、温度30℃、发酵时间60h，产酶能力是最佳的。

纤维素酶在生活中随处可见，尤其在我们吃的蔬菜瓜果中分布广泛，绿色植物也是纤维素密集的场所。在公园的草丛中、森林的树木里、灌木丛中，还有人和动物的消化道中，纤维素都存在，但是纤维素本身的结构复杂，作用机理烦琐，自己本身无法降解，必须靠纤维素酶把它降解后，转变成可以供人们利用的物质，才可以很好地发挥它的功效。迄今为止，很多纤维素的潜在资源没有被人们利用，既造成了环境污染，也浪费了资源，因此，我们要寻找产酶能力强的菌株并在生产上得到广泛应用。

第三节　地衣芽孢杆菌内切葡聚糖酶基因的克隆及表达

本实验室前期研究了实验菌株地衣芽孢杆菌中降解纤维素酶的内切葡聚糖酶的生理生化性质和生产应用能力，与报道过的一些菌株相比较，该酶活力高，产酶条件也很好把握，为后续的实验奠定了理论基础。

一、材料与方法

（一）菌株

10 号菌株地衣芽孢杆菌 *Bacillus licheniformis* pMD18-T Vector 大肠杆菌 *E. coli* 克隆载体。

（二）药品与酶

载体 pUCm-T（图 5-4），来自上海生工公司。其他都是常规试剂，来自实验室保存。

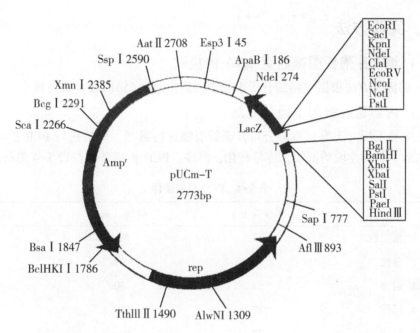

Plasmid name:pUCm-T
Plasmid size:2773bp
Comments/References:Used for T/A cloning

图 5-4　载体 pUCm-T 结构图

（三）引物的设计

参照 Genbank 上述登录的地衣芽孢杆菌 *Bacillus licheniformis* 内切葡聚糖酶基因，同源性比对分析后，设计上下游引物：

上游引物　Glu-pro-F，5′CGGAATTCCAAACAGGCGGATCGTTTTTTG3′

下游引物　Glu-pro-R，5′CCCAAGCTTTTATTTTTTTTGTATAGCGCA3″

（四）培养基和主要试剂的配制方法

1. LB（Luria-Bertani medium）液体培养基

蛋白胨 10g，酵母浸出汁粉 5g，氯化钠 10g，蒸馏水定容到 1 000mL，用高压灭菌锅按照 121℃、20min 的条件进行灭菌。LB（Luria–Bertani medium）固体培养基，1 000mL的培养基加入 20g 的琼脂粉，待到全部溶解，放入灭菌锅进行高压灭菌。液体培养基里面加入氨苄，作为抗生素，固体培养基等到灭菌后，培养基温度自然冷却，等温度下降到约为50℃时，把氨苄加入。

2. Proteinase K

浓度为 10mg/mL，用 ddH₂O 进行配制。

浓度为 $10mg/mL$，用 ddH_2O 进行配制。

3. 氨苄青霉素（100mg/mL）

氨苄青霉素按照比例加入，根据 100mg 溶于 1mL 灭菌蒸馏水中，存于冰箱下层，–20℃备用。

二、实验方法

（一）地衣芽孢杆菌基因组 DNA 的提取

DNA 的提取方法根据《精编分子生物学实验指南》（第四版）进行操作。

（二）内切葡聚糖酶基因的克隆

把从生物工程（上海）有限公司合成的引物进行稀释，然后进行 PCR 扩增，琼脂糖凝胶电泳，目的片段的回收，连接转化，测序。PCR 扩增条件按表5-4进行反应。

表5-4　PCR 反应条件

步骤	温度（℃）	时间（min）	次数
1. 预变性	94	5min	
2. 变性	94	30s	
3. 退火	54	30s	34 循环
4. 延伸	72	30s	
5. 延伸	72	10min	
6. 保存	4	Hold	

（三）琼脂糖核酸电泳

1. 胶的制备

把电子天平归零，于称量纸上称取 1.00g 琼脂糖，小心缓慢倒入三角瓶中，随后加入 20mL 的 TBE 缓冲液，放在电磁炉上加热，边加热边搅拌，直到琼脂糖溶解，溶液从浑浊变清澈，拿出后，摇晃溶液，加入 EB，加入量按照浓度为 0.5μg/mL 加入。等到 EB 和溶液融为一体，把溶液倒入电泳板中，静置40min，看胶是否凝固，等到凝固后，拔出梳子，擦干净电泳板底部残余的胶，把它小心放入电泳槽中，逐步按顺序加入样品。

2. 加样

把 PCR 反应液与 DNA 上样缓冲液按照 5∶1 的比例混匀后，加入梳子的孔中。

3. 电泳条件

电压150V，电流100A，电泳时间30~40min为好。

4. 成像

打开成像系统，把胶调整好位置，保持在屏幕中间，用美国 BIO-RAD 公司成像系统产生的图像，然后按照一定的格式保存到优盘中。

（四）目的片段的回收

按 TaKaRa 公司的 DNA 凝胶回收试剂盒中的提示进行操作。

（1）对 PCR 产物按照上述电泳方法进行琼脂糖凝胶电泳。

（2）在紫外凝胶成像仪下观察，看是否有需要的目的条带，如果有，把目的条带用镊子小刀切割下来，装入1.5mL的离心管中。

（3）在电子天平上称量1.5mL的没有装任何东西的离心管的重量。

（4）大概估计胶的质量和胶块体积，按比例加溶胶液。

（5）向离心管中加 DR-Ⅰ Buffer 3，目的是为了溶胶，加入的体积以浸没胶为好。

（6）不停地上下摇晃均匀混合，把离心管放入60℃水浴锅中，每2~3min摇动一次，摇晃5~6次，直到胶完全溶解。

（7）向上述离心管中加入 DR-Ⅱ Buffer，使胶完全浸没。

（8）将收集柱配套地放入收集管中。

（9）打开离心机，按照12 000 r/min 的条件离心1min，弃滤液。

（10）将250μL的 Rinse A 小心缓慢地加入收集管中，12 000r/min 离心30s，倒掉滤液。再重复上述步骤一次。

（11）用枪头吸取700μL的 Rinse B，缓慢打入收集管内，按照12 000r/min 的条件离心30s，弃滤液。

（12）重复步骤（11）。

（13）将柱子取出来，套在新的1.5mL离心管上，加入25μL预热的 Elution Buffer，室温放1min。

（14）把样品放入离心机，配平，12 000 r/min 离心1min，洗脱 DNA，保存于−20℃冰箱。

（五）连接

为了便于后续的测序和重组操作，使用 TaKaRa 公司的 pMD-18T Vector 当作载体，将目的基因构建成克隆质粒，按表5-5的比例配制连接体系。混匀后16℃反应过夜。

表5-5　连接体系

组分	体积（μL）
载体 pMD-18T Vector DNA	1.0
目的 DNA 片段 Insert DNA	4.0
Solution Ⅰ	5.0

（六）感受态细胞的制备方法

按照 Ausubel F. M.，Kingston R. E.，Seidman J. G. 等的《精编分子生物学实验指南》（第四版）去制备感受态细胞。

（七）质粒的提取方法

用质粒提取试剂盒进行提取，试剂盒来源是美国 OMEGA 公司。

（1）把摇好的菌液分装到两个离心管中，配平，各 1mL，10 000r/min 离心 10min，倒掉上清液。

（2）缓慢加入 solution Ⅰ 250μL，来回颠倒离心管十几次。

（3）缓慢加入 solution Ⅱ 250μL，来回颠倒离心管十几次，让它们充分接触混合。

（4）用枪头吸取 solution Ⅲ 350μL 于离心管，来回颠倒离心管十几次，直到看到絮状沉淀。

（5）取冰盒，把离心管插入冰块里，静置 5min，10 000r/min 离心 10min。

（6）把上清液转移到带柱子的管内，配平两个离心管，10 000r/min 离心 1min。

（7）用枪头准确吸取 500μL Buffer HB，加入管内，10 000r/min 离心 60s。

（8）加入 750μL 洗脱液或者双蒸水，10 000r/min 离心 1min。重复一次。

（9）10 000r/min 离心 1min。

（10）加 30μL 灭菌去离子水，10 000r/min 离心 60s。

凝胶电泳检测质粒，-20℃ 冰箱内保存样品。

（八）内切葡聚糖酶基因的 PCR

以构建好的 pMD18-T 载体为模板，用 PCR 反应仪器进行聚合酶链式反应，按表 5-6 的条件进行。

表 5-6　聚合酶链式反应条件

步骤	温度（℃）	时间（min）	次数
a. 预变性	95	3min	
b. 变性	94	1min	
c. 退火	52	1min 30s	34 循环
d. 延伸	72	1min 30s	
e. 延伸	72	10min	
f. 保存	4	Hold	

（九）琼脂糖凝胶核酸电泳

DNA 凝胶电泳及目的片段的回收方法同上。

（十）双酶切反应

按照表 5-7 双酶切反应的体系，使用 EcoR Ⅰ 和 Hand Ⅲ 两种酶切位点进行切割。

表 5-7　PCR 产物双酶切体系

成分	体积（μL）
Hind Ⅲ	1.0
EcoR Ⅰ	1.0
10 倍体积的 K Buffer	2.0
PCR 产物	16.0

把样品依次加入，55℃水浴 2h，进行酶切。

（十一）表达载体 pUCm-T 的酶切

选择 pUCm-T 作为载体，进行双酶切反应，选择 EcoR Ⅰ 和 Hand Ⅲ 两种限制性内切酶，按表 5-8 所示。

表 5-8　表达载体 pUCm-T 双酶切体系　（20μL）

组分	体积（μL）
Hind Ⅲ	1.00
EcoR Ⅰ	1.00
10 倍体积的 K Buffer	2.00
表达载体 pUCm-T	16.00

把样品依次加入，55℃水浴 2h，进行酶切。酶切后，电泳检测，胶回收。

（十二）表达质粒构建

将上述酶切切下来的片段进行连接，连接体系见表 5-9。

表 5-9　连接体系　（10μL）

组分	体积（μL）
目的片段	4.0
表达载体 pUCm-T	4.0
10×Buffer	1.0
T4 连接酶 DNA Ligase	1.0

按比例加样，做连接。

（十三）把目的基因转化到大肠杆菌

感受态细胞的制备和转化方法同上。

（十四）挑单克隆

从培养箱中拿出培养好的平板，观察菌落的生长状态，看它们在含氨苄青霉素的

LB 固体培养基上是否有明显的单一的菌落，然后用牙签挑选菌落，转接到 1.5mL 的离心管，离心管内放 2/3 体积的 LB 液体培养基。过夜培养。待菌液浑浊，提质粒，进行聚合酶链式反应。

（十五）转化大肠杆菌

将 PCR 菌液验证后的质粒转入大肠杆菌，方法同上，连接转化，感受态细胞的制备和转化方法同上。

（十六）蛋白质的诱导表达

1. 蛋白质的诱导表达

把目的菌株放入摇床中，按照 37℃、160r/min 恒温培养 5h，观察到菌液有明显的浑浊，吸光度 0.6，加 IPTG 诱导蛋白质表达，最好培养 5h 左右。

2. 蛋白质的检测

（1）把诱导表达后的菌液保存起来，取等量的菌液，配平，放入离心管中，用离心机按照 10 000r/min 的速度离心 10min，在离心管加入 2mL 柠檬酸，disodium hydrogen phosphate 缓冲液，用机器进行超声波震碎，目的是利用超声波破菌，然后放入离心机，10 000r/min 的速度离心 10min，吸取上清液。

（2）取菌液 5mL，10 000r/min 的速度离心 10min，倒掉上清液，在沉淀中加 Tris-HCl 缓冲液，用超声波破碎后 10 000r/min 的速度离心 10min，小心吸取上清液保存在 -20℃冰箱，用记号笔标记，作为 SDS-PAGE 电泳的样品材料。

3. SDS-PAGE 电泳

（1）凝胶的制备。（a）准备材料，记号笔，方形玻璃板两块，固定夹子 6 个，手套若干。（b）配制分离胶。按照样品的数量，算出所需要的胶的体积，按表 5-10 进行配比。将分离胶溶液按表中比例均匀混合后，要特别小心谨慎地把胶液倒入凝胶模具中，如果不好加入的，可以用注射器辅助加入。等到液面上升到一定的高度后，停止注射胶，在胶面上迅速注入一层无菌水，使无菌水覆盖到胶表面，然后静置 1h 左右，等胶凝固风干，把水迅速倒掉，甩干玻璃板。（c）配制浓缩胶。按表 5-10 的比例配制浓缩胶。

表 5-10　分离胶与浓缩胶的配比（制成 1 块胶所需组分的量）

成分	分离胶（mL）	浓缩胶（mL）
ddH$_2$O	3.0	1.20
丙烯酰胺水溶液	2.5	0.28
分离胶缓冲液	2.0	—
浓缩胶缓冲液	—	0.5
TEMED	0.026	0.02
10% SDS 培养液	0.08	0.02
10%过硫酸铵	0.012	0.02

（2）电泳检测。（a）制备样品。将超声波破壁后的样品取 20μL，放入 1.5mL 的离心管，加入缓冲液，沸水浴加热 10min。（b）电泳检验。当上面配制好的胶慢慢冷却凝固后，把梳子的每个孔用双蒸水冲干净，把准备好的凝胶置于电泳槽，点样，用蛋白质 marker 作为指示，接通电源，调整电压为 80V，过 1h 后，改变电压为 100V，继续保持电压 100V，进行电泳，大约 3h 后，看到染色剂到达电泳槽顶端的时候，断开电源，结束电泳。（c）染色。把凝胶放入大培养皿中，加入染色液，当染色液的量慢慢浸没胶为止，慢慢不断振荡 4h。（d）脱色。染色完全后，弃掉染色液，加入一定的脱色液，脱色液要浸没胶体，把大培养皿放入水平振荡器内，匀速不停振荡 30min，换上新的脱色液，重复换 3 次脱色液直到凝胶能清晰显示出带染色的条带为止，放到白色灯下，认真拍照记录。

（十七）地衣芽孢杆菌和工程菌的酶活力的比较

测定地衣芽孢杆菌和工程菌的酶活力，用 CMC 酶活力测定方法。酶活力测定方法：

（1）绘制葡萄糖标准曲线。测定 OD 值，并绘制葡萄糖标准曲线。

（2）操作步骤。（a）取 4 支试管，最好带有 20mL 刻度，1 支作为对照（CK），其余的做 3 个重复实验组。（b）4 支试管中均加入 1mL 酶溶液，3 支平行样品管放置于 50℃的水浴锅中，事先预热 2min，1 支空白管放置于沸水浴煮沸 10min。（c）在 4 支试管中分别加入 4mL 已预热至 50℃的 1% CMC 为底物的溶液，3 支平行样品管放置于 50℃水浴锅中，水浴 5min 后取出。（d）在每支试管中加入 1mL 2mol/L 氢氧化钠溶液，再加入 2mL 的 DNS 显色液。（e）把所有试管摇匀，把样品管与对照管都置于沸水浴中，煮沸 3min 后取出，用流水迅速冷却，并用蒸馏水定容到试管刻度 20mL 处。（f）把所用试管全部摇匀，用分光光度计在 485nm 处测定吸光度值。1min 产生 1μg 葡萄糖为 1 个酶活单位为基准计算。

三、结果分析与讨论

（一）酶基因 PCR 扩增

以基因组 DNA 为模版，进行 PCR 扩增，扩增产物经琼脂糖凝胶电泳后，发现在 680bp 有明显的特异性条带（图 5-5），与预期大小一致。

（二）酶切鉴定

以基因组 DNA 为模板，特异性扩增纤维素酶基因，与表达载体 pUcm-T 相连接后进行电泳检测（图 5-6）结果表明，在 2 泳道有 2 条明显的泳带，分别为 2 670bp 和 685bp 左右，与 pUcm-T 载体大小和质粒大小相互对应，说明连接成功。

测序结果和氨基酸序列如图 5-7 所示。

（三）表达产物的 SDS-PADE 凝胶电泳

从图 5-8 中可以看出，1 号泳道是没有导入大肠杆菌的地衣芽孢杆菌的蛋白质表达图，2 号泳道是工程菌的蛋白质表达图，对比发现，在 27.2kD 左右处 2 号泳道多一个条带，而 1 号泳道没有这个条带，说明诱导成功，蛋白质成功表达。

检测蛋白质表达最好最常用的办法是聚丙烯酰胺凝胶电泳，而电泳条件都是大家经

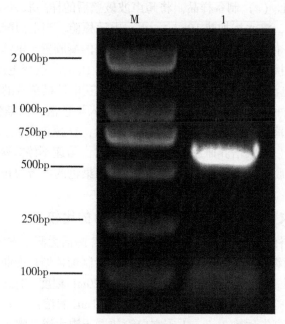

图 5-5　β-1，3-1，4-内切葡聚糖酶 PCR 扩增产物

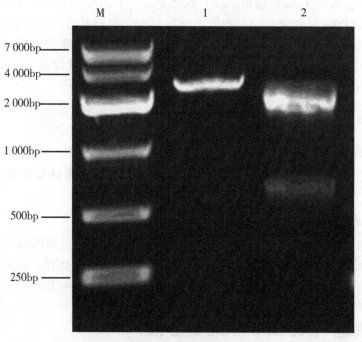

图 5-6　酶切鉴定

过长期的实验和摸索好的。要确保蛋白质被分离出来，都在保证蛋白质小分子从总体中分离出来，希望尽可能少的发生聚集现象。

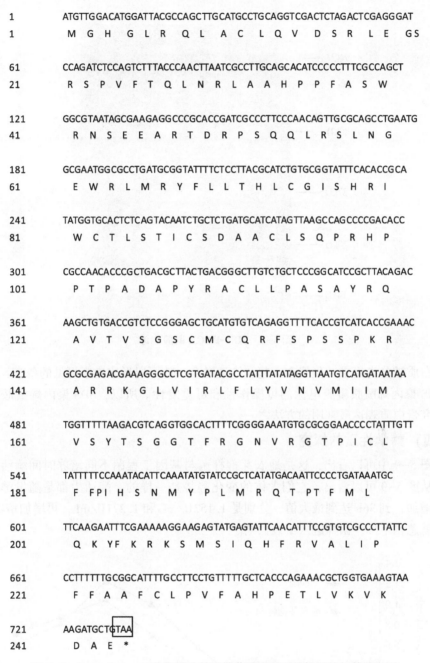

1	ATGTTGGACATGGATTACGCCAGCTTGCATGCCTGCAGGTCGACTCTAGACTCGAGGGAT
1	M　G　H　G　L　R　Q　L　A　C　L　Q　V　D　S　R　L　E　GS
61	CCAGATCTCCAGTCTTTACCCAACTTAATCGCCTTGCAGCACATCCCCCTTTCGCCAGCT
21	R　S　P　V　F　T　Q　L　N　R　L　A　A　H　P　P　F　A　S　W
121	GGCGTAATAGCGAAGAGGCCCGCACCGATCGCCCTTCCCAACAGTTGCGCAGCCTGAATG
41	R　N　S　E　E　A　R　T　D　R　P　S　Q　Q　L　R　S　L　N　G
181	GCGAATGGCGCCTGATGCGGTATTTTCTCCTTACGCATCTGTGCGGTATTTCACACCGCA
61	E　W　R　L　M　R　Y　F　L　L　T　H　L　C　G　I　S　H　R　I
241	TATGGTGCACTCTCAGTACAATCTGCTCTGATGCATCATAGTTAAGCCAGCCCCGACACC
81	W　C　T　L　S　T　I　C　S　D　A　A　C　L　S　Q　P　R　H　P
301	CGCCAACACCCGCTGACGCTTACTGACGGGCTTGTCTGCTCCCGGCATCCGCTTACAGAC
101	P　T　P　A　D　A　P　Y　R　A　C　L　L　P　A　S　A　Y　R　Q
361	AAGCTGTGACCGTCTCCGGGAGCTGCATGTGTCAGAGGTTTTCACCGTCATCACCGAAAC
121	A　V　T　V　S　G　S　C　M　C　Q　R　F　S　P　S　S　P　K　R
421	GCGCGAGACGAAAGGGCCTCGTGATACGCCTATTTATATAGGTTAATGTCATGATAATAA
141	A　R　R　K　G　L　V　I　R　L　F　L　Y　V　N　V　M　I　M
481	TGGTTTTTTAAGACGTCAGGTGGCACTTTTCGGGGAAATGTGCGCGGAACCCCTATTTGTT
161	V　S　Y　T　S　G　G　T　F　R　G　N　V　R　G　T　P　I　C　L
541	TATTTTTTCCAAATACATTCAAATATGTATCCGCTCATATGACAATTCCCCTGATAAATGC
181	F　FPI　H　S　N　M　Y　P　L　M　R　Q　T　P　T　F　M　L
601	TTCAAGAATTTCGAAAAAGGGAAGAGTATGAGTATTCAACATTTCCGTGTCGCCCTTATTC
201	Q　K　YF　K　R　K　S　M　S　I　Q　H　F　R　V　A　L　I　P
661	CCTTTTTTGCGGCATTTTGCCTTCCTGTTTTTGCTCACCCAGAAACGCTGGTGAAAGTAA
221	F　F　A　A　F　C　L　P　V　F　A　H　P　E　T　L　V　K　V　K
721	AAGATGCTGTAA
241	D　A　E　*

图 5-7　β-1, 3-1, 4-葡聚糖酶基因核苷酸序列以及推导的氨基酸序列

SDS 聚丙烯酰胺凝胶电泳的原理是，当正负电极的两端通电后，凝胶中正离子向负离子移动，负离子向正离子移动，它们互相吸引，并带动样品中所含的聚丙烯酰胺 SDS 多肽复合物向前推进。样品经过电流通过凝胶层后，它们的复合物在凝胶表面聚集，形成一条特定的条带。因为缓冲液与样品可以发生反应，使其凝聚，形成条带，当越来越

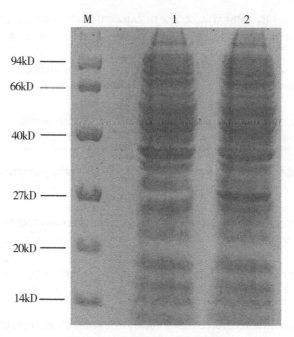

图 5-8 SDS-PAGE 凝胶电泳

多的蛋白质被分离出来，凝聚在一起和染液融合，就可以形成肉眼可见的条带，因此提高了 SDS 聚丙烯酰胺凝胶电泳的可操作性和可重复性。所以，SDS 聚丙烯酰胺凝胶电泳是研究蛋白质表达最常用的方法之一。

（四）酶学性质的探究

从图 5-9 中可以看出，这是地衣芽孢杆菌与基因工程菌不同培养时间酶活力的比较图。从图 5-9 可以看出，它们大体的变化趋势是一样的，酶活力都是随发酵时间的增加而增加，到 36h 达到最大值，分别是 1.152U/mL 和 1.271U/mL，再增加培养时间，酶活力就急剧下降，菌株进入了衰亡期。

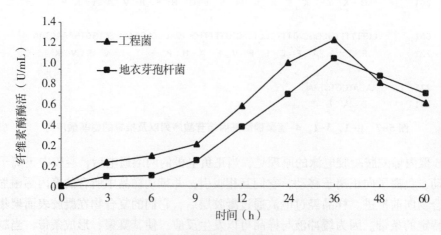

图 5-9 地衣芽孢杆菌与工程菌酶活力的比较

温度、时间、不同的菌液浓度，还有是否破壁，对工程菌的酶活力都有影响。变化曲线如图5-10所示：按照上述酶活力测定方法，分为对照和样品，当发酵时间达到48h，酶活力达到最大值，随着时间的增加，酶活力下降；当温度达到37℃，酶活力最高，随着温度的继续增加，酶慢慢失活；菌液的浓度对活力也有明显影响，随着浓度降低，酶活力逐渐减小；破壁后的菌的酶活力比未破壁的明显增高。

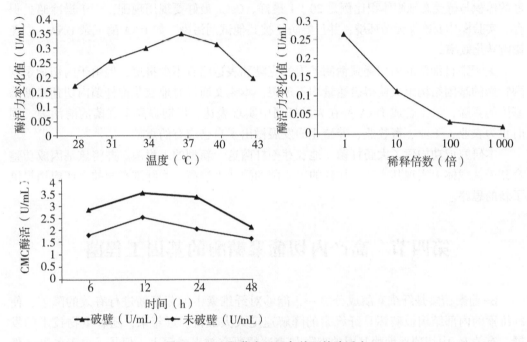

图5-10　工程菌在不同条件下的酶活力

四、讨论

本实验比较了地衣芽孢杆菌和工程菌的酶活力，工程菌的酶活力比地衣芽孢杆菌高一些，这对以后人们构建工程菌指明了新的出路。

人们也已从许多菌株中克隆了纤维素酶基因，牛作为食草动物的代表，它体内的分解纤维素酶的基因受到了人们的关注，人们克隆了瘤胃中的许多不同的纤维素酶基因，同时热梭菌中的十几种内切酶的基因也被人们广泛研究报道，嗜纤维梭菌中的内切酶已经被人们发现并克隆，也转化成了基因工程菌，在大肠杆菌中得到很好的表达。如黑曲霉、血红栓菌、卧孔菌、疣孢漆斑菌QM460、绳状青霉、变幻青霉、变色多空霉、乳齿耙菌、腐皮镰孢、绿色木霉、里氏木霉、康氏木霉、嗜热毛壳菌QM9381、thermophilic MAO shells和嗜热子囊菌QM9383等；这些菌株它们产生的纤维素酶在偏酸性的条件下可以水解，所以能很好地应用于饲料行业中。在人们的日常生活中，离不开纤维素，比如，人们吃的蔬菜、水果、谷物、玉米、米饭中都有纤维素的踪影。因为纤维素的存在，才使得人们可以更好地吸收所吃食物中的营养，纤维素在促进肠道蠕动方面也有重要作用。草食类动物更加离不开纤维素，比如牛羊就是吃草，靠从草中摄取营养，吸收利用。人们都知道，糖类、油脂、蛋白质、维生素、水和无机盐是人体所需的六大营养素，但是，在2013年，由于纤维素研究的迅猛发展，人们了解到纤维素的重要作用，影响大肠杆菌转化效率的因素有：感受态细胞的制备最好选取生长对数期的细胞，挑取单菌落摇菌过夜，培养后以1%的比例活化菌种。由于转化效率与外源DNA的浓度有一定的关系，在一定范围内是成正比的，但外源DNA的浓度过大时转化效率则会降低。通常实验室用的DNA溶液的体积与感受态细胞体积比例是20：1最好。$CaCl_2$最好要现用现配，于干燥冷暗处保存。实验操作要确保无菌环境，并且要防止被其他试剂污染，如DNA酶或杂DNA，以免影响转化效率。

关于来自细菌的内切葡聚糖酶基因的克隆和表达已有不少报道，但由于内切葡聚糖酶特殊的基因结构组成使得表达量均不理想，本论文通过对地衣芽孢杆菌内切葡聚糖酶基因的克隆，人工合成DNA并在大肠杆菌中实现表达，以期提高工程菌的酶活力，同时也为农业、工业、畜牧业、养殖业的发展做出了自己应有的贡献。

本研究成功构建了大肠杆菌—地衣芽孢杆菌这个新型的工程菌。并将该基因成功整合到表达载体上实现其表达，构建的工程菌的酶活力较高，为纤维素酶的生产应用提供了新的思路。

第四节　高产内切葡聚糖酶的基因工程菌

β-葡聚糖酶是纤维素酶成分之一，能够对纤维素中的葡聚糖进行有效的降解，使纤维素的内部结构被破坏且纤维素的降解速度大大加快。近年来，随着生物技术的发展，有关β-内切葡聚糖酶基因的克隆和表达的研究越来越深入，但是，由于各种条件如耐热性差、稳定性差等的限制，真正转化为生产实践的基因工程菌少之又少。因此，利用合理的方法构建高表达β-内切葡聚糖酶基因工程菌并应用于生产实践，将大大加快纤维质原料在工农业生产的利用步伐。

地衣芽孢杆菌（*Bacillus licheniformis*）属于厚壁菌门（Firmicutes）芽孢杆菌纲（Bacilli）芽孢杆菌目（Bacilli）芽孢杆菌科（Bacillaceae）芽孢杆菌属（*Bacillus*）。由河南师范大学生命科学学院从灌木丛的土壤中分离获得，该菌株具有高产内切葡聚糖酶的生化性质和生产性能。该菌株与报道过的其他菌株相比，酶活力高，降解性能较好，同时产酶的条件也好控制，为本研究内切葡聚糖酶基因的克隆表达奠定了基础，对构建好的工程菌产生的内切葡聚糖酶进行了分离纯化和酶学性质研究，为后续运用蛋白质工程的方法改造酶的催化活力和稳定性奠定了基础。

利用同源克隆技术，将地衣芽孢杆菌的内切葡聚糖酶基因在工程菌中诱导表达，通过对比基因工程菌和地衣芽孢杆菌野生株不同培养时间、不同培养条件产酶活力，构建好的工程菌活力比原菌酶活力有了明显的提高。具体实施方式如下。

1. 内切葡聚糖酶基因克隆及表达载体的构建

根据Genbank中已登录的内切葡聚糖酶基因的核苷酸序列（登录号为CP021669.1）设计特异引物为上游Glu-pro-F（5′CGGAATTCCAAACAGGCGGATCGTTTTTTG3′，含有

EcoR I 酶切位点）和下游引物 Glu-pro-R（5′CCCAAGCTTTTATTTTTTTGTATAGCGCA3″，含有 Hand Ⅲ 酶切位点）。提取地衣芽孢杆菌总 DNA 为模板，PCR 扩增条件为 94℃、5min 预变性；94℃ 30s，54℃ 30s，72℃ 30s，34 个循环；72℃ 延伸 10min。所得片段胶回收后与克隆载体 pMD-18T Vector 连接，转化 *E. coli* BL21（DE3），挑取阳性转化子，提取质粒酶切鉴定后测序。

将克隆好的内切葡聚糖酶基因用 EcoR I 和 Hand Ⅲ 进行双酶切，胶回收内切葡聚糖酶基因片段，将其与经相同酶切线性化的 pUCm-载体连接，并将其转化大肠杆菌 *E. coli* BL21（DE3），筛选出阳性转化子。酶切验证正确后，挑选阳性转化子接种于含 100μg/mL Amrp 的 1.5mL LB 培养液的试管中，37℃ 160r/min 振摇过夜并冻存；次日按 1：100 接种于 100μg/mL Ampr 的 30mL LB 培养液中，37℃ 160r/min 振摇至菌体 OD_{600} 为 0.6（约 5h）；取出 1mL 培养物，10 000r/min 室温离心 2min，弃上清，用 100μL 1×上样缓冲液重悬菌体沉淀；向剩余的培养物中加入 IPTG 至终浓度为 0.5mmol/L，37℃ 160r/min 振摇 5h，诱导 CPE 融合蛋白表达；取出 1mL 培养物，10 000r/min 的速度离心 10min，在离心管加入 2mL 柠檬酸缓冲液，用机器进行超声波震碎，放入离心机，10 000r/min 的速度离心 10min，吸取上清液；取菌液 5mL，10 000r/min 的速度离心 10min，倒掉上清液，在沉淀中加 Tris-HCl 缓冲液中，用超声波破碎后 10 000r/min 的速度离心 10min，小心吸取上清液保存在-20℃下。

2. 基因工程菌和地衣芽孢杆菌野生型菌株不同培养时间产酶活力比较

通过对不同时间培养的菌株通过细胞破碎后，应用 CMC 酶活力测定方法测得其内切葡聚糖酶活性，见图 5-11。

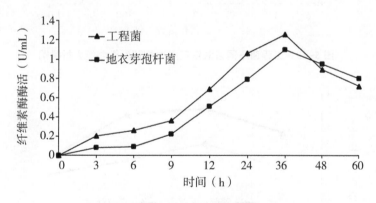

图 5-11　地衣芽孢杆菌与工程菌不同培养时间酶活力折线图

3. 基因工程菌在不同温度、菌液浓度及是否破壁产酶活力变化

基因工程菌活力与温度、菌液浓度及是否破壁都有关系，见图 5-12 至图 5-14。

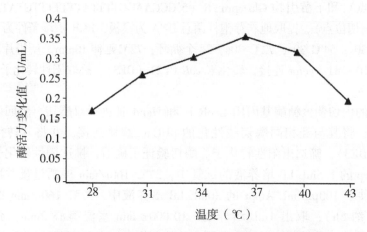

图 5-12　工程菌不同温度产内切葡聚糖酶能力折线图

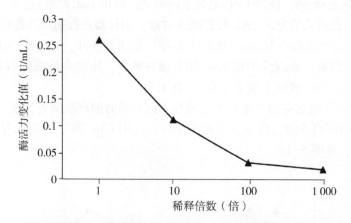

图 5-13　工程菌不同菌液浓度产内切葡聚糖酶能力折线图

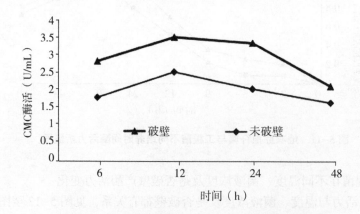

图 5-14　工程菌是否破壁产内切葡聚糖酶能力折线图

第六章　豆浆发酵装置和配套系统

第一节　豆浆发酵过程中无菌化环境及其控制技术

早在新石器时期，中国就已经可以借助微生物所产生的发酵作用酿造食品。其中所应用的传统发酵技术，是一种起源于我国的食品加工方法，它与生物化学有着密切的联系，可以看作是现代生物技术在古代的原型，利用这项加工技术可以酿制酒、豆酱、酱油、醋等具有中国特色的发酵食品，被认为是我国古代膳食体系的支柱。

我国传统的发酵豆浆是以富含植物蛋白的豆浆为主要原料，通过发酵微生物酶的作用，发酵水解生成多种氨基酸、各种糖及多种小分子化合物，再经过复杂的生物化学变化形成的具有独特的风味、丰富的营养和保健功能的产品。

传统豆浆发酵也被称为纯天然发酵，主要原料是黄豆、黑豆或脱脂大豆。发酵流程一般为大豆清选、浸泡、磨浆、滤浆、煮浆，然后利用空气中的微生物，再经过腌坯、拌坯后发酵得到成品。自然发酵的豆浆使新鲜豆浆原有的营养成分如蛋白质、矿物质（钙、磷、铁、钾等）和维生素（胡萝卜素、维生素 B_1、维生素 B_2、维生素 B_3 和维生素 C）等得以保留，并且在乳酸菌等功能性微生物的发酵作用下，生成了许多风味物质及功能性成分，使得自然发酵豆浆不仅有酸爽开胃、醒酒去腻等特点，还具有调节人体肠道菌群状态、降低胆固醇等功效。

一、现代发酵工艺

传统发酵豆制品凝结着中华民族数千年智慧的结晶，营养丰富、保健功能强，开发价值潜力巨大，但由于其发酵过程中菌种的不确定、温度和发酵时间的不确定等因素的限制，导致其产品质量参差不齐，生产过程不可控。因此，现代发酵豆浆工艺也就应运而生。

现代豆浆发酵工艺，充分运用了发酵工程技术，对传统的发酵进行了全面的改进，虽然选用的微生物种类不同，但整体发酵工艺通常为大豆除杂清洗→热烫（2~3min）→浸泡→打浆→均质→杀菌→冷却→接种→发酵→冷藏→检验→成品，其中，操作要点：①大豆浸泡。春秋季8~12h，冬季12~16h，夏季5~8h。②灭菌过程中一定保证充足的温度，使其充分灭菌。③发酵过程中要根据不同的微生物品种，选择合适的培养条件。

二、豆浆发酵过程中无菌化环境的建立

发酵生产是一项投资很大的项目，在进行发酵生产前需要做很多的前期工作，其主要目的就是要保证微生物的纯种培养，在利用纯种的微生物发酵过程中，无菌化是最为关键的控制节点，感染杂菌不仅不利于产品的质量与安全，还会给企业带来很大的损失。实际生产过程中，无菌化的建立主要分为4个方面，空气处理系统的设计、设备的制作和安装、发酵罐操作中灭菌程序、培养基的配置和灭菌操作。

（一）空气处理系统的设计

据文献资料统计，城市中每立方米空气中含细菌数多达 $10^3 \sim 10^4$ 个，空气带菌导致发酵失败的概率高达 20%左右。因此，空气在进入发酵系统前必须进行除菌处理，对于好气性发酵更应重视空气系统。空气系统设计应该注意以下几点：①尽量改善采风口的环境，主要办法有：采风口选址在上风口、通风较好处；减少空气循环次数；提高采风口高度，目前已有企业把采风口高度升至 35m 以上；尽量加大排气口与采风口的距离，并采用滤袋、喷胶棉等介质对空气进行预过滤。②选用螺杆式空压机，减少油分进入空气系统，提高空气压缩后的温度（可达 120℃以上），并保持较长的时间，这对杀菌也有一定的效果。压缩空气经过二级冷却器后的温度必须严格控制，保证油水分离设备的分离效果。③加强过滤系统，保证过滤系统的有效性，聚偏氟乙烯、聚四氟乙烯微孔膜折叠筒式滤芯属于疏水性、深度型滤芯，空气的湿度不影响过滤效率。标称孔径 $0.2\mu m$ 的滤芯，当过滤空气时，能滤除最小直径 $0.3\mu m$ 的细菌，而且能完全滤除 $0.02\mu m$ 的噬菌体。

（二）设备的制作和安装

在设备设计、制作和安装过程中，设法减少设备死角是提高灭菌质量最为有效的手段之一。但是由于设备制造商缺乏对发酵生产专业知识的了解，往往会出现许多人为原因造成设备死角，以致设备在使用一段时间后出现许多问题。

（1）选材方面。罐体、阀门及罐内装置等选用不锈钢材质，可减少因出现锈斑而形成设备死角的问题。在发酵罐的设计和制作中可能出现以下问题：①罐内安装加强板，一旦出现裂纹发酵液就会进入加强板与罐壁之间形成的死角中，造成灭菌不彻底；②焊接质量不好，如虚焊、明显的沙孔等都易形成死角；③螺杆与螺孔不匹配等（搅拌叶和联轴器的固定）。上述三种现象，都容易积聚发酵培养基造成结垢，是发酵罐常见的设备死角。

（2）管路的安装和布置。发酵管路（特别是物料输送的管路）阀门的安装、布置较之普通管道或阀门的要求更高，既不能有渗漏，又不能有灭菌死角。所以需要注意以下几点：①管道与管道进行焊接时，管口之间要吻合（如走熟料的管道，管口要 45°倒角），有利于管内焊缝平整。②尽可能减少弯头的使用数量，管道转弯时尽量使用制作弯管，以减少管道的焊口。③管道与法兰焊接时，必须要内外两面焊（必要时内焊最好使用氩弧焊），以保证焊口光滑，确保管道无死角。④进料管、出料管、移种管等物料管道，安装布置时，必须要有 2%的坡度；同时要避免出现"U"形或"V"形的管

路布置，目的是要杜绝管道内出现积液现象，防止灭菌不彻底。⑤阀门（物料管道）与法兰的密封垫圈最好使用聚四氟乙烯材料，且垫圈的口径要以法兰的口径为准，否则垫圈会滞留杂物，而形成灭菌死角。⑥安装阀门考克时，要安装在阀腔的末端或最低位，确保蒸汽在阀腔内的流通和冷凝水的排走顺畅。

（三）发酵罐操作中灭菌程序

发酵罐实际操作中需要对罐体进行空消和实消。包括升温和保压两个时间段，均要求必须控制温度匀速上升，要经常对各进气管进行检查，确保每路管道蒸汽畅通；保压时发酵罐的罐压应达到 0.1MPa 以上，以确保发酵罐内空间灭菌的效果。

（四）培养基的配置和灭菌操作

在发酵生产中，要杀灭 99.999% 嗜热性芽孢杆菌，理论上要求 121℃、15min，但实际发酵生产要求灭菌温度和时间都明显比理论值要提高或延长。发酵培养基中，如果有较多固形物存在，会对灭菌质量造成很大的影响，豆浆发酵过程中，其固形物是比较多的，相对于一些比较难溶的培养基（如酵母粉、蛋白胨等），必须要提前 2h 进行配料，确保培养基溶解充分，可增加过滤筛网把超过一定尺寸的颗粒去掉。需要指出的是，杂菌在搅拌的条件下会加速繁殖，加大培养基灭菌的难度，所以对发酵用原材料也需要有一定的控制。

除了以上几个因素外，发酵车间的环境卫生也是一个不可忽视的因素。加强环境卫生和环境消毒，可以最大限度地降低杂菌对发酵污染的威胁。从杂菌检测中可以发现，发酵罐周围的环境是比较恶劣时，其杂菌的类型及数量比较多，如果在日常操作过程中某一个环节出错（如接种时或发酵过程中设备渗漏出现负压等），都会给发酵造成污染和经济损失。

三、传统发酵工艺及现代发酵工艺的差异分析

（一）生产工艺流程的区别

传统发酵工艺对原料的处理一般都比较简单，一般都首先进行清洗、蒸煮除掉原料里的杂物和有害微生物。接种的方法分为两种方式：一种是拌入其他物质，借用其他物质上带有的微生物进行发酵，如传统腐乳，用菜叶或枯草进行包裹，借用菜叶或枯草上带有的一系列微生物进行发酵；另一种则是采用露天或原料本身带有的微生物菌群进行发酵。发酵方式一般采用固态高盐发酵来控制杂菌和有害菌，整个发酵过程一般不需要进行管理和数据分析，只会采取简单的搅动、拌匀、观察等，直至发酵完成一般需要1~2个月的时间，产品的品质受天气影响大，温度、湿度、光照都是影响产品品质的关键因素。现代生物技术的发展，已使食品的发酵过程不再那么神秘，发酵所需要的最适原料、最适温湿度、发酵微生物的种类都已被摸清，整个发酵过程只需要根据每种发酵产品的特性进行环境的控制，接入经过筛选的菌种，而且使整个发酵过程都是可控的。

（二）微生物利用的区别

传统发酵方式用于接种的曲，菌群多，酶系复杂，不同原料制作的曲种发酵出来的产品口味不同，使得传统发酵食品种类繁多，口味各异。现代发酵食品用于接种的曲，

菌群比较简单，需要什么产物就用什么类型的菌种，而且在生产同一种发酵产品时，不同的厂家可能采用的菌种都是一样的，因此发酵出来的产品，口感差异不大，特异性不强，市场同类产品同质化严重，只能依靠价格、成本、包装、品牌等进行市场竞争。

（三）微生物安全性

传统发酵过程中，忽视了对于原料的处理，黄豆是发酵豆制品的基本原料，就黄豆而言，其最主要的安全隐患便是黄曲霉毒素的存在与否及其含量，因为它是一种毒性很强的代谢产物。而黄曲霉毒素的产生比较容易，可在农作物生产与农产品加工的许多环节产生，也经常会污染豆制品，且还会进入食物链形成循环性的污染。然而，在我国的发酵豆制品生产过程中，对黄曲霉毒素的检测还存在着不足之处。现代发酵过程中，可以利用一系列手段对发酵料和发酵过程进行多方面的监测，控制杂菌数量，保证安全性。

第二节　实验室菌种扩大装置及技术

菌种的扩大培养就是把保藏的菌种即沙土管、冷冻干燥管中处于休眠状态的生产菌种接入试管斜面活化，再经过扁瓶或药瓶和种子罐，逐级扩大培养后达到一定的数量和质量的纯种培养过程。这些纯种的培养物称为种子。

作为生产用的种子，必须具备的条件：①菌种细胞的生长活力强，接种后在发酵罐中能迅速生长；②生理性状稳定；③菌体总量和浓度能满足大容量发酵罐的要求；④无杂菌污染（不带杂菌）；⑤生产能力稳定。

一、菌种扩大所需装置

接种环、接种针、酒精灯、恒温振荡培养箱、生化培养箱、冰箱、灭菌锅、超净工作台、移液枪、培养皿、三角瓶、试管等。

二、菌种扩大过程中的无菌技术

无菌操作泛指在培养微生物的操作中，所有防止杂菌污染的方法。

无菌操作过程中应注意以下几点：①对实验操作的空间、操作者的衣着和手，进行清洁和消毒。②将用于微生物培养的器皿、接种用具和培养基等进行灭菌。③为避免周围环境中微生物的污染，实验操作应在酒精灯火焰附近进行——酒精灯火焰旁的局部高温使微生物难以生存。④实验操作时，应避免已经灭菌处理的材料用具与周围的物品相接触。

消毒：使用较为温和的物理或化学方法仅杀死物体表面或内部一部分对人体有害的微生物（不包括芽孢和孢子）。

灭菌：使用强烈的理化因素杀死物体内外所有的微生物，包括芽孢和孢子。

灭菌的方法：①灼烧灭菌。直接在酒精灯火焰的充分燃烧层（温度最高）灼烧（迅速彻底）。适用范围：接种环、接种针、金属用具（接种工具）；试管口或瓶口（在接种过程中易被污染的部位）。②干热灭菌。干热灭菌箱，160~170℃下加热1~2h。适用范围：吸管、培养皿（玻璃器皿）、金属用具（能耐高温的、需保持干燥的物品）。③湿热灭菌。高压蒸汽灭菌，适用于培养基的灭菌。无葡萄糖培养基 121℃、20min；含葡萄糖培养基 115℃、20min。

三、菌种扩大过程中的培养基配制技术

培养基是供微生物、植物组织和动物组织生长和维持用的人工配制的养料，一般都含有碳水化合物、含氮物质、无机盐（包括微量元素）以及维生素和水等。不同培养基可根据实际需要，添加一些自身无法合成的化合物，即生长因子。

实验室培养基制备一般采用两种方式：固体孢子培养法和液体种子培养法。对于产孢子能力强的及孢子发芽、生长繁殖快的菌种可以采用固体培养基培养孢子，孢子可直接作为种子罐的种子，这样操作简便，不易污染杂菌；对于产孢子能力不强或孢子发芽慢的菌种，可以用液体培养法。

（一）固体培养

1. 细菌

细菌的斜面培养基多采用碳源限量而氮源丰富的配方，培养温度一般为 37℃。细菌菌体培养时间一般为 1~2d，产芽孢的细菌培养则需要 5~10d。

2. 霉菌

霉菌孢子的培养一般以大米、小米、玉米、麸皮、麦粒等天然农产品为培养基，培养的温度一般为 25~28℃，培养时间一般为 4~14d。

3. 放线菌

放线菌的孢子培养一般采用琼脂斜面培养基，培养基中含有一些适合产孢子的营养成分，如麸皮、豌豆浸汁、蛋白胨和一些无机盐等，培养温度一般为 28℃，培养时间为 5~14d。

以配制牛肉膏蛋白胨固体培养基为例：

（1）计算。根据牛肉膏蛋白胨培养基配方的比例，计算配制 100mL 的培养基时各种成分的用量。

（2）称量。准确地称取各种成分。牛肉膏比较黏稠，可以用玻棒挑取，放在称量纸上称量。牛肉膏和蛋白胨都容易吸潮，称量时动作要迅速，称后要及时盖上瓶盖。

（3）熔化。①加水加热熔化牛肉膏。将称好的牛肉膏连同称量纸一同放入烧杯加入少量的水，加热。当牛肉膏熔化并与称量纸分离后，用玻棒取出称量纸。②加入蛋白胨和氯化钠，用玻棒搅拌，使其溶解。③加入琼脂。④用蒸馏水定容到 100mL。整个过程不断用玻棒搅拌，目的是防止琼脂糊底而导致烧杯破裂。

（4）调节 pH 值。取合适范围的 pH 值试纸，将 pH 值调至 6~7。

（5）灭菌。分装、包扎后，置于高压蒸汽灭菌锅中灭菌（121℃、20min）。

（6）搁置斜面。待试管冷却至 50℃左右，将试管口部枕在高约 1cm 的木条或其他合适高度的物体上，使其自然冷却，斜面长度不超过试管总长的 1/2。

（7）倒平板。待培养基冷却到 50℃左右时，在酒精灯附近倒平板。①在火焰旁右手拿锥形瓶，左手拔出棉塞。②右手拿锥形瓶，使锥形瓶的瓶口迅速通过火焰。③左手将培养皿打开一条缝隙，右手将培养基倒入培养皿，立刻盖上皿盖。④待平板冷却凝固后，将平板倒过来放置。平板冷凝后倒置的原因：平板冷凝后，皿盖上会凝结水珠，凝固后的培养基表面的湿度也比较高，将平板倒置，既可以使培养基表面的水分更好地挥发，又可以防止皿盖上的水珠落入培养基，造成污染。

（二）液体培养

在配制固体培养基时，不加入琼脂即可得到对应的液体培养基，将其分装入三角瓶灭菌，待冷却后，即可用于菌种的扩大培养。

1. 好氧培养

对于产孢子能力不强或孢子发芽慢的菌种，可以用摇瓶液体培养法。将孢子接入含液体培养基的摇瓶中，于恒温振荡培养箱上培养，获得菌丝体，作为种子。其过程如下：试管→三角瓶→摇床→种子罐。

2. 厌氧培养

对于酵母菌，其种子的制备流程：试管→三角瓶→种子罐。

四、发酵种子罐

生物发酵生产是一个纯种培养的过程，保证整个生产过程处于无菌状态是非常必要的，而种子罐是发酵生产的关键环节，为扩大培养做准备的重要步骤。接种后通入的压缩空气和搅拌叶轮共同作用实现发酵液的混合、溶氧传质以及强化热量的传递。一级种子罐结构设计的合理与否直接影响着发酵产品的质量、产率以及经济效益。它有着严格的生产条件，最主要的是根据生产量选择罐的几何尺寸，保证接种、通气、搅拌、换热等生产过程是无杂菌污染的。

第三节　液态发酵装置及其控制技术

豆浆发酵主要有液体和固体两种制种方式。液体制种是目前国际上通用的、先进的方法。液体菌种具有生产周期短、用工成本低、菌丝活力强、接种后萌发吃料快、菌种在培养基中的流动性和分散性好、菌龄一致等优点。文献记载在对液体制种与固体制种经济效益分析比较中指出，液体菌种发育时间可以减少 24d，接种栽培袋菌丝满菌时间缩短约 10d，污染率可以降低 1.5%，成本利润率可提高 42%。液体菌种作为豆浆发酵生产发展过程中的重要环节，具有重要意义。

一、发酵的一般工艺及过程控制

豆浆产品的发酵都是好氧发酵，生产多采用二级发酵与三级发酵。豆浆发酵的生产水平不仅取决于菌种和培养基，还要有合适的环境条件才能使它的生产能力充分发挥出来。所以，我们前期必须根据不同的菌种对培养基、培养温度、pH 值和氧气等因子的需求情况，以及该菌种在发酵过程中的代谢调控机制和途径进行研究和试验，经过小试和中试后，才能扩大培养。同时，用各种监测方法随发酵时间的变化测定发酵液中糖、氮的消耗情况及产物浓度，以及采用传感器随时测定发酵罐中的培养温度、pH 值、溶氧等参数的情况，使得整个发酵过程得到有效控制。豆浆产品的液体发酵，根据不同的品种对培养基和环境因子的需求会有所不同，但总体的工艺流程是相似的，其发酵过程包括：①培养基的处理和灭菌；②空气净化除尘系统送风；③菌种逐级培养及产品发酵；④发酵条件的控制；⑤产品提取和精制等。

（一）培养基的处理和灭菌

发酵中使用的淀粉、玉米、大豆等固体物料在收获、贮存、运输时会夹带泥土、砂石、杂草以及金属等杂质，所以要对培养基进行除杂、分选、清洗或粉碎等处理。培养基的灭菌采用湿热灭菌，灭菌条件是：压力 0.12MPa、温度 121℃、时间 30min。

（二）空气净化除尘系统送风

豆浆液体发酵都是好氧发酵，需要大量的新鲜、无菌空气，否则会引起杂菌污染，导致发酵失败。空气净化方法有很多种，空气过滤除菌是目前发酵工业中最常使用的方法。它采用过滤介质对微尘和微生物等进行拦截，从而达到除菌的目的。

（三）菌种培养

豆浆发酵产品在进行发酵前，就应该有从自然界分离得到的菌种或者引进（购买）并经过纯化及选育或经基因工程选育后性能稳定的"工程菌"。随着发酵技术的日益成熟，现代发酵工业的规模越来越大，发酵罐的容积从小的几十立方米到大的几百立方米。发酵时间的长短与接种量有关，接种量大，发酵时间短，可提高发酵罐的利用率，减少感染杂菌的概率。因此种子扩大培养的目的就是要得到活力高、菌种数量足够的培养物。一般 50t 以下的发酵罐采用二级发酵，50t 以上的发酵罐多采用三级发酵，三级发酵的流程如下：斜面菌种——一级种子摇床培养—二级种子罐培养—三级种子罐扩大培养。发酵罐在发酵过程中，通过各种监测方法随发酵时间的变化测定发酵液中糖、氮的消耗情况，以便补料或者添加消沫油消沫等。

（四）发酵

发酵产品分离提取及发酵结束后，即对发酵液或生物菌丝体进行分离、提取和精制，将发酵产物制成合乎要求的产品。

二、豆浆液体发酵主要设备

（一）空气过滤除尘系统

豆浆产品的发酵是好氧发酵，整个发酵过程都需要无菌的空气。目前，发酵工业中空气过滤除菌是最常用的空气除菌方法。其原理是通过过滤介质对微尘和微生物进行拦截而达到除菌的目的。空气过滤器的作用是滤除空气中含有的固体细微颗粒、杂菌、油分、水分等杂质。空气过滤除尘工艺流程如下：高空吸风塔—粗过滤—空气压缩机—空气贮罐—第一级空气冷却器—旋风分离器—第二级空气冷却器—丝网分离器—空气加热器—总空气过滤器—分空气过滤器—无菌空气—种子罐或发酵罐。

（二）热蒸汽系统

"无菌"这一概念贯穿整个发酵过程。豆浆发酵生产中多采用"空消"和"实消"灭菌形式："空消"即对发酵罐及管道进行空着消毒；"实消"即培养液置于发酵罐内用高压蒸汽消毒，这就需要蒸汽发生器这一专业设备。蒸汽锅炉是发酵工业常用的蒸汽发生器。它是利用燃料或其他能源的热能，把水加热成为蒸汽的机械设备。锅炉中产生的蒸汽可直接为生产提供所需要的热能，蒸汽锅炉承受高温高压，安全问题十分重要。即使是小型锅炉，一旦发生爆炸，后果也十分严重。因此，对锅炉的选用、检验和使用管理等都应按规范严格执行。

（三）循环水系统

豆浆产品在发酵过程中，不断产生发酵热，为了保持其最佳发酵温度，在发酵罐罐壁或罐内通过夹套或蛇管，利用循环冷却水进行冷却降温。其过程是：冷却水通过发酵罐使发酵液温度降低，冷却水水温升高成为热水，热水经冷却塔曝气与空气接触后，由于水的蒸发散热和接触散热使水温降低，冷却后的水再循环利用。

（四）发酵设备

发酵罐是液体发酵设备中最主要的设备之一。豆浆发酵是好氧发酵，应采用通风发酵罐。常见的通风发酵罐有机械搅拌式、气升式和自吸式等，其中，机械搅拌通风发酵罐是发酵豆浆生产应用最广的发酵罐。

机械搅拌通风发酵罐应满足以下基本要求：①发酵罐应有合适的高径比，通常罐体高度和直径的比例为（1.7~4）∶1；②发酵罐能承受一定的压力；③有良好的搅拌和通风装置；④有足够的冷却面积确保灭菌和发酵过程中温度的控制；⑤结构严密、耐腐蚀且无死角；⑥有可靠的检测和控制仪表，设有消沫装置，装量系数高；⑦搅拌器轴封严密，无泄漏。

罐体发酵罐的罐体由罐身、罐顶和罐底三部分组成。罐身为圆柱体，罐顶和罐底一般采用椭圆或蝶形封头与罐体连接。在发酵罐的罐顶设有进料、排气、补料、接种和压力表的接口，设有视镜和灯镜，人孔或手孔（小型发酵罐）。罐身设有冷却水出口、进气口、取样口、温度计及测控仪表接口等。罐底设有冷却水进口和放料口。

搅拌器。生产食用菌产品的发酵罐一般装有两组搅拌器，两组之间的间距为搅拌器直径的3倍。搅拌器的作用主要有两点：（a）使罐体内的发酵液有固定途径的循环流动，将流体均匀分布到发酵罐的各个部位；（b）加强湍流，利于混合、传热和传质。但对于丝状真菌的发酵，要控制转速，注意剪切力对细胞的损伤。机械搅拌通风发酵罐多采用圆盘涡轮式搅拌器，桨叶数多为6个，叶轮直径一般为罐体直径的1/3~1/2。

挡板。发酵罐中的搅拌器在转速较高的情况下，由于离心力的作用可使轴中心形成凹陷的漩涡，影响搅拌的效果。挡板的作用就是改变被搅拌液体的流动方向，使漩涡消失。挡板装在发酵罐的内壁，通常设4~6块。

空气分布器。发酵过程需要氧气，空气分布器的作用是将大量的无菌空气均匀地导入罐内。其结构有两种：第一种为环管式结构，第二种为单管式结构。因单管式结构简单，较常用。单管式空气分布器的空气出口位于搅拌器的下方，管口朝下，正对着罐底中央，距罐底 50mm 左右。当空气由分布器管喷出上升时，被搅拌器打成小碎泡，与发酵液充分混合，增加气液传质效果。环管式空气分布器的直径为搅拌器直径的 4/5，环管上向罐底方向开有 5~8mm 直径的多个空气喷孔，喷孔总截面积等于通风管的截面积。多个喷孔可使空气有效的分散，增加溶氧量。

消泡装置。在好氧发酵过程中，发酵液中含有大量的蛋白质、多糖和大分子代谢物等易产生泡沫的表面活性物质，在通气和搅拌的作用下产生大量的泡沫。严重时会使发酵液外溢，增加染菌的概率，使用在发酵过程中要采用适当的消泡方法。常用的消泡方法有两种：一是加入消泡剂，但高浓度的消泡剂可能会对发酵产生抑制作用，故不能大量使用；二是使用机械消泡装置。常用的机械消泡装置有桨（耙）式消泡器、半封闭式消泡器、离心式消泡器、刮板式消泡器和碟片式消泡器。

轴封。轴封的作用就是对搅拌器的搅拌轴与罐体之间的缝隙进行密封，以防泄漏和感染杂菌。常用的有填料密封和端面密封（机械密封）两种。

联轴器和轴承。较大型的发酵罐搅拌轴较长，常分 2~3 段，通过联轴器使上下搅拌轴呈牢固的刚性连接。常用的联轴器为夹壳及鼓形两种。为了减少震动，中型发酵罐在罐底装有底轴承，大型发酵罐还装有中间轴承。

罐的清洗与检查→培养基制作→上料→培养基灭菌→降温→发酵罐接种培养→栽培袋接种。

三、液体发酵装置的控制技术

（一）发酵罐的清洗和检查

一是新购的发酵罐或是使用过的发酵罐，在生产前都必须对罐内进行彻底清洗，清除罐壁上菌球、菌块、菌皮、料液及其他污垢，用清水冲刷干净。二是检查各个阀门、加热管、电控系统、气泵、压力表等是否正常，如有故障及时排除。

（二）煮罐空消

新罐初次使用、上一罐污染、更换生产品种或罐长时间放置重新使用时，须对罐体内部进行彻底消毒。方法是加水至视镜中线，扣紧接种盖，关闭排气阀，打开启动开关，当温度达到 100℃时，排气阀微开。温度达到 121℃时计时 40min，关闭排气阀，闷20min 后放水。放水结束后，再用水从进料口反复刷罐数次，使罐内残存物排放干净。

（三）培养基制作与上料

根据发酵菌种，选择发酵培养基。依据液体发酵罐的容积按配方计算所需用量。

（四）培养基灭菌

打开启动开关，当温度达到 100℃时，排气阀微开，温度达到 121℃时自动计时40min。空气滤芯要提前灭菌，此时可安装上，打开气泵吹干滤芯。在灭菌过程中，为避免阀门处成为灭菌死角，需要在保压过程中每隔 15min 排料一次，共 3 次，每次排料3~5min。

（五）降温

灭菌结束后将夹层进水阀门打开通水冷却。在火焰的保护下将过滤器进气管接在培养器进气阀上，当培养器压力降至0.1MPa以下，进气系统气压高于罐内压0.02MPa以上时，打开进气阀向罐内送气。打开进气阀时要慢慢地，防止料液倒流，造成污染。罐内温度降至28℃以下时即可进行接种操作。

（六）接种

接种时须两人配合操作。首先根据发酵罐接种口的大小用粗铁丝做一个圆圈，铁丝圈上包裹上脱脂棉，并用95%酒精浸湿备用。再备一条湿毛巾，放到接种口旁边（待熄灭火用）。接种方法：一是用75%酒精将接种口的外盖和周围擦两遍。二是开大排气阀，当罐压降到接近于零时，迅速关闭排气阀并点燃火圈。三是在火焰保护下，打开接种口盖，将摇瓶菌种迅速倒入罐内，旋紧接种盖。四是罐内升压后用湿毛巾灭掉火圈，打开排气阀，调整罐压在0.02~0.04MPa进入培养状态。

（七）培养

根据发酵菌种生物学特性选择适合的培养温度。培养24h后，可每隔1~2h自接种阀取样一次，观察菌种萌发和生长情况。一是观察菌液颜色及透明度，正常菌液颜色纯正，一般呈现出浅黄色、浅棕色等不同颜色，澄清透明不浑浊。二是闻菌液气味，正常菌液有一种香甜味，若细菌污染有酸味、异味，霉菌污染有酒味。随着培养时间的延长，气味会越来越淡，到后期只有一种菌丝的香味无其他异味。

（八）发酵终点的确定

豆浆发酵培养过程中细胞生长情况遵循微生物生长曲线规律，可用细胞质量的增减来描述，即延迟期、对数生长期、减速期、稳定期、衰亡期。其中对数生长期的菌丝体生活力最旺盛，菌丝体相互缠绕形成各种形状的菌球，细胞数量呈几何级数增加，形成活力最旺盛的菌球，直径约0.3cm，发酵液中菌球颗粒占80%~90%，菌液颜色变淡透明，菌球与菌液界线分明，是放罐接种的最佳时期。若培养时间过长进入减速期之后，基质中营养物质被消耗，一些有害的代谢产物也在培养液中积累，菌丝由顶端生长开始分化成一些特定的繁殖器官，停止了细胞的继续延伸，甚至菌球内部菌丝开始死亡。

第四节　固态发酵设备及流程

固态发酵是指利用自然底物做碳源及能源，或利用惰性底物做固体支持物，其体系无水或接近于无水的任何发酵过程。与其他培养方式相比，固态发酵具有如下优点：①培养基简单且来源广泛，多为便宜的天然基质或工业生产的下脚料；②投资少，能耗低，技术较简单；③产物的产率较高；④基质含水量低，可大大减少生物反应器的体积，不需要废水处理，环境污染较少，后处理加工方便；⑤发酵过程一般不需要严格的无菌操作；⑥通气一般可由气体扩散或间歇通风完成，不需要连续通风，空气一般也不需严格的无菌空气。同时，随着微生物基因遗传技术的应用、优良菌株的发现和筛选，以及生产工艺等方面的改进，固态发酵技术也得到了进一步发展。

一、固态发酵设备

固态发酵生产的关键是固态发酵反应器的设计，古代用的固态发酵设备都是裸露在空气中的一些罐状物。随着发酵要求越来越高，不同形式的发酵罐也不断面世。Lonsane 曾经归纳出 9 种不同的工业规模的固态发酵反应器：一是转鼓式；二是木盒式；三是加盖盘式；四是垂直培养盒式；五是倾斜接种盒式；六是浅盘式；七是传送带式；八是圆柱式；九是混合式。根据基质的运动情况固态发酵设备可分为两类：一是静态固态发酵反应器，包括浅盘式和塔柱式反应器；二是动态固态发酵反应器。在豆浆固态发酵的生产过程中通常采用转鼓式反应器。

固态发酵生产生物蛋白饲料的过程框图如图 6-1 所示。从图 6-1 中看出，在固态发酵的过程中要经过菌种培养、物料处理、灭菌、接种、发酵等几个环节，菌种的培养是整个过程的重点，与第二节叙述内容重合，在此不做更多的说明，这里主要讨论物料预处理灭菌和发酵过程的参数控制。

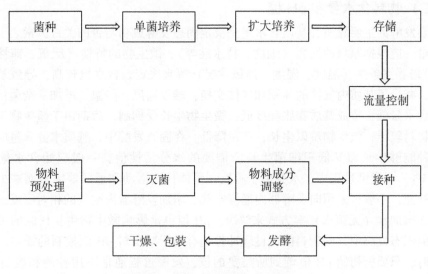

图 6-1　固态发酵生产过程框图

二、固态发酵工艺参数控制

固态发酵是一种接近自然状态的发酵，它与液态深层发酵有许多不同，其中最显著的特征就是水分活度低、发酵不均匀。菌体的生长对营养物质的吸收和代谢产物的分泌在各处都是不均匀的，使得发酵参数的检测和控制都比较困难，许多液态发酵的生物传感器也无法应用于固态发酵。迄今为止，在文献中还没有见到较为完善的关于固态发酵的数学模型（虽然有一些关于固态发酵动力学研究的报道，但都是以图表的形式出现），对它的研究仍然停留在以经验为主导的水平上。目前固态发酵可测或可调的参数主要有：培养基含水量、空气湿度、CO_2 和 O_2 的含量、pH 值、温度和菌体生长量等。

（一）物料的营养成分及粒度

要使菌体大量繁殖，并获得所需的代谢产物，就必须给菌体提供足量的营养成分，以使菌体生长和产物形成的潜力得到充分发挥。固态发酵的原料可分为两部分：一是供给养分的营养料，即豆浆；二是促进通风的填充料，如稻壳、玉米皮、花生皮等。所用原料，特别是营养料，一定要选用优质的，不能霉烂和变质。此外要特别注意营养物的配比。培养基中碳和氮的比例（C/N）对微生物的生长和产物形成常有很大影响，碳氮比不当，会影响菌体吸收营养的平衡。氮源过多，菌体生长过于旺盛，不利于某些代谢产物的积累；氮源不足，菌体繁殖缓慢；碳源物质缺乏，菌体容易衰老和自溶。在不同的固态发酵工艺中，最适碳氮比为 1:（10~100）。因而在固态发酵中，要通过实验确定最佳的营养物组成。此外碳源和氮源的可利用性以及氮源的品质，对固态发酵也是至关重要的。如在酶制剂的生产中，保持总含氮量不变，而只改变氮源，其蛋白酶活力就有可能发生很大变化。在固态发酵中，原料粉碎得细，可提高利用率和产量；但原料过细，又影响氧在基质内的传递。因而固态发酵中，除供给养分的营养料外，还需要增加基质间的空隙，添加利于通风的填充料。

（二）物料含水量和 pH 值

水是发酵的主要媒质，基质含水量是决定固态发酵成功与否的关键因素之一。基质的含水量，应根据原料的性质（细度、持水性等）、微生物的特性（厌氧、兼性厌氧或需氧）、培养室条件（温度、湿度、通风状况）等来决定。含水量较高，导致基质多孔性降低，减少了基质内气体的体积和气体交换，难以通风、降温，增加了杂菌污染的危险；而含水量低，造成基质膨胀程度低，微生物生长受抑制，后期由于微生物生长及蒸发造成物料较干，微生物难以生长，产量降低。在固态发酵中，基质水分含量应控制在发酵菌种能够生长而又低于细菌生长所需的水分活性值，一般起始含水量控制在 30%~75%。在发酵过程中，水分由于蒸发、菌体代谢活动和通风等因素而减少，应进行水分补充，一般可采用向发酵器内通湿空气、增加发酵器内空气的相对湿度或在翻曲时进行 2 次加水（无菌水）等方式来解决。pH 值也是影响微生物生长代谢的关键因素之一。但固态发酵中某些物料的优良缓冲性能有助于减少对 pH 值控制的需要。所以固态发酵时，只要把初始 pH 值调到所需要的值，发酵过程通常不用检测和控制 pH 值。但培养基中氮源对 pH 值影响较大，如使用铵盐做主要氮源时，易引起基质酸化。所以固态发酵中铵盐用量不可太大，可利用一些有机氮源或尿素来替代一部分铵盐。

（三）气态环境和氧气传递

由于微生物的生长，在固体表面形成菌膜并使基质结块，基质被代谢而变黏，因而随着微生物的生长，可能造成基质内局部区域缺氧而影响生长。另外基质的高含水量或使用较细的基质料，也会影响基质内氧的传递。为了防止基质内缺氧和增加基质内氧的浓度，促进微生物生长，通常采用通风、搅拌或翻动来增加氧的传递。通风是最常用和有效的方法，除可以增加氧的传递，还有利于热交换。翻动或搅拌虽可防止物料结块，并且利于热交换，但过分的翻动或搅拌影响菌体与基质的接触，并可能损伤菌丝体，使水分蒸发过多而使物料变干，抑制菌体生长。生产中可将以上 2 种方式结合起来使用。

此外，增加氧传递的常用方式还有：①采用较薄的基质层；②使用多孔的、较粗的利于氧传递的疏松性材料作基质填充料，如稻壳等；③使用带孔的培养盘；④采用低含水量的物料，中间补水。

（四）温度

微生物在生长和代谢过程中需要释放大量的热量，尤其是在发酵前期，菌体生长旺盛，物料温度上升很快，有时高达 2℃/h 左右。显然，这些热量如果不及时排除，菌体的生长和代谢就会受到严重影响，菌体大量死亡，发酵彻底失败。降低品温的方法除了加大通气和喷淋无菌水外，适当翻转物料也是必要的。如果生产处于夏季，降温困难（尤其在我国南方，夏季气温高，空气湿度大），采用短时间液氨制冷或空调制冷来降温也是可取的。

（五）湿度

湿度是指发酵器内环境空气的湿度。空气湿度太小，物料容易因水分蒸发而变干，影响生长；湿度太大，影响空气中的含氧量，造成环境缺氧，往往又因冷凝使物料表面变湿，影响菌体生长或污染杂菌，影响产品质量。所以空气湿度应保持一适宜值，一般保持在 85%~97%。

（六）发酵时间

发酵终点的判断对提高产物的生产量有非常重要的意义。在发酵过程中，产物的浓度是变化的，一般产物高峰生成阶段时间越长，生产率也越高，但到一定时间产物产率提高减缓，甚至下降。因此无论是获得菌体还是代谢产物，微生物发酵都有一最佳时间阶段。时间过短，不足以获得所需的产量；时间过长，由于环境已不利于菌体生长，往往造成菌体自溶，产量下降，同时增加生产成本。所以发酵时间一定要根据不同菌种、不同工艺条件、不同的产物，通过实验来确定。

第七章　豆浆灌根对植烟土壤的作用机理

第一节　豆浆灌根对植烟土壤性质的作用机理研究

在前期调研的基础上，选择非豆浆灌根和使用豆浆灌根的植烟土壤，于烟叶收获后采集耕层土壤，测定土壤微生物数量及真菌和细菌的多样性，筛选与豆浆灌根措施密切相关的微生物群落，探讨豆浆灌根对改良植烟土壤的作用机理。

一、实验设计

（一）大田实验

1. 2016 年大田豆浆灌根实验

（1）实验处理。2016 年选择河南省三门峡卢氏县杜关镇的平整烟田地块，开展豆浆灌根试验，烤烟品种 K326。土壤肥力中等水平。5 月 5 日移栽，移栽密度 1 100 株/亩，行距 115cm，株距 55cm。田间管理按照当地种植操作规范进行，各处理间管理措施保持一致，并防止杂草及病虫害发生。烟苗移栽 25d 后进行豆浆灌根，实验设置 5 个处理：①清水对照；②1 倍传统豆浆（5 kg/亩干豆）；③1 倍酵解豆粕（5kg/亩）；④1 倍酵解豆粕+豆油（2.5L/亩）；⑤1 倍酵解豆粕+豆油（5L/亩）。具体见表7-1 所示。

表 7-1　豆浆灌根的不同处理

处理①	处理②	处理③	处理④	处理⑤
清水	传统豆浆（5kg 干豆/亩）	酵解豆粕（5kg/亩）	酵解豆粕+豆油（2.5L/亩）	酵解豆粕+豆油（5L/亩）

注：豆油灌根实验安排在豆浆灌根 30d 后，没有考察该处理对烤烟农艺性状的影响。

（2）实验过程。选择平整烟田地块，烟农具有丰富的豆浆灌根经验，灌溉设施良好，种植单一烟草品种。大田烟株生长期间保持土壤含水量适中，各处理间田间管理措施（浇水、喷药、除草、打顶等）保持一致，并防止杂草及病虫害发生。烟株打顶前测定株高、茎围、单株有效留叶数、叶长、叶宽等农艺性状；大田豆浆灌根后 5d、20d、35d、55d、75d、95d，按照随机和多点混合的原则采用 GPS 定位和 "S" 取样法，采集 0~20cm 耕层土壤样品，每份 1.5kg 左右。采集的土壤样品分为两部分，一部分装入无菌瓶中，冷藏带回实验室保存于-80℃冰箱中，用于土壤微生物指标和酶活性的测定；一部分装于布袋中，带回实验室自然风干，用于土壤蛋白和活性有机质的测定。采用挂牌跟踪方式选取清水对照、传统豆浆和酵解豆粕等 3 个处理中 15 株新鲜烟叶，采集鲜烟后干冰保存，带回实验室保存于-80℃冰箱中，用于游离氨基酸的测定。烟叶采烤前，挂牌标记采收下部叶（4~6 叶位）、中部叶（9~13 叶位）和上部叶（16~18 叶位）；采收后烟叶统一装置于烤房中部，按照当地常规烘烤工艺烘烤。挑选烤后 X2F、C3F 和 B2F 等级烟叶，用于烟叶外观、物测、化学和评吸质量等指标的测定。

2. 2017 年大田豆浆灌根实验

（1）实验处理。2017 年实验安排在河南三门峡卢氏县杜关镇开展，烤烟品种 K326，土壤肥力中等水平。5 月 5 日移栽，移栽密度 1 100 株/亩，行距 115cm，株距 55cm。田间管理按照当地种植操作规范进行，各处理间管理措施保持一致，并防止杂草及病虫害发生。烟苗移栽 25d 后进行豆浆灌根，发酵豆浆和酵解豆粕灌根量为 5kg/亩。为消除豆浆中氮素施入因素影响，按照大豆全氮含量 7% 换算，对照处理中加入 2.26kg/亩的硝酸铵钙，兑水混匀后施入烟株根部。实验设置 6 个处理：①清水对照；②无机氮肥处理；③1 倍传统豆浆；④1 倍酵解豆粕；⑤2 倍酵解豆粕；⑥3 倍酵解豆粕。每个处理 4 垄（400 株烟以上）。具体见表 7-2。

表 7-2　豆浆灌根实验的不同处理

处理①	处理②	处理③	处理④	处理⑤	处理⑥
清水	氮肥（2.258kg/亩硝酸铵钙）	传统豆浆（5kg 干豆/亩）	1 倍酵解豆粕 5kg/亩	2 倍酵解豆粕 10kg/亩	3 倍酵解豆粕 15kg/亩

注：传统大豆 5kg/亩，全氮含量按 7% 换算成相应的硝酸铵钙的使用量。

（2）实验过程。选择平整烟田地块，烟农具有丰富的豆浆灌根经验，灌溉设施良好，种植单一烟草品种。大田烟株生长期间保持土壤含水量适中，各处理间田间管理措施（浇水、喷药、除草、打顶等）保持一致，并防止杂草及病虫害发生。烟株打顶前测定株高、节距、茎围、单株有效留叶数、叶长、叶宽等农艺性状；挂牌标记采收中部叶和上部叶，取烤后 C3F 和 B2F 等级烟叶，用于烟叶物测、化学和评吸质量等指标的测定。大田豆浆灌根后 30d、45d、75d、100d、120d，按照随机和多点混合的原则采用 GPS 定位和"S"取样法，采集 0~20cm 耕层土壤样品，每份 1.5kg 左右。采集的土壤样品分为两部分，一部分装入无菌瓶中，冷藏带回实验室保存于-80℃冰箱中，用于土壤微生物指标和酶活性的测定；一部分装于布袋中，带回实验室自然风干，用于土壤蛋白和活性有机质的测定。

（二）盆栽实验

1. 实验处理

2017 年采集三门峡卢氏杜关镇当地土壤，实验安排在河南农业大学试验地开展，土壤充分混用过筛，去除石子等杂质后装入塑料盆（50 L）中。实验分 6 个处理：①清水对照；②无机氮肥处理；③1 倍传统豆浆；④1 倍酵解豆粕；⑤2 倍酵解豆粕；⑥3 倍酵解豆粕。与 2017 年大田实验的处理设置相同。

2. 实验过程

与大田种植时间一致，5 月 1 日前选择长势一致的 K326 品种烟苗移栽至塑料盆中，每盆栽 2 株，处理前 3d 剔除 1 株，移栽后 25d 左右进行处理。处理前采集烟株周围土样 1 次，处理后每 5d 采集土样一次，取样至豆浆施入后第 30d，共取样 7 次，要求每次采样去除杂草石子等杂物。采集土壤样品分为两部分，一部分装入无菌瓶中，冷藏带回实验室保存于 -4℃ 冰箱中，用于土壤酶活性的测定；一部分装于布袋中，带回实验室自然风干，过 2mm 筛后用于土壤活性有机碳和土壤蛋白含量指标检测。烟苗生长期间保持土壤含水量在 60% 左右（移栽期可适当提高含水量），各处理间须保持一致，并防止杂草及病虫害发生。烟株打顶前测定 SPAD、株高、节距、茎围、单株有效留叶数、叶长、叶宽等农艺性状。实验结束后挂牌标记烟株茎部，用自来水冲洗植株根系，WinRHIZO 根系扫描系统（加拿大 Regent Instruments 公司）测定烟草根系生长指标，主要包括总根长、根表面积、根直径、单位体积根长、根体积、根尖数和分根数，之后用吸水纸吸干表面水分后，随后将样品置于 105℃ 中杀青30min，55℃ 烘干后称重。

二、样品分析

（一）土壤蛋白和活性有机质含量测定

参照康奈尔土壤健康评价方法测定土壤蛋白和活性有机碳含量。具体方法：称取 3.0g 土样于 50mL 玻璃离心管中，加入 24mL 的柠檬酸钠（20mM，pH 值 7.0），振荡5min，高温高压处理（121℃，15psi）30min，冷却至室温，抽取 2mL 泥浆浑浊液，10 000g 离心 5min 后取上清液，利用 BCA 蛋白试剂盒 60℃ 温浴 30min，冷却至室温后，紫外分光光度计 562nm 吸光度比色皿检测，利用蛋白标准品标准曲线，计算土壤蛋白含量。称取 1.5g 土样于 50mL 塑料离心管中，加入 25mL 的 $KMnO_4$（20mM），室温振荡 1h，离心 5min（转速 2 000r/min），取上清液用去离子水按 1:50 稀释，然后将稀释液在 565 nm 比色，紫外分光光度计 565 nm 吸光度比色皿检测，根据 $KMnO_4$ 浓度的变化求出样品的活性有机碳含量。

（二）土壤酶活性测定

采用土壤酶活性试剂盒检测土壤酶活性：分别采用 NH_4^+ 释放量法、磷酸苯二钠比色法、$KMnO_4$ 滴定法和 3，5 - 二硝基水杨酸比色法测定脲酶活性（以 24h 后每克土生成的铵态氮毫克数表示）、磷酸酶活性（以 24h 后每克土释放酚的毫克数表示）、过氧化氢酶活性（以 24h 中每克土消耗 1 μmol H_2O_2 的毫升数表示）、蔗糖酶活性（以 24h 后每克土生成葡萄糖的毫克数表示）。

三、结果分析

(一) 豆浆灌根对土壤酶活性的影响

1. 大田实验结果

如表 7-3 所示，与清水对照相比，传统豆浆和酵解豆粕灌根后的 5d、20d、35d，土壤蔗糖酶活性较高；在灌根后 35d，土壤蔗糖酶活性降幅较大，下降至 3.50~4.00 区间，灌根后 55d 和 75d，蔗糖酶活性一直保持在 3.00~4.00 区间范围以内，变化不大。此外，与清水对照相比，过氧化氢酶和脲酶活性变化不大，磷酸酶在灌根后 20d 和 35d 降幅较大。豆浆灌根对土壤酶活性的影响主要表现在蔗糖酶活性，尤其是在豆浆灌根后的 20d 内表现明显。

表 7-3　豆浆灌根对大田土壤酶活性的影响

酶活	处理	T1	T2	T3	T4	T5
蔗糖酶 [Glucose · mg/ (g · d)]	清水	13.23 b	12.20 b	3.51 a	3.32 a	3.12 a
	传统	16.31 a	15.49 a	3.60 a	3.59 a	3.47 a
	酵解	15.99 a	14.59 a	4.00 a	3.95 a	3.81 a
过氧化氢酶 [1 μmol H_2O_2/ (g · d)]	清水	1.02 a	0.97 a	1.04 a	0.99 a	0.96 a
	传统	1.04 a	0.98 a	0.93 a	0.92 a	0.97 a
	酵解	0.96 a	0.98 a	0.96 a	1.00 a	1.05 a
磷酸酶 [Phenol · mg/ (g · d)]	清水	1.32 a	0.41 a	0.22 a	0.35 a	0.43 a
	传统	1.81 a	0.50 a	0.24 a	0.25 a	0.32 a
	酵解	1.67 a	0.74 a	0.35 a	0.40 a	0.43 a
脲酶 [NH_3-N · mg/ (g · d)]	清水	0.68 a	0.83 a	0.71 a	0.62 a	0.56 a
	传统	0.49 a	0.66 a	0.59 a	0.71 a	0.76 a
	酵解	0.63 a	0.55 a	0.62 a	0.75 a	0.85 a

注：T1、T2、T3、T4 分别表示大田豆浆灌根后 5d、20d、35d、45d、65d。

2. 盆栽实验结果

由表 7-4 看出，盆栽条件下，传统豆浆灌根后 7d，土壤蔗糖酶活性高于清水和氮肥对照；豆浆灌根后 14d，传统豆浆和酵解豆粕施用后土壤蔗糖酶活性显著高于清水和氮肥对照处理，豆浆灌根 3 周后，6 种处理土壤蔗糖酶活性无显著差异。此外，豆浆灌根对土壤过氧化氢酶活性及脲酶活性无显著影响；与清水和氮肥对照相比，传统豆浆和酵解豆粕施用后 7d，土壤磷酸酶活性较高，之后与对照相比无显著差别。

表 7-4　豆浆灌根对盆栽土壤酶活性的影响

酶活	处理	T1	T2	T3	T4	T5	T6
蔗糖酶 [Glucose·mg/（g·d）]	清水	3.20 b	8.82 b	12.56a	10.99 a	12.92 a	9.87 a
	氮肥	3.25 b	9.61 b	10.58 a	12.04 a	10.93 a	10.01 a
	传统豆浆	4.53 a	13.43 a	14.07 a	10.95 a	10.20 a	11.84 a
	酵解（1倍）	3.79 ab	15.54 a	11.01 a	11.95 a	11.06 a	11.29 a
	酵解（2倍）	3.95 ab	14.71 a	13.19 a	12.28 a	14.14 a	11.90 a
	酵解（3倍）	3.83 ab	16.73 a	12.95 a	12.77 a	12.21 a	10.83 a
过氧化氢酶 [1μmol H₂O₂/（g·d）]	清水	1.10 a	1.10 a	1.08 a	1.04 a	1.14 a	1.12 a
	氮肥	1.14 a	1.09 a	1.15 a	1.11 a	1.13 a	1.15 a
	传统豆浆	1.15 a	1.15 a	1.16 a	1.06 a	1.18 a	1.14 a
	酵解（1倍）	1.14 a	1.12 a	1.11 a	1.13 a	1.16 a	1.15 a
	酵解（2倍）	1.13 a	1.13 a	1.14 a	1.16 a	1.09 a	1.15 a
	酵解（3倍）	1.12 a	1.06 a	1.12 a	1.09 a	1.17 a	1.14 a
磷酸酶 [Phenol·mg/（g·d）]	清水	0.21 b	0.20 a	0.15 a	0.16 a	0.21 a	0.18 a
	氮肥	0.24 b	0.21 a	0.28 a	0.20 a	0.29 a	0.19 a
	传统豆浆	0.32 a	0.23 a	0.20 a	0.19 a	0.28 a	0.25 a
	酵解（1倍）	0.44 a	0.18 a	0.17 a	0.24 a	0.30 a	0.28 a
	酵解（2倍）	0.37 a	0.22 a	0.32 a	0.16 a	0.20 a	0.23 a
	酵解（3倍）	0.31 a	0.24 a	0.28 a	0.17 a	0.20 a	0.20 a
脲酶 [NH₃-N·mg/（g·d）]	清水	1.07 a	1.06 a	1.02 a	1.04 a	1.13 a	1.05 a
	氮肥	1.09 a	1.09 a	1.08 a	0.93 a	1.02 a	1.13 a
	传统豆浆	1.13 a	1.13 a	1.09 a	1.16 a	1.06 a	1.09 a
	酵解（1倍）	1.15 a	1.16 a	0.99 a	1.07 a	1.07 a	1.01 a
	酵解（2倍）	1.02 a	1.01 a	1.05 a	1.06 a	1.10 a	1.07 a
	酵解（3倍）	1.04 a	1.02 a	1.12 a	1.04 a	1.00 a	0.96 a

注：T1、T2、T3、T4、T5、T6 分别表示盆栽豆浆灌根后 5d、10d、15d、20d、25d、30d。

（二）豆浆灌根对土壤活性有机质和土壤蛋白的影响

1. 大田实验结果

由表 7-5 看出，传统豆浆和酵解豆粕处理后 5d、20d、35d 后的土壤蛋白含量显著高于清水对照；在豆浆灌根后55d、75d、95d，3种处理之间的土壤蛋白含量无显著差异。传统豆浆和酵解豆粕施用后5d，土壤活性有机质含量高于清水对照；豆浆灌根后20d、35d、55d，3种处理土壤活性有机质含量无显著差异；在豆浆灌根后75d和95d，传统豆浆和酵解豆粕处理后土壤活性有机质高于清水对照。在烟草生长过程中，土壤蛋白含量呈现出先降低后稳定的趋势，土壤活性有机质则呈现出先降低又升高的趋势。

表7-5　豆浆灌根对大田土壤活性有机质和土壤蛋白的影响

检测指标	处理	T1	T2	T3	T4	T5	T6	T7
活性有机质（mg/kg）	清水	344.6 a	331.8 b	300.3 b	274.0 a	262.2 a	221.2 a	338.1 a
	传统	362.7 a	426.6 a	356.4 a	321.5 a	304.9 a	187.7 a	354.8 a
	酵解	353.2 a	414.1 a	333.7 ab	291.5 a	317.7 a	192.1 a	362.4 a
土壤蛋白（mg/g）	清水	1.31 a	1.52 b	1.23 b	1.04 a	0.76 a	0.87 a	0.88 a
	传统	1.24 a	2.87 a	1.62 a	1.45 a	1.04 a	1.06 a	1.25 a
	酵解	1.36 a	2.57 a	1.58 a	1.51 a	1.19 a	1.05 a	1.18 a

注：T1、T2、T3、T4、T5、T6、T7分别表示大田豆浆灌根后0d、5d、20d、35d、55d、75d、95d。

由表7-6看出，大田状况下，传统豆浆和酵解灌根后30d，土壤蛋白含量显著高于清水和氮肥处理。灌根后45d，传统豆浆和酵解豆粕处理后的土壤蛋白含量仍高于清水和氮肥对照。豆浆灌根后75d、100d和120d，不同处理间的土壤蛋白含量无显著差异。与清水处理和氮肥对照相比，传统豆浆和酵解豆粕施用30d后，土壤活性有机质含量较高；之后直至豆浆灌根后100d（上部叶采收），不同处理间活性有机质含量无显著差异；采收结束后20d，传统豆浆和酵解豆粕处理后的活性有机质含量高于清水和氮肥处理。因此，豆浆灌根后土壤蛋白对烤烟生长的促进作用持续时间较长（45d），且随着烤烟生长进程不断消耗，直至下降到一定水平，豆浆灌根后活性有机质对烤烟生长的促进作用可能相对较短（7d），且随着烤烟生长进程不断消耗，至采收后期活性有机质含量有恢复上升趋势。

表7-6　豆浆灌根对大田土壤活性有机质和土壤蛋白的影响

检测指标	处理	T1	T2	T3	T4	T5
活性有机质（mg/kg）	清水	323.90 b	304.65 a	201.80 a	237.20 a	309.15 b
	氮肥	326.15 b	305.10 a	212.40 a	248.85 a	311.55 b
	传统豆浆	404.70 a	356.95 a	229.95 a	288.20 a	372.00 a
	酵解（1倍）	380.85 a	333.00 a	217.75 a	282.75 a	350.30 a
	酵解（2倍）	385.25 a	356.60 a	202.00 a	274.00 a	348.45 a
	酵解（3倍）	416.05 a	337.05 a	238.00 a	248.85 a	359.80 a

表7-6 （续）

检测指标	处理	T1	T2	T3	T4	T5
土壤蛋白（mg/g）	清水	1.90 b	1.69 b	1.21 a	1.05 a	1.05 a
	氮肥	1.84 b	1.61 b	1.32 a	1.08 a	1.04 a
	传统	2.54 a	1.97 a	1.54 a	1.26 a	1.21 a
	酵解（1倍）	2.31 a	1.80 a	1.49 a	1.19 a	1.25 a
	酵解（2倍）	2.39 a	1.90 a	1.58 a	1.27 a	1.33 a
	酵解（3倍）	2.40 a	1.94 a	1.52 a	1.24 a	1.28 a

注：T1、T2、T3、T4、T5分别表示大田豆浆灌根后30d、45d、75d、100d、120d。

2. 盆栽实验结果

为进一步说明豆浆灌根对土壤蛋白和土壤活性有机质含量的影响，通过设置不同浓度的传统豆浆盆栽实验（表7-7），结果表明，豆浆灌根后5d和20d，传统豆浆和酵解豆粕处理后的土壤蛋白含量均显著高于清水对照，且酵解豆粕处理后土壤蛋白含量高于传统豆浆；在灌根后5d和20d，当传统豆浆浓度增加3倍后，土壤蛋白含量分别增加了66.9%和46.7%。与清水对照相比，传统豆浆和酵解豆粕处理后5d和20d，土壤活性有机质无显著变化。

表7-7 豆浆灌根对盆栽土壤活性有机质和土壤蛋白的影响

检测指标	处理	T1	T2
活性有机质（mg/kg）	清水	653.77 a	525.12 a
	传统（1倍）	604.92 a	524.03 a
	传统（2倍）	692.62 a	557.47 a
	传统（3倍）	624.22 a	501.91 a
	酵解（1倍）	629.77 a	514.36 a
土壤蛋白（mg/g）	清水	0.90 c	0.71 c
	传统（1倍）	1.30 b	1.22 b
	传统（2倍）	1.57 b	1.28 b
	传统（3倍）	2.17 a	1.79 a
	酵解（1倍）	2.09 a	1.65 a

注：T1和T2分别表示豆浆灌根后5d和20d。

由表7-8看出，盆栽条件下，土壤活性有机碳含量在豆浆灌根后5d和10d显著高于对照，灌根后15d和20d，各处理之间无显著差别，灌根后25d和30d，豆浆处理后活性有机碳含量高于对照。除酵解豆粕处理15d时与对照无显著差异外，在其余4个时间点上，豆浆灌根处理的土壤蛋白含量均显著高于对照。

表7-8 豆浆灌根对土壤活性有机碳和土壤蛋白含量的影响

检测指标	处理	T1	T2	T3	T4	T5	T6	T7
活性有机质（mg/kg）	清水	351.2 a	326.2 b	305.1 b	212.4 a	248.9 a	311.5 b	323.1 b
	传统	369.1 a	404.7 a	357.0 a	229.9 a	288.2 a	372.0 a	388.3 a
	酵解	347.6 a	380.9 a	341.3 a	217.7 a	282.8 a	350.3 a	391.4 a
土壤蛋白（mg/g）	清水	1.98 a	2.04 b	1.91 b	1.85 b	1.68 b	1.74 b	1.70 b
	传统	2.04 a	2.55 a	2.37 a	2.24 a	1.96 a	2.01 a	2.27 a
	酵解	2.02 a	2.41 a	2.20 a	1.99 ab	1.90 a	1.98 a	2.35 a

注：T1、T2、T3、T4、T5、T6、T7分别表示大田豆浆灌根后0d、5d、10d、15d、20d、25d、30d。

四、讨论与结论

土壤酶活性、活性有机质和土壤蛋白是土壤生物学指标的重要组成部分。土壤酶作为一种生物催化剂，是土壤发育和土壤肥力演化的重要参与者，在土壤物质循环和能量转化过程中起着重要的催化作用，其酶促作用决定着有机、无机营养物质转化和释放速度，可以反映土壤中各种生物化学反应的强度和方向。蔗糖酶的活性强弱反映了土壤熟化程度和肥力水平，是表征土壤生物活性的重要酶之一。过氧化氢酶广泛存在于土壤和生物体内，直接参与生物呼吸过程的物质代谢，同时可以解除在呼吸过程中产生的对活细胞有害的过氧化氢。土壤磷酸酶活性高低可以反映土壤速效磷的供应状况，是评价土壤磷素生物转化方向与强度的指标。土壤脲酶直接参与土壤中含氮有机化合物的转化，其活性高低在一定程度上反映了土壤供氮水平状况。

活性有机质和土壤蛋白是较为新颖的土壤生物学指标，是康奈尔土壤健康评价体系的必备指标。活性有机质是土壤有机质的活性部分，是土壤中易氧化分解且能被微生物利用作为能源及碳源的土壤有机质。活性有机质包括了众多游离度较高的有机质，如植物残茬、根类物质、真菌菌丝、微生物及其渗出物如多糖等。因此，土壤活性有机质并非一种单纯的化合物，近年文献中常见的轻组有机碳、可溶性有机碳、水溶性有机碳、有效碳、潜在可矿化碳、微生物量碳、易氧化有机碳和热水提取碳等均属此范畴。已有研究表明，土壤活性有机质虽然只占土壤有机碳总量的较小部分，但由于是土壤中较为活跃的部分，对外界环境十分敏感，在土壤的物理、化学和生物过程中扮演着十分重要的角色，对于指示土壤碳库平衡、表征土壤肥力与质量具有重要意义。

土壤蛋白是球囊霉素土壤蛋白的简称。球囊霉素是丛枝菌根菌丝分泌产生的附着有金属离子（以铁离子为主，其含量为1%~9%）的一种糖蛋白，主要存在于丛枝菌根菌丝体和孢子壁层结构中，随着菌丝和孢子降解而进入土壤。研究表明，土壤蛋白在土壤中难溶于水，难以分解，在自然状态下极为稳定，是土壤有机质的重要组成部分，代表土壤有机质中的有机结合氮，也是土壤团聚体形成重要的黏合剂，在改善土壤有机结构、土壤特性和促进土壤物质循环中发挥着重要作用。因此，土壤蛋白对于土壤团聚化过程、土壤质量改善和评价具有非常重要的意义。因此，土壤活性有机质和土壤蛋白两个指标与土壤微生物活性和植株根系生长密切相关。

本研究发现，与清水处理相比，豆浆灌根后土壤过氧化氢酶、磷酸酶、脲酶变化不大，而土壤蔗糖酶在灌根初期显著较高，说明土壤蔗糖酶活性可能在豆浆灌根初期发挥了一定作用。此外，土壤活性有机质在豆浆灌根初期上升明显，表明豆浆灌根后在短期内可能促进土壤活性有机质的生成，而土壤活性有机质作为土壤中较为活跃的部分和微生物的主要碳源，必定在短期内促进烟株根系附近形成更加健康的土壤微生态环境，促进根系生长发育。与土壤蔗糖酶和活性有机质不同，土壤蛋白在豆浆灌根后较长时间内保持较高水平，表明土壤蛋白对烟草根系土壤健康微生态环境的改善作用可能更大，对根系生长发育的促进作用可能更强，这可能是豆浆灌根后的根系和地上部生物量较高的主要原因之一。

第二节　豆浆灌根对土壤微生物数量及多样性的影响

一、实验设计

见第六章第一节

二、样品分析

（一）土壤微生物 DNA 提取以及细菌和真菌含量的测定

采用土壤 DNA 专用提取试剂盒美国（MO BIO Laboratories 公司），提取土壤微生物基因组 DNA，将获得的 DNA 样品置于 $-20℃$ 保存。选取细菌的 16S rDNA 的 V4-V5 区及真菌 ITS1 区进行高通量测序分析。细菌所用引物序列为 515F（5′GTGCCAGC-MGCCGCGGTAA3′）和 926R（5′CCGTCAATTCMTTTGAGTTT3′），真菌所用引物序列为 ITS1F（5′CTTGGTCATTTAGAGGAAGTAA3′）和 ITS2R（5′GCTGCGTTCTTCATCGAT-GC3′）。参考 Hamilton 等和 Lauber 等的方法，通过荧光定量方法对细菌 16S rDNA 基因和真菌 ITS1 进行细菌和真菌数拷贝数测定。荧光定量标准曲线的制作：选用克隆文库中含有目标基因质粒的大肠杆菌在 37℃ 下培养，用 Axygen Plasmidminiprep 试剂盒提取质粒 DNA 后，用 Qubit 3.0 荧光定量仪（美国 Invitrogen 公司）测定质粒浓度，然后进行拷贝数的换算（http：//cels. uri. edu/gsc/ cndna. htmL）。将质粒 DNA 以 10 倍梯度稀释后制成标准样品，通过荧光定量 PCR，建立标准曲线。将不同浓度的质粒与 44 个土壤 DNA 样品进行荧光定量 PCR 测定，每个样品技术重复 3 次，并根据所得标准曲线计算出样品中的细菌和真菌的含量。荧光定量 PCR 总反应体系（25μL）：2× SRBR Premix Ex TaqTM Ⅱ 12.5μL，正反引物各 1μL，DNA 模板 5μL，最后加 ddH$_2$O 补至 25μL。PCR 反应条件：95℃ 预变性 10min；95℃ 变性 30s，56℃ 退火 30s，72℃ 延伸 30s，40 个循环。荧光定量 PCR 仪为 FTC-3000TM（加拿大 Funglyn Biotech 公司）。

（二）文库的构建

根据 Illumina Miseq 高通量双向测序的要求，设计细菌 16S rDNA V4-V5 区域引物（515F：5′AATGATACGGCGACCACCGAGATCTACAC‐NNNNNNNN‐TCTTTCCCTACAC‐GACGCTCTTCCGATCT‐GTGCCAGCMGCCGCGGTAA3′）和带有 Miseq 接头的特异引物（926R：5′CAAGCAGAAGACGGCATACGAGAT‐NNNNNNN‐GTGACTGGAGTTCCTTG‐GCACCCGAGAATTCCA‐CCGTCAATTCMTTTGAGTTT3′），以及真菌 ITS 区域的特异引物（ITS1F：5′AATGATACGGCGACCACCGAGATCTACAC‐NNNNNNNN‐TCTTTCCCTACAC‐GACGCTCTTCCGATCT‐CTTGGTCATTTAGAGGAAGTAA3′）和带有 Miseq 接头的特异引物（ITS2R：5′CAAGCAGAAGACGGCATACGAGAT‐NNNNNNNN‐GTGACTGGAGTTCCTTGGCACCCGAGAATTCCA‐GCTGCGTTCTTCATCGATGC3′）。采用两步 PCR 扩增的方法构建细菌 16S rDNA Miseq 高通量文库和真菌 ITS Miseq 高通量文库。具体方法：以土壤微生物总 DNA 为模板，采用特异引物扩增目的片段，切胶回收 PCR 扩增产物电泳检测效果较好的样品［AxyPrep DNA 凝胶回收试剂盒（美国 AXYGEN 公司）］。以回收的 PCR 产物为模板进行第二次 PCR 扩增挖胶回收，用荧光定量 PCR 仪 FTC‐3000TM 定量，均一化混匀后送样测序。

（三）Miseq 高通量测序

利用 Illumina MiSeq 测序平台（上海微基生物有限公司）对土壤样品细菌 16S rDNA V4-V5 区和真菌 ITS 区扩增子进行测序。测序完成后，对有效序列进行质控、拼接和精确去杂等处理，得到优化序列。

基因组 DNA 质控 → 设计并合成引物接头 → PCR扩增和产物纯化 → PCR产物定量和均一化 → MiSeq 高通量测序

（四）土壤细菌和真菌的 Alpha 多样性分析

群落生态学中研究微生物多样性，通过多样性分析（Alpha 多样性）可以反映微生物群落的丰度和多样性，包括一系列统计学分析指数估计环境群落的物种丰度和多样性。Alpha 多样性包括 Chao 指数、Ace 指数、香农指数以及辛普森指数等。前面 3 个指数越大，最后一个指数越小，说明样品中的物种越丰富。其中，Chao 指数和 Ace 指数反映样品中群落的丰富度，即简单指群落中物种的数量，而不考虑群落中每个物种的丰度情况；而香农指数以及辛普森指数反映群落的多样性，受样品群落中物种丰富度和物种均匀度的影响。相同物种丰富度的情况下，群落中各物种具有越大的均匀度，则认为群落具有越大的多样性。

（五）数据处理

根据序列 97% 的相似度将优化后的序列归为多个操作分类单元（OTU）。应用 Mothur 软件（www. mothur. org/）将 OTU 的代表序列与数据库中的已知序列进行比对，根据 97% 的相似度确定 16S rDNA 序列所代表的细菌类别和 ITS 序列所代表的真菌类别，得到细菌和真菌 OTUs 的分类信息。

某菌群的丰度比例＝所测某菌的 OTU 序列数/总 OTU 序列数×100%

利用 Mothur 软件进行细菌和真菌的 Alpha 多样性分析，Chao 指数（http：//www. mothur. org/wiki/Chao）、Ace 指数（http：//www. mothur. org/wiki/Ace）、香农指数（http：//www. mothur. org/wiki/Shannon）、辛普森指数（http：//www. mothur. org/wiki/Simpson）。

试验数据采用 Microsoft Excel 2013 和 SPSS 19.0 进行整理和统计分析，单因素法方差分析和 Duncan's 新复极差法比较检验显著性差异，Pearson 相关系数双侧检验相关性。

三、结果分析

（一）豆浆灌根对土壤微生物数量的影响

1. 土壤基因组提取及标准曲线建立

对三门峡实验区部分土壤样本进行基因组 DNA 抽提，琼脂糖凝胶电泳检测土壤样本，由图 7-1 可知，基因组条带可见，后续实验根据浓度加入一定量进行后续 PCR 扩增实验。文库构建采用两步 PCR 扩增的方法，PCR 产物的凝胶回收检测，亮度适中，显示 PCR 产物回收效果良好（图 7-2）。

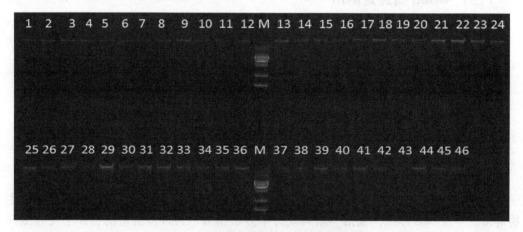

图 7-1　土壤样品基因组 DNA 电泳检测

注：M 为 DL9000 Marker，从上至下条带依次为 9 000bp、5 000bp、3 000bp、2 000bp、1 000bp、500bp。

图 7-3 和图 7-4 为细菌和真菌 qPCR 目的片段质粒的扩增标准曲线，斜率分别为 0.997 5 和 0.997 3，可靠性较好，能够较为准确地用于计算土壤样品中细菌和真菌的拷贝数量。

2. 豆浆灌根对土壤微生物数量的影响

由图 7-5 看出，豆浆灌根显著提高了土壤中细菌和真菌的数量，尤其是在灌根后 20d 以内表现较为明显。豆浆灌根前，土壤中微生物数量差别不大；酵解豆粕处理后 5d，土壤中细菌和真菌数量达到最大值，分别为 $9.34×10^8$ cfu/g 和 $15.82×10^6$ cfu/g，分

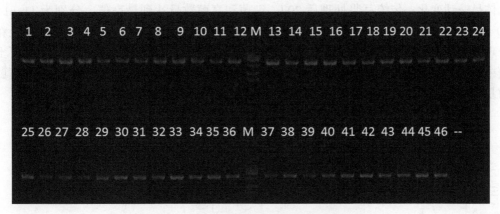

图 7-2　特异引物 PCR 产物的凝胶回收检测

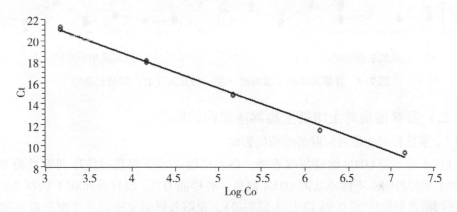

图 7-3　细菌 qPCR 目的片段质粒标准曲线

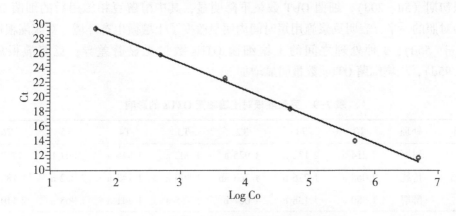

图 7-4　真菌 qPCR 目的片段质粒标准曲线

别是对照的 7.7 倍和 11.6 倍，随后开始下降，在处理后 35d 处于相对低点，之后微生物数量出现上升（55d），在灌根后 75d 达到最低点，在烟株收获后（95d）数量上升，总体呈波动变化；传统豆浆处理后 20d，细菌和真菌数量达到最高值，分别为 $11.61 \times 10^8 cfu/g$ 和 $15.70 \times 10^6 cfu/g$，分别是对照的 7.1 倍和 6.7 倍，之后变化趋势与酵解豆粕处理相似；清水对照处理后的细菌与真菌数量相对稳定。总体来看，豆浆灌根促进了土壤中细菌和真菌的快速繁殖，在灌根后的烟草生育期内，细菌数量整体高于对照，真菌数量在灌根初期较高，灌根 1 个月后与对照处理差别不大。

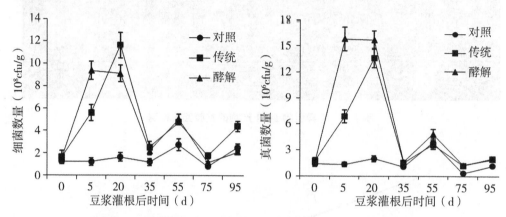

图 7-5　豆浆灌根对土壤细菌（左）和真菌（右）数量的影响

（二）豆浆灌根对土壤微生物群落结构的影响

1. 豆浆灌根对土壤细菌群落结构的影响

（1）土壤细菌 OTUs 数量与维恩图。在相似度 97% 下将获得的序列聚类为 OTUs，统计每个采样时间点不同样品的 OTUs 数目，各样品 OTUs 数目分布在 1 107~2 132 之间，序列覆盖率均达到 0.98 以上（表 7-9），说明各样品文库包含了细菌群落的绝大多数细菌类群，基本能反映群落结构组成，但仍有少量细菌种类尚未被发现。此外，豆浆灌根初期（5d、20d），细菌 OUT 数量下降明显，其中酵解豆粕施用后的细菌 OUTs 数量为对照的一半，表明豆浆施用短时间内明显改变了土壤微生态环境。豆浆灌根后中期（35d、55d），3 种处理之间的土壤细菌 OTUs 数量无显著差异；豆浆灌根后期（75d、95d），土壤细菌 OTUs 数量明显增加。

表 7-9　豆浆灌根对土壤细菌 OTUs 的影响

项目	处理	T0	T1	T2	T3	T4	T5	T6
OTUs	对照	2 214 a	2 132 a	1 925 a	1 902 a	1 844 a	1801 b	1947 b
	传统	2 068 a	1 776 b	1 768 ab	1 890 a	1 743 a	2 022 a	2 183 a
	酵解	1 980 a	1 138 c	1 007 b	1 785 a	1 741 a	1 968 a	2 110 a
覆盖率	对照	0.986	0.988	0.986	0.988	0.987	0.982	0.985
	传统	0.984	0.984	0.984	0.981	0.989	0.987	0.988
	酵解	0.989	0.985	0.984	0.982	0.986	0.983	0.985

注：T1、T2、T3、T4、T5、T6 分别表示大田豆浆灌根后 5d、20d、35d、55d、75d、95d。

由于豆浆灌根的初期和后期微生物数量变化区别较大，为进一步明确豆浆灌根对微生物群体的影响，将豆浆灌根分成两个时期，即灌根初期（5d、20d）和灌根后期（35d、55d、75d、95d）。在计算土壤微生物（细菌和真菌）的多样性指数时，Sobs 即为得到的 OTUs 的总数量，方差分析时 Sobs 数值结果即为不同处理微生物 OTUs 总数量的比较结果。由图 7-6 看出，豆浆灌根初期，对照与传统豆浆处理之间 Sobs（OTUs 总数量）无显著差异，但均显著高于酵解豆粕处理；豆浆灌根后期，3 种处理之间 OTUs 总数量无显著差异。

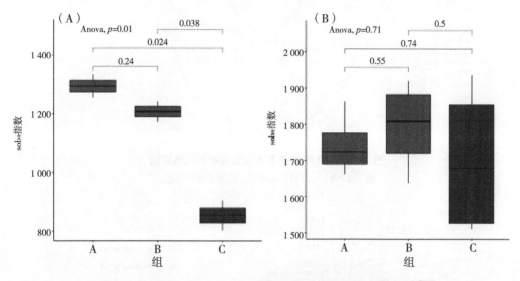

图 7-6　豆浆灌根初期（A）和后期（B）土壤细菌 Sobs 数量变化比较
注：图中横坐标 A、B、C 分别表示对照、传统和酵解处理的样本，下同。

由不同处理样品间维恩图看出（图 7-7），对照、传统豆浆和酵解豆粕处理后的 OTU 数目分别为 2 880 个、2 845 个和 2 810 个；3 种处理共有的 OTU 数目为 2 594 个；对照与传统豆浆共有的 OTU 数目为 2 721 个，对照与酵解豆粕共有的 OTU 数目为 2 699 个。对照、传统豆浆和酵解豆粕特有的 OTU 数目分别为 54 个、42 个和 29 个。

（2）土壤细菌门水平群落结构分析。土壤样品的分析结果显示，除未分类门（Unclassified）之外，土壤中的细菌归属于 42 个菌门（phylum）、49 个菌纲（class）、92 个菌目（order）、150 个菌科（family）、372 个菌属（genus）和 1 588 个菌种（species）。所占比例较高的有 14 个菌门（图 7-8），分别为变形菌门（Proteobacteria）、放线菌门（Actinobacteria）、拟杆菌门（Bacteroidetes）、酸杆菌门（Acidobacteria）、绿弯菌门（Chloroflexi）、芽单胞菌门（Gemmatimonadetes）、浮霉菌门（Planctomycetes）、厚壁菌门（Firmicutes）、硝化螺旋菌门（Nitrospirae）、蓝细菌（Cyanobacteria）、栖热菌门（Deinococcus–Thermus）、疣微菌门（Verrucomicrobia）、装甲菌门（Armatimonadetes）和迷踪菌门（Elusimicrobia）。其中，变形菌门、放线菌门、拟杆菌门、酸杆菌门、绿弯菌门和芽单胞菌门占细菌群落总 OTU 数量的比例均超过 5%，合计为 87.37%，为该区土壤细菌的优势菌门，而未知菌门（Unclassified）占比 0.53%，相对较小。

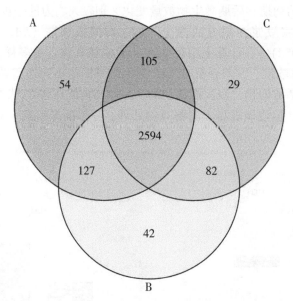

图7-7　0.97相似度下不同处理样品间维恩图

注：A、B、C分别表示对照、传统和酵解处理。

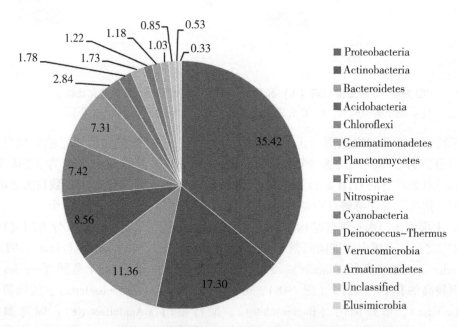

图7-8　土壤细菌门水平的群落相对丰度分布（%）

由图7-9看出，豆浆灌根对土壤细菌门水平的群落分布占比影响不同。变形菌门（Proteobacteria）占比在对照中为29.40%，传统豆浆和酵解豆粕处理后则显著较高，分别为40.21%和36.64%；与对照（18.53%）相比，拟杆菌门占比（Bacteroidetes）在传统豆浆（12.89%）和酵解豆粕（13.33%）处理后也显著提高。此外，与对照相比，豆浆灌根后酸杆菌门（Acidobacteria）和迷踪菌门（Elusimicrobia）的占比下降显著，其中酸杆菌门由 12.00%（对照）分别下降到 7.40%（传统豆浆）和 6.28%（酵解豆粕），迷踪菌门（Elusimicrobia）由 0.51% 分别下降到 0.24% 和 0.23%。装甲菌门（Armatimonadetes）占比在酵解豆粕施用后由 1.12% 下降到 0.65%。豆浆灌根对土壤中其他 9 种主要菌门的影响不大。

由图 7-10 看出，灌根初期，与对照相比（30.31%），变形菌门（Proteobacteria）和拟杆菌门（Bacteroidetes）占比在传统豆浆处理后分别上升至 46.97% 和 18.92%，在酵解豆粕处理后分别上升至 50.16% 和 19.93%。与对照相比，酸杆菌门（Acidobacteria）、绿弯菌门（Chloroflexi）、浮霉菌门（Planctomycetes）、硝化螺旋菌门（Nitrospirae）和迷踪菌门（Elusimicrobia）的占比在豆浆灌根后显著下降；传统豆浆处理后，放线菌门（Actinobacteria）占比下降了近 10%；酵解豆粕处理后，芽单胞菌门（Gemmatimonadetes）和装甲菌门（Armatimonadetes）占比下降显著，而厚壁菌门（Firmicutes）占比则上升明显。蓝细菌（Cyanobacteria）和栖热菌门（Deinococcus-Thermus）占比在豆浆灌根初期变化不大。

由图 7-11 看出，豆浆灌根后期对土壤细菌门水平群落影响不大。与对照相比，主要 14 种细菌门类相对丰度无显著差异。

综合来看，豆浆灌根对土壤微生物的影响主要发生在豆浆施用初期阶段。传统豆浆和酵解豆粕对土壤微生物的影响既有共性也有差异。共性主要表现在：豆浆灌根后土壤中变形菌门（Proteobacteria）和拟杆菌门（Bacteroidetes）繁殖较快，其相对丰度上升明显；同时，酸杆菌门（Acidobacteria）、绿弯菌门（Chloroflexi）、浮霉菌门（Planctomycetes）、硝化螺旋菌门（Nitrospirae）和迷踪菌门（Elusimicrobia）的占比在灌根后下降显著，表明豆浆灌根短期内明显改变了土壤的微生物群落分布和微生态环境。差异主要表现在：传统豆浆施用后放线菌门（Actinobacteria）占比相对下降，酵解豆粕施用后的芽单胞菌门（Gemmatimonadetes）和装甲菌门（Armatimonadetes）占比相对下降，而厚壁菌门（Firmicutes）占比有所上升，这可能由传统豆浆与酵解豆粕自身性质不同造成的。

（3）土壤细菌属水平群落结构分析。总体来看，除未分类的属（Unclassified）之外，土壤中的细菌相对丰度高于 1.0% 的优势细菌属有 9 个（图 7-12），分别为溶杆菌属（Lysobacter）、链霉菌属（Streptomyces）、假节杆菌属（Pseudarthrobacter）、产黄杆菌属（Rhodanobacter）、水恒杆菌属（Mizugakiibacter）、假单胞菌属（Pseudomonas）、硝化螺菌属（Nitrospira）、Gaiella 和特吕珀菌属（Truepera）。

按丰度排序，豆浆处理初期，对照、传统和酵解的细菌前 20 优势属丰度之和分别为 20.59%、35.41% 和 47.35%（表 7-10），对照细菌属丰度相对较低，这可能与其未分类属占比相对较高有关。

不同处理间细菌属丰度有所差异，例如，对照处理细菌属丰度超过 1% 的有 7 个，分别为链霉菌属（Streptomyces）、溶杆菌属（Lysobacter）、Gaiella、假节杆菌属（Pseudarthrobacter）、特吕珀菌属（Truepera）、芽单胞菌属（Gemmatimonas）和硝化螺菌属（Nitrospira）。

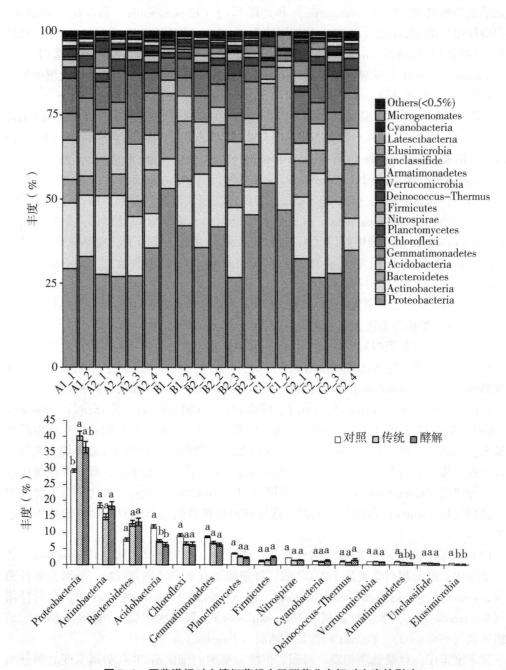

图 7-9　豆浆灌根对土壤细菌门水平群落分布相对丰度的影响

传统豆浆处理细菌属丰度超过 1% 的有 12 个，除 4 个与对照相同外，还有假单胞菌属（*Pseudomonas*）、黄杆菌属（*Flavobacterium*）、产黄杆菌属（*Rhodanobacter*）、*Pseudoduganella*、*Massilia*、鞘氨醇杆菌属（*Sphingobacterium*）、噬几丁质菌属（*Chitinophaga*）和假黄单胞菌属（*Pseudoxanthomonas*）。

酵解豆粕处理细菌属丰度超过 1% 的也有 12 个，除 3 个与对照相同外，还有鞘脂单胞

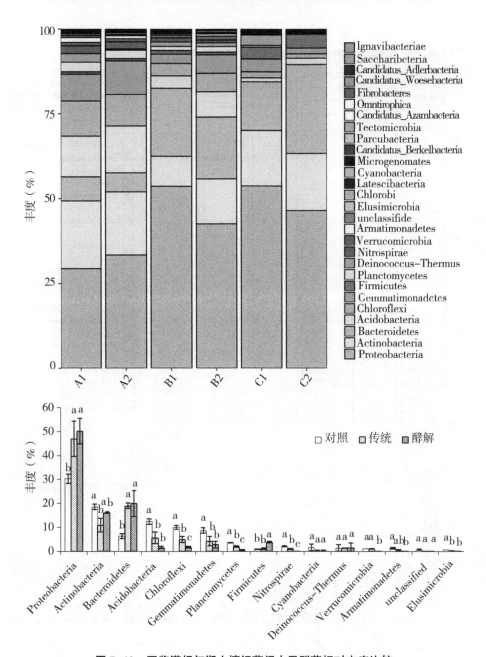

图 7-10 豆浆灌根初期土壤细菌门水平群落相对丰度比较

菌属（*Sphingomonas*）、藤黄色杆菌属（*Luteibacter*）、克雷白氏杆菌（*Klebsiella*）、假单胞菌属（*Pseudomonas*）、产黄杆菌属（*Rhodanobacter*）、水恒杆菌属（*Mizugakiibacter*）、*Massilia*、*Pseudoduganella*。

值得注意的是，传统豆浆处理后的假单胞菌属（*Pseudomonas*）和黄杆菌属（*Flavobacterium*）丰度超过 5%，为优势菌群；酵解豆粕处理后的溶杆菌属（*Lysobacter*）和链霉菌属（*Streptomyces*）为优势菌群。

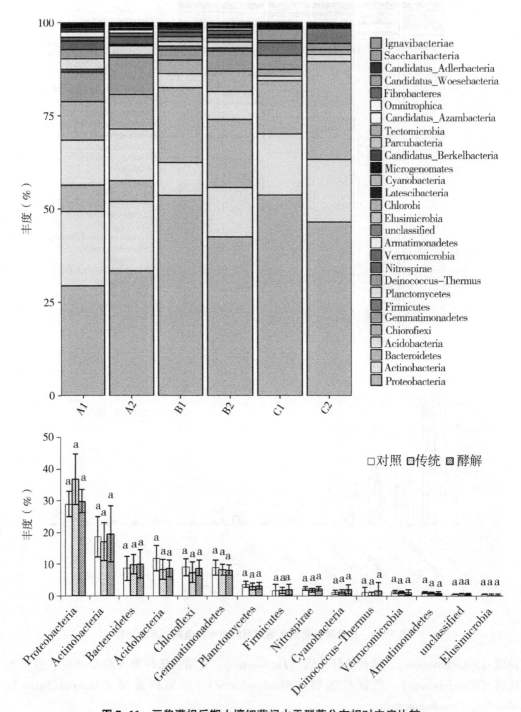

图 7-11 豆浆灌根后期土壤细菌门水平群落分布相对丰度比较

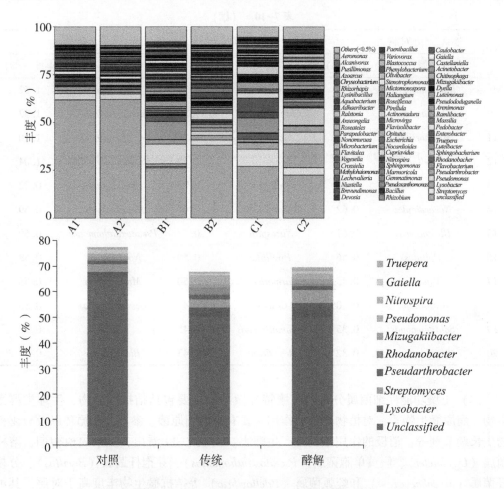

图 7-12　豆浆灌根对土壤细菌属水平群落分布相对丰度的影响

表 7-10　豆浆灌根初期土壤中细菌优势属分布表

排序	对照		传统		酵解	
	属	丰度(%)	属	丰度（%）	属	丰度（%）
1	*Streptomyces*	2.78	*Pseudomonas*	5.97	*Lysobacter*	12.20
2	*Lysobacter*	2.77	*Flavobacterium*	5.44	*Streptomyces*	6.23
3	*Gaiella*	1.67	*Lysobacter*	3.92	*Sphingobacterium*	4.51
4	*Pseudarthrobacter*	1.55	*Rhodanobacter*	2.03	*Luteibacter*	3.72
5	*Truepera*	1.12	*Pseudarthrobacter*	1.97	*Klebsiella*	3.53
6	*Gemmatimonas*	1.07	*Pseudoduganella*	1.77	*Pseudomonas*	3.05
7	*Nitrospira*	1.05	*Massilia*	1.65	*Pseudarthrobacter*	2.21
8	*Roseiflexus*	0.95	*Streptomyces*	1.59	*Rhodanobacter*	1.61

表 7-10　（续）

排序	对照		传统		酵解	
	属	丰度(%)	属	丰度（%）	属	丰度（%）
9	*Rhodanobacter*	0.92	*Sphingomonas*	1.39	*Truepera*	1.52
10	*Haliangium*	0.82	*Chitinophaga*	1.30	*Mizugakiibacter*	1.32
11	*Marmoricola*	0.78	*Pseudoxanthomonas*	1.29	*Massilia*	1.20
12	*Pirellula*	0.74	*Truepera*	1.12	*Pseudoduganella*	1.04
13	*Mizugakiibacter*	0.68	*Opitutus*	0.76	*Chitinophaga*	0.92
14	*Nocardioides*	0.62	*Nocardioides*	0.61	*Mesorhizobium*	0.69
15	*Blastococcus*	0.61	*Nitrospira*	0.57	*Pseudoxanthomonas*	0.69
16	*Opitutus*	0.56	*Pirellula*	0.50	*Nocardioides*	0.58
17	*Massilia*	0.45	*Marmoricola*	0.50	*Marmoricola*	0.56
18	*Rhizorhapis*	0.40	*Gaiella*	0.48	*Gemmatimonas*	0.33
19	*Sphingomonas*	0.33	*Gemmatimonas*	0.45	*Gaiella*	0.28
20	*Mesorhizobium*	0.32	*Roseiflexus*	0.43	*Blastococcus*	0.27

（4）土壤功能性细菌属分析。土壤特异微生物主要包括拮抗微生物、生理类群微生物、病原微生物等；对植物积极的作用主要有抑制病原菌、参与养分循环以及分泌植物生长调节剂等，消极的作用主要是产生病害。由表 7-11 看出，豆浆灌根初期，溶杆菌属（*Lysobacter*）、假黄单胞菌属（*Pseudoxanthomonas*）、芽孢杆菌属（*Bacillus*）、分枝杆菌属（*Mycobacterium*）和蛭弧菌属（*Bdellovibrio*）等拮抗微生物丰度高于对照，其可通过溶菌作用或产生抗生素类物质等方式对土传病原菌产生拮抗作用。生理类群微生物参与土壤碳氮循环，直接影响土壤肥力，不同细菌属在豆浆灌根前后表现差异较大，如假单胞菌属（*Pseudomonas*）在对照中的丰度（0.11%）显著低于传统豆浆（5.97%）和酵解豆粕（3.05%），链霉菌属（*Streptomyces*）和克雷白氏杆菌（*Klebsiella*）在酵解豆粕处理后的丰度分别为 6.23% 和 3.53%，显著高于传统（1.59% 和 0.04%）和对照（2.78% 和 0.01%），鞘脂单胞菌属（*Sphingomonas*）在传统豆浆处理后的丰度（1.39%）明显高于酵解（0.33%）和对照处理（0.20%）；细菌中与有机物和纤维素分解有关的链霉菌属（*Streptomyces*）、*Massilia*、鞘氨醇杆菌属（*Sphingobacterium*）、噬胞菌属（*Rhodocytophaga*）、纤维弧菌属（*Cellvibrio*）在豆浆灌根后丰度均显著升高；硝化和亚硝化细菌硝化螺菌属（*Nitrospira*）在对照中的丰度高于传统豆浆和酵解豆粕，水恒杆菌属（*Mizugakiibacter*）在对照中的丰度高于传统豆浆，低于酵解豆粕；固氮细菌类芽单胞菌属（*Gemmatimonas*）在对照中的丰度高于传统豆浆和酵解豆粕，*Devosia* 和 *Dongia* 丰度则低于豆浆灌根处理。致病菌 *Aquicella* 在对照的相对丰度高于豆浆灌根处理。

表 7-11　豆浆灌根初期土壤中特异细菌丰度变化（%）

菌类别	功能描述	对照	传统	酵解
假单胞菌属（*Pseudomonas*）	产生植物生长激素，固氮解磷	0.11	5.97	3.05
溶杆菌属（*Lysobacter*）	生防细菌，具溶菌作用	2.77	3.92	12.20
链霉菌属（*Streptomyces*）	矿化复杂有机物	2.78	1.59	6.23
产黄杆菌属（*Rhodanobacter*）	降解有机物	0.92	2.03	1.61
水恒杆菌属（*Mizugakiibacter*）	缺氧条件下硝酸盐还原亚硝酸盐	0.68	0.23	1.32
硝化螺菌属（*Nitrospira*）	硝化细菌	1.05	0.57	0.12
Massilia	降解纤维素	0.45	1.65	1.20
芽单胞菌属（*Gemmatimonas*）	固氮	1.07	0.45	0.33
鞘脂单胞菌属（*Sphingomonas*）	解钾	0.33	1.39	0.20
藤黄色杆菌属（*Luteibacter*）	植物促生细菌	0.03	0.18	3.72
鞘氨醇杆菌属（*Sphingobacterium*）	降解有机物	0.00	0.13	4.51
假黄单胞菌属（*Pseudoxanthomonas*）	抗多种植物病害	0.05	1.29	0.69
Pseudoduganella	健康土壤标志细菌之一	0.05	1.77	1.04
噬几丁质菌属（*Chitinophaga*）	降解几丁质	0.10	1.30	0.92
克雷白氏杆菌（*Klebsiella*）	解磷	0.01	0.04	3.53
芽孢杆菌（*Bacillus*）	PGPR 菌	0.23	0.35	0.60
分枝杆菌（*Mycobacterium*）	拮抗多种真菌产生的病害	0.08	0.17	0.19
蛭弧菌属（*Bdellovibrio*）	溶菌作用	0.01	0.03	0.05
Devosia	共生固氮	0.25	0.45	0.37
Dongia	固氮	0.02	0.04	0.04
噬胞菌属（*Rhodocytophaga*）	降解纤维素	0.01	0.03	0.03
纤维弧菌属（*Cellvibrio*）	降解纤维素	0.03	0.05	0.05
Aquicella	致病菌	0.10	0.05	0.05

2. 豆浆灌根对土壤真菌群落分布的影响

（1）土壤真菌 OTUs 数量与维恩图。在相似度 97% 下将获得的序列聚类为 OTU，统计每个采样时间点不同样品的 OTU 数目，各样品 OTU 数目分布在 163~324 之间，序列覆盖率均达到 0.999（表 7-12），说明各样品文库包含了真菌群落的绝大部分真菌类群，基本能反映群落结构组成。由表 7-12 看出，豆浆灌根初期（5d、20d），细菌 OUT 数量下降明显，其中酵解豆粕施用后的细菌 OUT 数量为对照的一半，表明豆浆施用短时间内明显改变了土壤微生态环境。豆浆灌根后中期（35d、55d），3 种处理之间的土壤细菌 OTUs 数量无显著差异；豆浆灌根后期（75d、95d），豆浆灌根后土壤细菌 OTUs 数量显著高于对照。

表 7-12　豆浆灌根对土壤真菌 OTUs 数量的影响

项目	处理	T0	T1	T2	T3	T4	T5	T6
OTUs	对照	268 a	249 a	270 a	223 b	243 a	272 b	227 b
	传统	270 a	273 a	290 a	290 a	234 a	309 a	287 a
	酵解	261 a	165 b	163 b	176 b	168 b	324 a	316 a
覆盖率	对照	0.999	0.999	0.999	0.999	0.999	0.999	0.999
	传统	0.999	0.999	0.999	0.999	0.999	0.999	0.999
	酵解	0.999	0.999	0.999	0.999	0.999	0.999	0.999

由于豆浆灌根的初期和后期微生物数量变化区别较大，为进一步明确豆浆灌根对微生物群体的影响，将豆浆灌根分成两个时期，即灌根初期（5d、20d）和灌根后期（35d、55d、75d、95d）。在计算土壤微生物（细菌和真菌）的多样性指数时，Sobs 即为得到的 OTUs 的总数量，方差分析时 Sobs 指数结果即为不同处理微生物 OTUs 总数量的比较结果。由图 7-13 看出，豆浆灌根初期，对照与传统豆浆处理之间 Sobs（OTUs 总数量）无显著差异，但均极显著高于酵解豆粕处理；豆浆灌根后期，3 种处理之间 OTUs 总数量无显著差异。

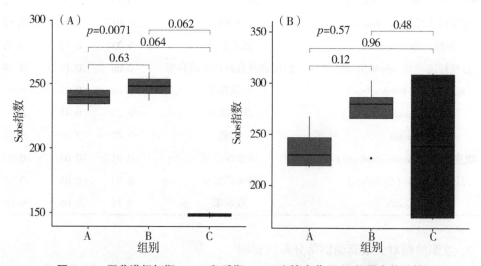

图 7-13　豆浆灌根初期（A）和后期（B）土壤真菌 Sobs 数量变化比较

由不同处理样品间维恩图看出（图 7-14），对照、传统豆浆和酵解豆粕处理后的 OTU 数目分别为 703 个、743 个和 628 个；3 种处理共有的 OTU 数目为 354 个；对照与传统豆浆共有的 OTU 数目为 424 个，对照与酵解豆粕共有的 OTU 数目为 2 699 个。对照、传统豆浆和酵解豆粕特有的 OTU 数目分别为 167 个、178 个和 105 个。

（2）土壤真菌门水平群落结构分析。土壤样品的分析结果显示，除未分类门（unclassified）之外，土壤中的细菌归属于 5 个菌门、23 个菌纲（class）、66 个菌目（order）、125 个菌科、210 个菌属和 328 个菌种。所占比例较高的有 3 个菌门（图 7-

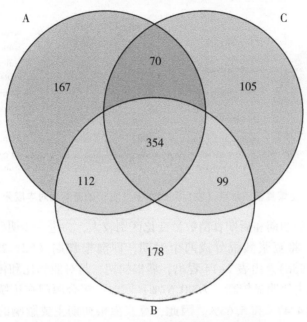

图 7-14　0.97 相似度下不同处理样品间维恩图

注：A、B、C 分别表示对照、传统和酵解处理。

15）分别为子囊菌门（Ascomycota）、接合菌门（Zygomycota）、担子菌门（Basidiomycota），其相对丰度分别为 81.31%、7.75% 和 5.34%；壶菌门（Chytridiomycota）和球囊菌门（Glomeromycota）所占比例较低，分别为 0.41% 和 0.36%，而未知菌门（unclassified）占比 4.69%。

所占比例较高的 3 个纲（亚门）为粪壳菌纲（Sordariomycetes）、被孢毛霉亚门（Mortierellomycotina）、座囊菌纲（Dothideomycetes）和散囊菌纲（Eurotiomycetes），其相对丰度分别为 58.83%、7.39%、5.38% 和 5.14%；盘菌亚门（Pezizomycotina）、伞菌纲（Agaricomycetes）、银耳纲（Tremellomycetes）、锤舌菌纲（Leotiomycetes）和未分类的子囊菌门（unclassified_Ascomycota）相对丰度也均超过了 1%，未知菌纲比例为 9.80%。

由表 7-13 看出，与对照相比，豆浆灌根后土壤中 5 种主要的真菌门类即子囊菌门、接合菌门、担子菌门、壶菌门和球囊菌门均无明显变化，说明豆浆灌根对真菌群落的影响较小。

表 7-13　豆浆灌根对土壤真菌门水平群落分布相对丰度的影响　　　　（%）

处理	土壤真菌群落					
	Ascomycota	Zygomycota	Basidiomycota	Chytridiomycota	Glomeromycota	未分类
对照	79.22 a	9.72 a	4.85 a	0.53 a	0.24 a	5.44 a
传统	80.20 a	8.48 a	4.93 a	0.49 a	0.39 a	5.50 a
酵解	84.86 a	5.01 a	6.22 a	0.24 a	0.45 a	3.22 a

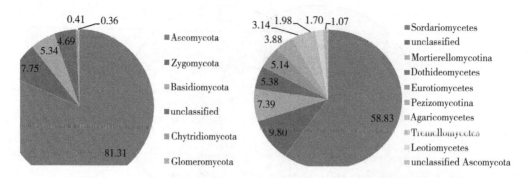

图7-15 土壤真菌门水平（左）和纲水平（右）的群落相对丰度分布（%）

由于豆浆灌根的初期和后期真菌数量变化区别较大，为进一步明确豆浆灌根对真菌群落结构的影响，将豆浆灌根分成两个时期，即灌根初期（5d、20d）和灌根后期（35d、55d、75d、95d）。由表7-14看出，灌根初期，与对照相比和传统豆浆相比，酵解豆粕的子囊菌门占比明显较高，为90.57%；同时，接合菌门在传统豆浆和酵解豆粕处理后分别下降至4.47%和5.66%。因此，豆浆灌根初期主要影响的真菌是子囊菌门和接合菌门，对其他真菌无明显影响。

表7-14 豆浆灌根初期土壤细菌门水平群落相对丰度比较 （%）

处理	土壤细菌群落					
	Ascomycota	Zygomycota	Basidiomycota	Chytridiomycota	Glomeromycota	未分类
对照	74.59 b	13.92 a	5.19 a	0.71 a	0.26 a	5.34 a
传统	81.35 b	4.97 b	3.47 a	0.80 a	0.52 a	8.79 a
酵解	90.57 a	5.66 b	1.33 a	0.31 a	0.50 a	1.64 a

由表7-15看出，灌根后期，与对照相比，土壤中5种主要的真菌门类即子囊菌门、接合菌门、担子菌门、壶菌门和球囊菌门均无明显变化，说明豆浆灌根后期对真菌群落的影响较小。

表7-15 豆浆灌根后期土壤细菌门水平群落相对丰度比较 （%）

处理	土壤细菌群落					
	Ascomycota	Zygomycota	Basidiomycota	Chytridiomycota	Glomeromycota	未分类
对照	81.53 a	7.46 a	4.43 a	0.40 a	0.20 a	5.98 a
传统	79.63 a	10.03 a	5.66 a	0.24 a	0.27 a	4.17 a
酵解	80.23 a	4.58 a	10.48 a	0.06 a	0.25 a	4.40 a

（3）土壤真菌属水平群落结构分析。由表7-16看出，不同处理间真菌属丰度有所

差异，对照处理细菌属丰度超过 1% 的有 13 个，分别为 *Acrophialophora*、被孢霉属（*Mortierella*）、镰刀霉属（*Fusarium*）、隐球酵母属（*Cryptococcus*）、假裸囊菌属（*Pseudogymnoascus*）、青霉菌属（*Penicillium*）、毛壳菌属（*Chaetomium*）、*Paramyrothecium*、土赤壳属（*Ilyonectria*）、*Tetracladium*、帚霉属（*Scopulariopsis*）、腐质霉属（*Humicola*）和赤霉菌属（*Gibberella*）。

传统豆浆处理细菌属丰度超过 1% 的有 10 个，包括毛壳菌属（*Chaetomium*）、木霉属（*Trichoderma*）、*Acrophialophora*、曲霉属（*Aspergillus*）、镰刀霉属（*Fusarium*）、被孢霉属（*Mortierella*）、小球腔菌属（*Leptosphaeria*）、篮状菌属（*Talaromyces*）、*Borealophlyctis*、赤霉菌属（*Gibberella*）。

酵解豆粕处理细菌属丰度超过 1% 的有 8 个，包括支顶孢属（*Acremonium*）、镰刀霉属（*Fusarium*）、毛壳菌属（*Chaetomium*）、被孢霉属（*Mortierella*）、青霉菌属（*Penicillium*）、*Rhizopus*、曲霉属（*Aspergillus*）、赤霉菌属（*Gibberella*）。

表 7-16　豆浆灌根初期土壤中真菌优势属分布表

排序	对照		传统		酵解	
	属	丰度（%）	属	丰度(%)	属	丰度(%)
1	*Acrophialophora*	16.58	*Chaetomium*	10.75	*Acremonium*	31.50
2	*Mortierella*	13.83	*Trichoderma*	8.00	*Fusarium*	10.56
3	*Fusarium*	5.13	*Acrophialophora*	6.16	*Chaetomium*	8.26
4	*Cryptococcus*	3.30	*Aspergillus*	5.70	*Mortierella*	3.43
5	*Pseudogymnoascus*	2.33	*Fusarium*	5.60	*Penicillium*	2.55
6	*Penicillium*	2.22	*Mortierella*	4.23	*Rhizopus*	2.15
7	*Chaetomium*	2.03	*Leptosphaeria*	2.94	*Aspergillus*	2.09
8	*Paramyrothecium*	2.03	*Talaromyces*	1.62	*Gibberella*	1.97
9	*Ilyonectria*	1.90	*Borealophlyctis*	1.58	*Cladorrhinum*	0.77
10	*Tetracladium*	1.69	*Gibberella*	1.29	*Fusicolla*	0.44
11	*Scopulariopsis*	1.56	*Humicola*	0.98	*Acrophialophora*	0.41
12	*Humicola*	1.46	*Waitea*	0.86	*Paramyrothecium*	0.37
13	*Gibberella*	1.25	*Schizothecium*	0.81	*Humicola*	0.33
14	*Ceratobasidium*	0.69	*Scolecobasidium*	0.78	*Neurospora*	0.31
15	*Colletotrichum*	0.65	*Paramyrothecium*	0.47	*Cryptococcus*	0.26
16	*Rhizophagus*	0.63	*Entoloma*	0.42	*Verticillium*	0.19
17	*Acremonium*	0.47	*Cryptococcus*	0.29	*Scopulariopsis*	0.17
18	*Talaromyces*	0.45	*Penicillium*	0.28	*Monographella*	0.12

表 7-16 （续）

排序	对照		传统		酵解	
	属	丰度（%）	属	丰度(%)	属	丰度(%)
19	*Cladosporium*	0.44	*Acremonium*	0.27	*Alternaria*	0.10
20	*Neonectria*	0.42	*Monographella*	0.23	*Zopfiella*	0.09

（4）土壤功能性真菌属分析。由表 7-17 看出，豆浆灌根初期，土壤中球囊菌门数量高于对照，有利于根系形成"菌根"结构，同时产生球囊霉素土壤蛋白，促进根系吸收养分。真菌中很多类别都与致病菌相关，检测发现，对照土壤中致病菌较为分散，如壶菌门、肉座菌目、格孢腔菌目、柔膜菌目、枝孢属等均有分布；传统豆浆处理后的致病真菌主要以壶菌门和肉座菌目为主；酵解豆粕处理后的致病菌主要以肉座菌目为主。进一步分析发现，土壤样品中肉座菌目下有 31 个属，其中相对丰度较高的有镰刀霉属（*Fusarium*）、支顶孢属（*Acremonium*）、木霉属（*Trichoderma*）、土赤壳属（*Ilyonectria*）、赤霉菌属（*Gibberella*）和 *Paramyrothecium* 等 6 大类。酵解豆粕施用后，支顶孢属（*Acremonium*）类真菌比例大幅度上升，这可能与酵解豆粕本身加工过程有关，大田实验过程中也没有发现酵解豆粕处理后的烟叶出现明显的病害状况，因此需要进一步的验证分析。

表 7-17 豆浆灌根初期土壤中特异真菌丰度变化 （%）

名称	功能描述	对照	传统	酵解
球囊菌门	形成"菌根"结构	0.26	0.52	0.50
壶菌门	致病菌	0.71	0.80	0.31
肉座菌目	致病菌	13.00	16.16	54.41
格孢腔菌目	致病菌	1.56	3.56	0.20
柔膜菌目	致病菌	2.09	0.09	0.01
枝孢属	致病菌	0.44	0.07	0.01

（三）豆浆灌根对土壤微生物多样性的影响

1. 豆浆灌根对土壤细菌多样性的影响

α 多样性指数 Ace、Chao、Shannon 和 Simpson 用来表示细菌群落结构变化。Ace 和 Chao 是对菌群丰度进行的评估，Ace 和 Chao 数值越高，表明样品细菌多样性越丰富；Shannon 和 Simpson 是对菌群多样性进行的评估，Shannon 值越大，表明群落多样性越高，Simpson 值越大，说明群落多样性越低。由表 7-18 可知，与对照相比，酵解豆粕灌根后 5d、20d 时，Ace、Chao 和 Shannon 指数均显著下降，Simpson 指数明显上升，表明酵解豆粕施用初期，降低了土壤中细菌的多样性；豆浆灌根后 35d、55d 时，不同处理间的 Ace、Chao 和 Shannon 指数无显著差异；豆浆灌根后 75d、95d 时，Ace 和 Chao 数值显著高于对照，Shannon 指数无显著变化，表明细菌丰富度增加明显但多样性无变化。

表 7-18　豆浆灌根对土壤细菌 α 多样性指数的影响

项目	处理	T0	T1	T2	T3	T4	T5	T6
Ace 指数	对照	2214 a	2420 a	2357 a	2276 a	2168 a	2152 b	2374 b
	传统	2235 a	2276 ab	2094 a	2389 a	2107 a	2330 a	2508 a
	酵解	2107 a	1927 b	1462 b	2095 a	2059 a	2312 a	2529 a
Chao 指数	对照	2540 a	2456 a	2329 a	2288 a	2159 a	2171 b	2360 b
	传统	2633 a	2357 a	2038 ab	2373 a	2112 a	2357 a	2551 a
	酵解	2505 a	1764 b	1489 b	2128 a	2048 a	2327 a	2509 a
Shannon 指数	对照	6.13 a	6.38 a	6.21 a	6.02 a	6.10 a	6.22 a	6.19 a
	传统	5.93 a	5.56 ab	5.86 a	6.09 a	5.77 a	6.32 a	5.69 a
	酵解	6.18 a	4.69 b	4.74 b	5.85 a	5.66 a	6.32 a	6.26 a
Simpson 指数	对照	0.0084 b	0.0046 c	0.0056 b	0.0071 a	0.0064 b	0.0052 a	0.0058 b
	传统	0.0143 a	0.0117 b	0.0073 b	0.0069 a	0.0101 a	0.0047 a	0.0184 a
	酵解	0.0185 a	0.0275 a	0.0221 b	0.0083 a	0.0166 a	0.0046 a	0.0058 b

注：T1、T2、T3、T4、T5、T6 分别表示大田豆浆灌根后 5d、20d、35d、55d、75d、95d。

与对照相比，传统豆浆灌根初期和后期，土壤细菌 α 多样性指数 Ace、Chao、Shannon 和 Simpson 指数大小无显著差异；酵解豆粕施用初期，Ace、Chao 和 Shannon 数值显著低于对照，Simpson 指数显著高于对照（图 7-16）。与对照相比，豆浆灌根后期 α 多样性指数无显著变化。

2. 豆浆灌根对土壤真菌多样性的影响

由表 7-19 可知，与对照相比，传统豆浆灌根后 Ace 和 Chao 数值无明显变化；Shannon 指数在灌根后 5d、20d 时下降明显。酵解豆粕灌根后 5d、20d 和 35d，Ace 指数显著下降；灌根后 5d、20d、35d 和 55d，Chao 和 Shannon 指数下降明显；灌根后 75d，Ace、Chao 和 Shannon 数值与对照无显著差异；灌根后 95d，Ace、Chao 和 Shannon 数值均明显高于对照，表明酵解豆粕施用后较长时间内抑制了土壤中真菌的数量和多样性，直至烟叶收获末期，土壤中真菌丰富度和多样性指数恢复至正常水平或高于对照。

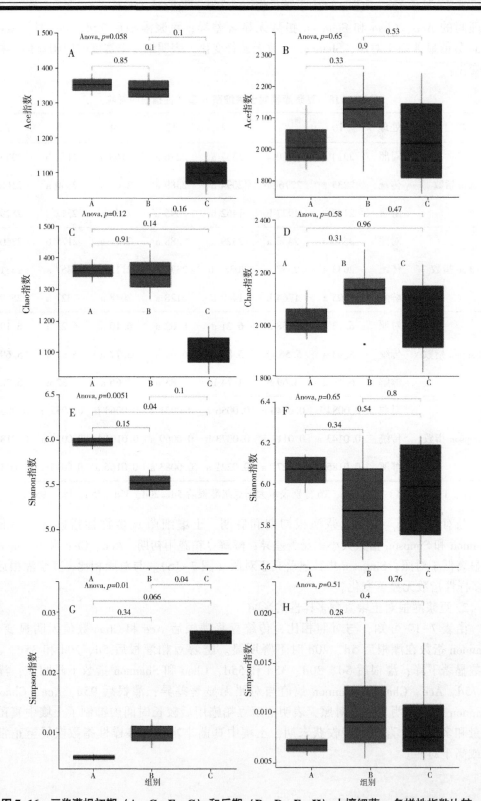

图 7-16　豆浆灌根初期（A、C、E、G）和后期（B、D、F、H）土壤细菌 α 多样性指数比较

表7-19　豆浆灌根对土壤真菌多样性的影响

项目	处理	T0	T1	T2	T3	T4	T5	T6
Ace 指数	对照	298 a	263 ab	294 ab	304 a	273 a	297 a	267 b
	传统	315 a	303 a	330 a	325 a	261 a	323 a	308 ab
	酵解	294 a	210 b	271 b	243 b	237 a	343 a	342 a
Chao 指数	对照	312 a	281 a	298 a	309 a	305 a	290 a	273 b
	传统	307 a	313 a	325 a	346 a	273 ab	334 a	310 ab
	酵解	305 a	210 b	225 b	222 b	243 b	357 a	350 a
Shannon 指数	对照	3.47 a	3.56 a	3.44 a	3.25 a	3.18 a	4.23 a	2.00 b
	传统	3.21 a	2.92 b	3.00 b	3.52 a	2.76 ab	3.64 a	2.87 a
	酵解	3.14 a	2.51 c	1.70 c	1.97 b	2.34 b	3.79 a	2.88 a
Simpson 指数	对照	0.15 a	0.09 a	0.08 b	0.08 b	0.11 a	0.03 a	0.25 a
	传统	0.12 a	0.14 a	0.10 b	0.06 b	0.16 b	0.07 a	0.17 a
	酵解	0.13 a	0.16 a	0.37 a	0.40 a	0.24 a	0.06 a	0.18 a

由图7-17可知，与对照相比，传统豆浆灌根初期和后期，土壤真菌 α 多样性指数 Ace、Chao 和 Simpson 指数大小无显著差异；Shannon 指数在传统豆浆施用初期低于对照，后期无显著差异。酵解豆粕灌根初期，Ace、Chao 和 Shannon 数值显著或极显著低于对照，Simpson 指数高于对照。与对照相比，豆浆灌根后期 α 多样性指数无显著变化。

四、讨论与结论

豆浆灌根显著提高了土壤中细菌和真菌的数量，尤其是在灌根后20d以内表现较为明显。

豆浆灌根对土壤微生物的影响主要发生在豆浆施用初期阶段。传统豆浆和酵解豆粕对土壤微生物的影响既有共性也有差异。共性主要表现在：豆浆灌根后土壤中变形菌门（Proteobacteria）和拟杆菌门（Bacteroidetes）繁殖较快，其相对丰度上升明显；同时，酸杆菌门（Acidobacteria）、绿弯菌门（Chloroflexi）、浮霉菌门（Planctomycetes）、硝化螺旋菌门（Nitrospirae）和迷踪菌门（Elusimicrobia）的占比在灌根后下降显著，表明豆浆灌根短期内明显改变了土壤的微生物群落分布和微生态环境。差异主要表现在：传统豆浆施用后放线菌门（Actinobacteria）占比相对下降，酵解豆粕施用后的芽单胞菌门（Gemmatimonadetes）和装甲菌门（Armatimonadetes）占比相对下降，而厚壁菌门（Firmicutes）占比有所上升，这可能由传统豆浆与酵解豆粕自身性质不同造成的。

酵解豆粕灌根后5d、20d时，Ace、Chao 和 Shannon 指数均显著下降，Simpson 指

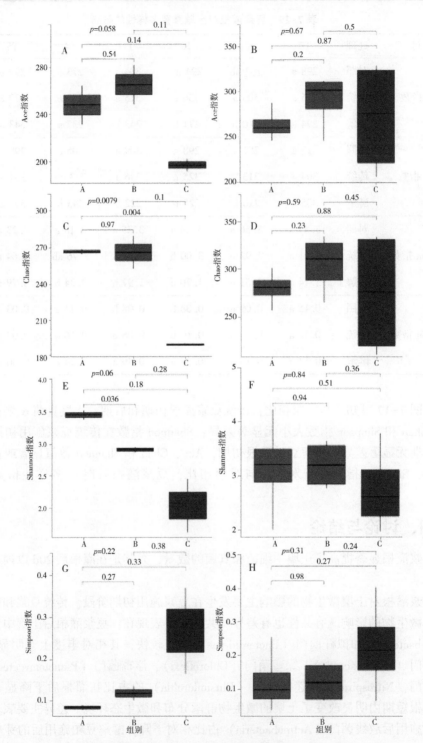

图 7-17　豆浆灌根初期（A、C、E、G）和后期（B、D、F、H）
土壤真菌 α 多样性指数比较

数明显上升，表明酵解豆粕施用初期，降低了土壤中细菌的多样性；豆浆灌根后 35d、55d 时，不同处理间的 Ace、Chao 和 Shannon 指数无显著差异；豆浆灌根后 75d、95d 时，Ace 和 Chao 数值显著高于对照，Shannon 指数无显著变化，表明细菌丰富度增加明显但多样性无变化。酵解豆粕施用后较长时间内抑制了土壤中真菌的数量和多样性，直至烟叶收获末期，土壤中真菌丰富度和多样性指数恢复至正常水平或高于对照。

第八章 豆浆灌根对烟草生长发育及品质的影响研究

第一节 豆浆灌根对烟草生长发育的影响

在烟叶生长团棵期、旺长期、圆顶期和成熟期，考察烟草根系长度、鲜重、茎围、株高、腰叶长度和腰叶宽度等指标，明确豆浆灌根促进烟草根系及地上部生长发育的关键时期，探讨豆浆灌根对烟草生长发育的作用机理。

一、实验安排

试验于 2017 年在河南省三门峡市卢氏县沙河乡宋家村进行，试验地海拔 916m。供试烤烟品种为云烟 87。土壤类型为褐土，主要养分状况为：pH 值 8.7，有机质含量为 0.99%，速效氮含量 52.6mg/kg，速效磷含量 7.9mg/kg，速效钾含量 141.4mg/kg。

试验共设 3 个处理，处理 D1 豆子（黄豆）用量 112.55kg/hm²，处理 D2 豆子用量为 75.03 kg/hm²，处理 D3 为对照（灌等量清水）。试验采用随机区组排列，每个小区面积为 166.6m²，行株距为 1.2m×0.55m，栽植密度为 15 000 株/hm²。烟草专用肥（N：P_2O_5：K_2O=15：15：15）用量为 750kg/hm²；磷肥为过磷酸钙（含 P_2O_5 43%），P_2O_5 用量为 112.9kg/hm²；钾肥为硫酸钾（含 K_2O 50%），K_2O 用量为 75kg/hm²，硝酸钾为 45.02 kg/hm²。其中硝酸钾于团棵期配合豆浆及清水在各处理追施，其余肥料作底肥一次施入。

具体操作中，豆子必须磨成浆，经过 2~3 d 高温充分发酵，大田灌根时按 1：1 000 用清水充分稀释，用一头削尖直径约 5cm 的木棍，在叶尖处垂直倾斜 30℃打孔，平均每棵烟株灌 0.75kg，灌后待豆浆水完全下渗立即封土。田间种植管理按照豫西烟草种植标准化操作规程进行，5 月 4 日移栽，7 月 5 日打顶。

二、结果分析

（一）豆浆灌根对土壤酶活性的影响

1. 对土壤脲酶活性的影响

豆浆灌根对土壤脲酶活性影响见图 8-1。由图 8-1 可以看出，处理 D1、D2 随豆浆的灌入（6 月 4 日）脲酶活性呈现先升高后降低的趋势，烟株生长成熟期酶活性下降幅度较大。移栽前土壤脲酶活性为 0.107 5mg/（g·d），在 7 月 4 日，各个处理的土壤脲酶活性均达到最高，分别为 D1 ［0.187 2mg/（g·d）］、D2 ［0.175 4mg/（g·d）］、D3 ［0.157 1mg/（g·d）］；9 月 4 日脲酶活性最低，分别为 D1 ［0.115 0mg/（g·d）］、D2 ［0.098 2mg/（g·d）］、D3 ［0.096 2mg/（g·d）］。在豆浆灌根后，随着烟株生育期的延长土壤脲酶活性不断降低；处理 D1、D2 分别比单施用化肥处理 D3 脲酶活性提高了 19.19%~44.03% 和 2.07%~26.35%。

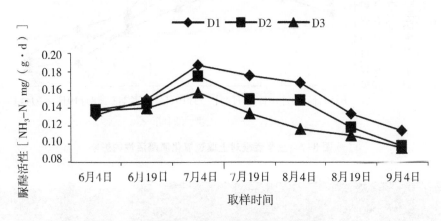

图 8-1　豆浆灌根对植烟土壤脲酶活性的影响

2. 对土壤过氧化氢酶活性的影响

豆浆灌根对土壤过氧化氢酶活性的影响见图 8-2。由图 8-2 可以看出，豆浆灌根提高了土壤过氧化氢酶的活性，移栽前过氧化氢酶活性为 0.302 8mL/（g·20min），处理 D1、D2 从旺长至成熟阶段酶活性均高于处理 D3，且生长后期下降趋势较缓慢；各个处理酶活性随着生育期的延长总体呈现降低趋势。处理 D1、D2、D3 均以旺长期（7 月 4 日）较高，分别为 0.485 1mL/（g·20min）、0.451 9mL/（g·20min）、0.422 9mL/（g·20min），较团棵期分别提高了 19.78%、15.43%、7.69%；9 月 4 日降至最低，呈现出处理 D1 ［0.337 0mL/（g·20min）］ >D2 ［0.331 0mL/（g·20min）］ >D3 ［0.323 4mL/（g·20min）］ 的变化规律。

（二）豆浆灌根对烤烟叶片超微结构的影响

不同豆浆灌根处理叶片超微结构如图 8-3、图 8-4、图 8-5 所示，处理 D1 腺毛挺立，气孔饱满，表皮细胞饱满、清晰，腺毛数量多；处理 D2 气孔形态有所不同，腺毛较挺立，表皮细胞较饱满、清晰；处理 D3 气孔稍微皱缩，腺毛、表皮细胞基本饱满。腺毛密度 D1（9.02 根/mm²）>D2（8.33 根/mm²）>D3（6.94 根/mm²），处理 D1 在叶片结构和腺毛密度上明显优于其他处理。

（三）豆浆灌根对烤烟大田农艺性状的影响

豆浆灌根对烤烟大田农艺性状的影响见表 8-1。由表 8-1 可以看出，豆浆灌根处理 D1 和 D2 的株高、茎围、最大叶长宽、有效叶数均高于对照处理 D3，随着生育期的延长，各个指标均呈现出不断增长的趋势，至成熟期达到最高值。至成熟期，处理 D1 较

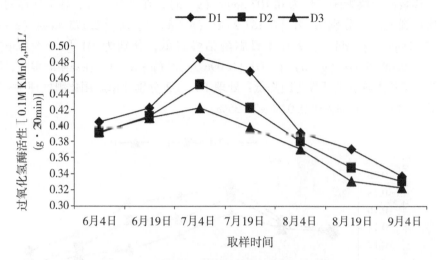

图8-2　豆浆灌根对土壤过氧化氢酶活性的影响

图8-3　处理 D1 对烤烟叶片超微结构的影响

对照处理 D3 的株高、茎围、最大叶长、最大叶宽、有效叶数分别增加了 5.09%、5.54%、7.47%、12.80%、12.93%；处理 D2 较对照处理 D3 各指标分别增加了 0.43%、5.13%、4.91%、6.29%、9.90%。由团棵期至成熟期，处理 D1、D2、D3 株高的增幅分别为 332.60%、341.09%、341.29%；茎围的增幅分别为 33.64%、38.70%、51.48%；最大叶长的增幅分别为 64.35%、61.10%、61.66%；最大叶宽的增幅分别为 47.88%、38.56%、35.93%；有效叶数的增幅分别为 36.47%、21.98%、

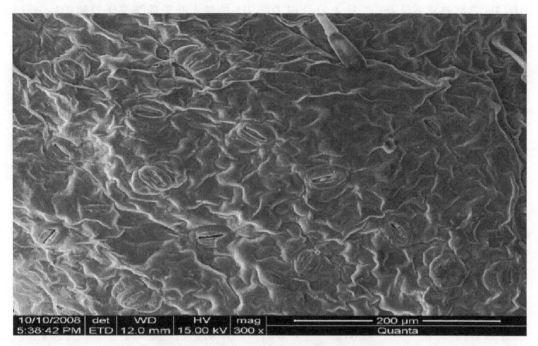

图 8-4 处理 D2 对烤烟叶片超微结构的影响

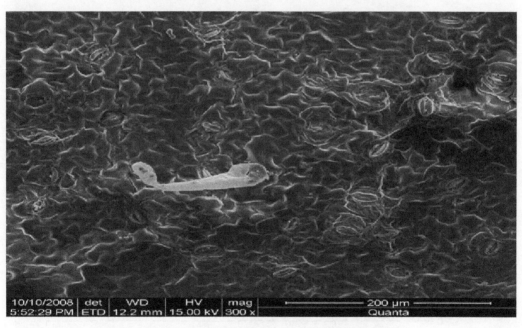

图 8-5 处理 D3 对烤烟叶片超微结构的影响

13.48%。由多重比较结果可以看出，各处理在同一取样时间内株高、茎围、最大叶长宽、有效叶数差异均不显著；仅 6 月 4 日处理 D1、D2 的茎围显著高于对照 D3，处理D1、D2 之间差异不显著，6 月 19 日处理 D1 的最大叶宽显著高于处理 D2、D3，处理

D2、D3 之间差异不显著；7 月 4 日处理 D1、D2 的最大叶长显著高于对照 D3，处理 D1、D2 之间差异不显著。

表 8-1　豆浆灌根对烤烟大田农艺性状的影响

取样日期	处理	株高（cm）	茎围（cm）	叶长（cm）	叶宽（cm）	有效叶数（片）
6 月 4 日	D1	22.70 a	6.48 a	37.48 a	22.18 a	17.04 a
	D2	1.22 a	6.20 a	37.12 a	21.94 a	18.20 a
	D3	21.12 a	5.40 b	35.26 a	21.04 a	17.84 a
6 月 19 日	D1	89.60 a	7.86 a	68.7 a	32.44 a	18.83 a
	D2	87.10 a	7.84 a	57.04 a	27.88 b	18.60 a
	D3	81.10 a	7.22 a	52.90 a	27.72 b	18.04 a
7 月 4 日	D1	97.00 a	8.02 a	61.12 a	28.08 a	22.20 a
	D2	90.71 a	8.03 a	61.76 a	27.04 a	20.80 a
	D3	89.01 a	7.52 a	54.06 b	25.24 a	19.10 a
7 月 19 日	D1	98.12 a	8.66 a	61.60 a	32.80 a	23.21 a
	D2	93.60 a	8.60 a	59.80 a	30.40 a	22.20 a
	D3	93.23 a	8.18 a	57.15 a	28.60 a	20.20 a

（五）豆浆灌根对烤烟干物质积累的影响

1. 对烤烟根干物质积累的影响

豆浆灌根对烤烟根系干物质积累的影响见图 8-6。由图 8-6 可以看出，随着生育期的延长各处理烤烟根系干物质积累逐渐增加，至成熟期达到最高。

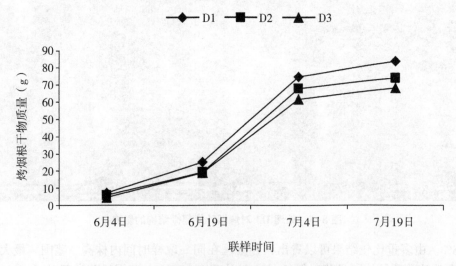

图 8-6　豆浆灌根对烤烟根干物质积累的影响

在 6 月 4 日（团棵期），烤烟根系干物质积累呈现出 D1（7.23g）>D2（5.80g）>D3（4.69g）的趋势，且在 6 月 19 日、7 月 4 日、7 月 19 日根系干物质积累也以处理 D1 最高。由团棵期至成熟期，处理 D1、D2、D3 的根系干物质积累总量分别为 76.47g、68.10g、63.61g，积累速率分别为 1.70g/d、1.52g/d、1.41g/d，以处理 D1 的积累总量和速率最高。在移栽后 30~45d，处理 D1、D2、D3 的根系干物质积累量占总量的百分率分别为 23.41%、19.54%、22.56%；移栽后 45~60d 各处理根系干物质积累百分率分别为 64.85%、71.56%、66.91%，可以看出烤烟根系干物质积累主要集中在移栽后 45~60d。

2. 对烤烟茎干物质积累的影响

豆浆灌根对烤烟茎干物质积累的影响见图 8-7。由图 8-7 可以看出，随着生育期的延长，各处理烤烟茎干物质积累逐渐增大，至成熟期达到最高。在 6 月 4 日（团棵期）以处理 D1 的茎干物质量（10.22g）最高，处理 D2（8.20g）次之，处理 D3（6.20g）最小，一直到 7 月 19 日（成熟期）均以处理 D1 的茎干物质含量最高。从团棵期至成熟期，处理 D1、D2、D3 的茎干物质积累总量分别为 75.06g、71.16g、66.00g；积累速率分别为 1.67g/d、1.58g/d、1.47g/d；积累量和积累速率均以处理 D1 最高。各处理烤烟茎干物质积累在移栽后 30~45d 的净积累百分率分别为 36.96%、27.60%、27.52%，在移栽后 45~60d 的净积累百分率分别为 54.79%、63.71%、61.72%，可以看出烤烟茎干物质积累主要集中在移栽后 45~60d。

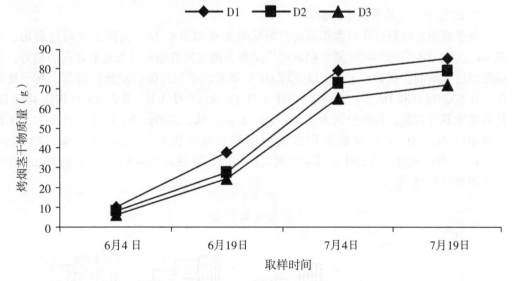

图 8-7　豆浆灌根对烤烟茎干物质积累的影响

3. 对烤烟叶片干物质积累的影响

豆浆灌根对烤烟叶片干物质积累的影响见图 8-8。由图 8-8 可以看出，随着生育期的延长烤烟叶片干物质积累逐渐增加，至成熟期达到最高。在 6 月 4 日、6 月 19 日、7 月 4 日、7 月 19 日的烤烟叶片干物质积累量均以处理 D1 最高，分别为 44.70g、

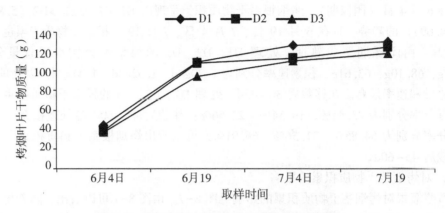

图8-8 豆浆灌根对烤烟叶片干物质积累的影响

109.55g、126.12g、130.21g。从团棵期至成熟期，处理 D1、D2、D3 的总的积累量分别为 85.51g、85.29g、80.56g，积累速率分别为 1.90g/d、1.89g/d、1.79g/d，以处理 D1 的积累量和积累速率略高于其他处理。在移栽后 30~45d，处理 D1、D2、D3 的叶片干物质积累百分率分别为 75.83%、81.01%、70.75%；在移栽后 45~60d，各处理烤烟叶片干物质积累百分率分别为 19.38%、5.65%、20.11%，可以看出烤烟叶片干物质积累主要集中在移栽后 30~45d。

（六）豆浆灌根对烤烟叶片氮、磷、钾积累的影响

1. 对烤烟叶片氮素积累的影响

豆浆灌根对烤烟叶片氮素积累的影响见图8-9和图8-10。由图8-9可以看出，处理 D1、D2、D3 的烤烟叶片氮素积累量均呈现出随着生育期的延长逐渐升高的趋势，至成熟期达到最高。在 6 月 4 日，以处理 D1 的氮素积累量（0.65g/株）最高，高于处理 D2（0.60g/株）和 D3（0.57g/株）；在 6 月 19 日、7 月 4 日、7 月 19 日均以处理 D1 的氮素积累量最高，其值分别为 2.48g/株、2.82g/株、3.09g/株。6 月 4 日至 7 月 4 日处理 D1、D2、D3 的叶片氮素积累量占积累总量的比例分别为 70.23%、73.12%、67.49%。可以看出，烤烟叶片氮素积累主要集中在移栽后 30~60d，并以处理 D1 叶片氮素积累量最高。

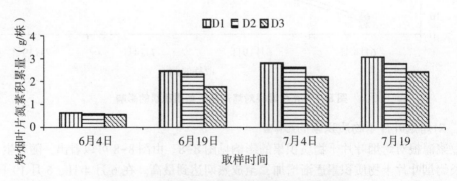

图8-9 豆浆灌根对烤烟叶片氮素积累量的影响

烤烟叶片的氮素积累速率见图8-10。由图8-10可以看出，氮素积累速率呈现出先升高后降低的趋势，至成熟期降至最低。在6月4日，呈现出D1［0.022g/（株·d）］>D2［0.020g/（株·d）］>D3［0.019g/（株·d）］；6月19日各处理烤烟氮素积累速率达到最高；随后在7月4日明显降低，但以处理D3略高于其他处理；至7月19日，各处理烤烟叶片氮素积累速率降至最低。可以看出，各处理烤烟的氮素积累速率均在移栽后45d达到最高，以处理D1［0.122g/（株·d）］略高于其他处理。

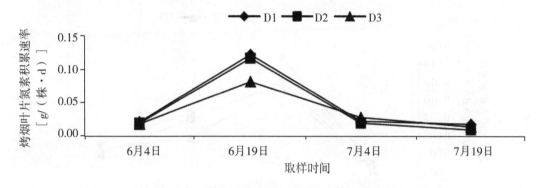

图8-10　豆浆灌根对烤烟叶片氮素积累速率的影响

2. 对烤烟叶片磷素积累的影响

豆浆灌根对烤烟叶片磷素积累的影响见图8-11和图8-12。由图8-11可以看出，随着生育期的延长，烤烟叶片磷素积累量逐渐增加，至成熟期达到最高。在6月4日，各处理磷素积累量呈现出D1（0.09g/株）>D2（0.08g/株）>D3（0.07g/株）的趋势；在不同的取样时间均以处理D1的磷素积累量高于处理D2、D3。6月4日至7月4日，处理D1、D2、D3的磷素积累量占积累总量的百分率分别为67.31%、68.18%、65.01%。可以看出，各处理烤烟叶片的磷素积累主要集中在移栽后30~60d，且以处理D1积累量最高。

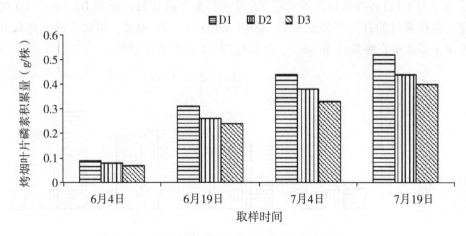

图8-11　豆浆灌根对烤烟叶片磷素积累量的影响

豆浆灌根对烤烟叶片磷素积累速率的影响见图 8-12。可以看出，烤烟叶片磷素积累的速率总体上呈现出先升高后降低的趋势，至成熟期降至最低。在 6 月 4 日、6 月 19 日、7 月 4 日、7 月 19 日均以处理 D1 的磷素积累速率最高，处理 D3 的最低。在 6 月 19 日，各处理的烤烟磷素积累速率呈现出 D1 ［0.0145g/（株·d）］>D2 ［0.012g/（株·d）］>D3 ［0.011g/（株·d）］。可以看出，处理 D1、D2、D3 烤烟磷素积累速率以移栽后 45d 最高。

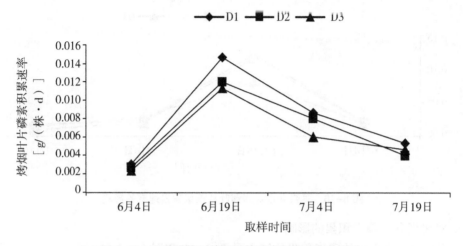

图 8-12　豆浆灌根对烤烟叶片磷素积累速率的影响

3. 对烤烟叶片钾素积累的影响

豆浆灌根对烤烟叶片钾素积累的影响见图 8-13 和图 8-14。由图 8-13 可以看出，随着生育期的延长烤烟叶片钾素积累量逐渐增加，至成熟期达到最高。在 6 月 4 日，各处理钾素积累量呈现出 D1 （0.60g/株）>D2 （0.56g/株）>D3 （0.51g/株） 的趋势；在 6 月 19 日、7 月 4 日、7 月 19 日均以处理 D1 的叶片钾素积累量最高，高于处理 D2、D3；至 7 月 19 日各处理均达到最高。6 月 4 日至 7 月 4 日，处理 D1、D2、D3 的钾积累量占总积累量的百分率分别是 75.43%、69.92%、71.86%。可以看出，烤烟叶片钾素积累主要集中在移栽后 30~60d，且以处理 D1 的积累量最高。

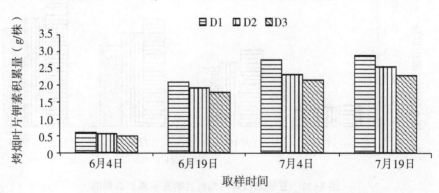

图 8-13　豆浆灌根对烤烟叶片钾素积累量的影响

豆浆灌根对烤烟叶片钾素积累速率的影响见图 8-14。由图 8-14 可以看出，各处理烤烟叶片钾素积累速率呈现出先升高后降低的趋势。在 6 月 4 日、6 月 19 日、7 月 4 日、7 月 19 日烤烟钾素积累速率均以处理 D1 最高，分别为 0.02g/（株·d）、0.10g/（株·d）、0.045g/（株·d）、0.007g/（株·d）；在 6 月 19 日各处理的钾素积累速率均达到最高，随后逐渐降低，至 7 月 19 日达到最低。可以看出，豆浆灌根各处理的烤烟钾素积累速率在移栽后 45d 达到最高。

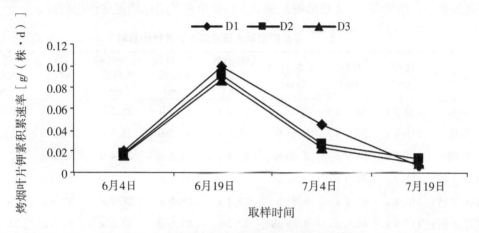

图 8-14　豆浆灌根对烤烟叶片钾素积累速率的影响

三、豆浆灌根对烤烟农艺性状和根系生长指标的影响

（一）大田烤烟农艺性状

由表 8-2 看出，豆浆灌根处理 30d 后（打顶前），施用传统豆浆的烟草株高、茎围、叶数、叶长和叶宽的增长幅度均高于清水对照，施用酵解豆粕的烟草株高和叶宽增长幅度高于清水对照；豆浆灌根 50d 后（打顶后 20d），施用传统豆浆的烟草各项生长指标增长幅度仍高于清水对照，施用酵解豆粕的烟草株高、叶长和叶宽高于清水对照。以上结果说明，传统豆浆和酵解豆粕均能促进大田烟叶的生长，传统豆浆的促进效果相对显著。

表 8-2　豆浆灌根 30d 和 50d 后烤烟农艺指标增长倍数　　　　（倍）

处理	时间	株高	茎围	叶数	叶长	叶宽
清水	30d	2.90	0.13	0.78	0.32	0.18
	50d	2.43	0.33	0.78	0.42	0.26
传统豆浆	30d	3.80	0.20	0.84	0.50	0.34
	50d	3.75	0.49	0.84	0.74	0.39
酵解豆粕	30d	3.29	0.13	0.77	0.31	0.22
	50d	2.91	0.33	0.77	0.47	0.32

注：2016 年大田实验结果。

由表8-3看出，大田状况条件下，与清水、氮肥对照相比，豆浆灌根（传统豆浆和酵解豆粕）对烤烟株高、节距、单株有效留叶数、上部叶最大叶长等4个指标无显著影响。2倍酵解豆粕施用后茎围、中部叶最大叶长、中部叶最大叶宽、上部叶最大叶宽等指标在6种处理中较高；其中，中部叶最大叶长分别68.6cm，显著高于清水处理；茎围、上部叶最大叶宽分别为9.25cm、24.9cm，显著高于清水、氮肥、传统豆浆、1倍酵解豆粕等处理水平；中部叶最大叶宽为28.7cm，显著高于清水、氮肥、传统豆浆等处理水平。结果表明，2倍酵解豆粕对大田烟草农艺指标的促进作用较好。

表8-3 豆浆灌根对大田烤烟农艺性状的影响

处理	株高（cm）	节距（cm）	茎围（cm）	单株有效留叶数（片）	中部叶最大叶长（cm）	中部叶最大叶宽（cm）	上部叶最大叶长（cm）	上部叶最大叶宽（cm）
清水	110.0 a	38.7 a	8.08 c	23.2 a	62.0 b	25.5 b	55.3 a	20.8 c
氮肥	111.8 a	38.8 a	8.45 bc	23.2 a	63.5ab	25.9 b	52.3 a	20.5 c
传统	114.2 a	38.9 a	8.40 bc	23.4 a	65.3 ab	25.4 b	52.0 a	22.2 bc
酵解（1倍）	111.0 a	39.0 a	8.52 bc	22.2 a	65.8 ab	27.7 ab	53.8 a	22.2 bc
酵解（2倍）	116.4 a	41.1 a	9.25 a	23.2 a	68.6 a	28.7 a	57.4 a	24.9 a
酵解（3倍）	117.4 a	40.0 a	8.85 ab	22.2 a	67.6 ab	28.0 ab	56.4 a	23.6 ab

注：2017年大田实验结果。

（二）盆栽烤烟农艺性状

由表8-4看出，3倍酵解豆粕施用后烟草SPAD值高于与清水对照；传统豆浆和1倍酵解豆粕处理后，烟草株高分别为82.00cm和82.78cm，单株留叶数分别为16.0个和15.4个，显著高于清水对照（69.64cm和14.1个）。1倍酵解豆粕处理后，烟株茎围和中部叶最大叶宽分别5.94cm和22.50cm，显著高于清水处理的5.36cm和20.07cm。综合来看，相对于清水对照，传统豆浆和酵解豆粕施用后促进了烟株茎叶的生长，主要表现在烟叶SPAD、株高、茎围、留叶数和中部叶宽等指标；相对于氮肥对照，酵解豆粕施用主要促进了烤烟茎围和中部叶最大叶宽的生长。

表8-4 豆浆灌根对盆栽烤烟农艺性状的影响

处理	SPAD	株高（cm）	节距（cm）	茎围（cm）	单株有效留叶数（个）	中部叶最大叶长（cm）	中部叶最大叶宽（cm）
清水	35.27 b	69.64 b	2.84 a	5.36 b	14.1 b	40.43 a	20.07 b
氮肥	35.36 b	73.13 ab	2.88 a	5.34 b	15.4 ab	39.00 a	19.66 b
传统	39.09 ab	82.00 a	2.89 a	5.58 ab	16.0 a	38.44 a	20.38 ab
酵解（1倍）	40.92 ab	82.78 a	2.96 a	5.94 a	16.0 a	42.83 a	22.50 a
酵解（2倍）	40.10 ab	81.63 a	2.76 a	5.63 ab	16.8 a	39.25 a	20.25 ab

表 8-4　（续）

处理	SPAD	株高（cm）	节距（cm）	茎围（cm）	单株有效留叶数（个）	中部叶最大叶长（cm）	中部叶最大叶宽（cm）
酵解（3倍）	42.50 a	76.71 ab	2.53 a	5.50 ab	16.3 a	37.95 a	20.32 ab

（三）烤烟根系生长指标

由图 8-15 和表 8-5 看出，施用氮肥、传统豆浆和酵解豆粕后，烟草总根长、单位体积根长、分根数均显著高于清水对照。6 种处理中，清水处理的烟草根系各指标值均最低；施用传统豆浆和酵解豆粕后的烟草根表面积、根体积高于氮肥处理，说明传统豆浆和酵解豆粕对烟草根系生长的促进作用大于纯氮肥施用；传统豆浆与酵解豆粕相比，除施用 3 倍酵解豆粕时的根体积高于传统豆浆，其他指标无显著差异。此外，与氮肥处理相比，施用传统豆浆后的烟草根干重无显著差异，但施用酵解豆粕的根干重较高，说明酵解豆粕可能对根系干物质积累的促进作用更好。

图 8-15　豆浆灌根对盆栽烤烟根系生理指标的影响

注：自左往右处理依次为清水、氮肥、传统豆浆、1 倍酵解豆粕、2 倍酵解豆粕和 3 倍酵解豆粕。

表 8-5　豆浆灌根对盆栽烟草根系生理指标的影响

处理	总根长（cm）	根表面积（cm²）	根直径（mm）	单位体积根长（cm/m³）	根体积（cm³）	根尖数（个）	分根数（个）	根干重（g）
清水	9 467.22 b	1 858.31 c	1.66 c	9 467.22 b	29.27 d	21 880 b	68 891 b	5.73 c
氮肥	15 460.57 a	3 133.03 b	1.94 bc	15 460.57 a	51.64 cd	29 890 ab	130 879 a	7.85 bc
传统	17 056.25 a	3 646.21 ab	2.05 abc	17 056.25 a	68.50 bc	33 581 a	157 070 a	8.87 ab

表 8-5 （续）

处理	总根长 （cm）	根表面积 （cm²）	根直径 （mm）	单位体积根 长（cm/m³）	根体积 （cm³）	根尖数 （个）	分根数 （个）	根干重 （g）
酶解（1倍）	16 031.03 a	3 973.19 ab	2.38 ab	16 031.03 a	79.40 ab	28 018 ab	145 864 a	9.68 a
酶解（2倍）	15 393.92 a	3 955.64 ab	2.50 a	15 393.92 a	82.90 ab	27 340 ab	158 169 a	10.73 a
酶解（3倍）	16 671.97 a	4 368.09 a	2.51 a	16 671.97 a	92.52 a	21 646 b	172 671 a	11.76 a

第二节　豆浆灌根对烟叶氨基酸组分和品质的影响

　　氨基酸是构成蛋白质的基本单位，是与生命活动有关的最基本物质，它在有机体内具有特殊的生理功能，是生物体不可缺少的营养成分之一。游离氨基酸是指以游离状态存在、未结合在蛋白质分子中的氨基酸，是烤烟中的重要含氮组分，与烟叶品质密切相关，氨基酸在赋予烤烟色香味方面具有双重作用，一方面，氨基酸在有氧条件下燃烧会产生如氨等具有刺激性的含氮化合物，影响烟气质量；另一方面，烤烟在调制、醇化和燃烧过程中，氨基酸和单糖类物质发生非酶促棕色化反应（美拉德反应），形成的美拉德反应产物可赋予烟草特有香气，如含氮杂环化合物吡嗪、吡啶、吡咯等可产生坚果烘焙或面包香味，环状烯醇酮结构化合物麦芽酚等可产生焦糖香，多羰基化合物丙酮醛等可产生焦香，单羰基化合物的一些醛等可产生各种醛酮类香气，一般认为，若氨基酸含量太高，烟气辛辣、味苦，并且刺激性强烈，若氨基酸含量太低，烟气则平淡无味缺少丰满度。研究表明，烟叶游离氨基酸含量受栽培措施及烘烤条件的影响较大。在栽培措施方面，游离氨基酸主要受植物氮代谢水平强弱的影响，氮素供应方式和水平是调控烟草碳氮代谢最重要的农艺措施之一，对烟叶的游离氨基酸含量影响较大。本研究旨在探讨豆浆灌根对烟叶氨基酸组分和品质的影响，探索豆浆灌根对烟叶品质影响的机制。

一、实验设计

（一）大田实验

1. 2016 年大田豆浆灌根实验

　　（1）实验处理。2016 年选择河南省三门峡卢氏县杜关镇的平整烟田地块，开展豆浆灌根试验，烤烟品种 K326。土壤肥力中等水平。5 月 5 日移栽，移栽密度 1 100株/亩，行距 115cm，株距 55cm。田间管理按照当地种植操作规范进行，各处理间管理措施保持一致，并防止杂草及病虫害发生。烟苗移栽 25d 后进行豆浆灌根，设置 5个处理：①清水对照；②1 倍传统豆浆（5kg/亩干豆）；③1 倍酶解豆粕（5kg/亩）；④1 倍酶解豆粕+豆油（2.5L/亩）；⑤1 倍酶解豆粕+豆油（5L/亩）。具体见表 8-6所示。

表 8-6 2016 年豆浆灌根实验 5 个处理

处理①	处理②	处理③	处理④	处理⑤
清水	传统豆浆 （5kg 干豆/亩）	酵解豆粕 （5kg/亩）	酵解豆粕+豆油 （2.5L/亩）	酵解豆粕+豆油 （5L/亩）

注：由于豆油灌根实验安排在豆浆灌根 30d 后，因此没有考察该处理烤烟农艺性状。

（2）实验过程。选择平整烟田地块，烟农具有丰富的豆浆灌根经验，灌溉设施良好，种植单一烟草品种。大田烟株生长期间保持土壤含水量适中，各处理间田间管理措施（浇水、喷药、除草、打顶等）保持一致，并防止杂草及病虫害发生。烟株打顶前测定株高、茎围、单株有效留叶数、叶长、叶宽等农艺性状；大田豆浆灌根后 5d、20d、35d、55d、75d、95d，按照随机和多点混合的原则采用 GPS 定位和"S"取样法，采集 0~20cm 耕层土壤样品，每份 1.5kg 左右。采集的土壤样品分为两部分，一部分装入无菌瓶中，冷藏带回实验室保存于-80℃冰箱中，用于土壤微生物指标和酶活性的测定；一部分装于布袋中，带回实验室自然风干，用于土壤蛋白和活性有机质的测定。采用挂牌跟踪方式选取清水对照、传统豆浆和酵解豆粕等 3 个处理中 15 株新鲜烟叶，采集鲜烟后干冰保存，带回实验室保存于-80℃冰箱中，用于游离氨基酸的测定。烟叶采烤前，挂牌标记采收下部叶（4~6 叶位）、中部叶（9~13 叶位）和上部叶（16~18 叶位）；采收后烟叶统一装置于烤房中部，按照当地常规烘烤工艺烘烤。挑选烤后 X2F、C3F 和 B2F 等级烟叶，用于烟叶外观、物测、化学和评吸质量等指标的测定。

2. 2017 年大田豆浆灌根实验

（1）实验处理。2017 年实验安排在河南三门峡卢氏县杜关镇开展，烤烟品种 K326，土壤肥力中等水平。5 月 5 日移栽，移栽密度 1 100 株/亩，行距 115cm，株距 55cm。田间管理按照当地种植操作规范进行，各处理间管理措施保持一致，并防止杂草及病虫害发生。烟苗移栽 25d 后进行豆浆灌根，发酵豆浆和酵解豆粕灌根量为 5kg/亩。为消除豆浆中氮素施入因素影响，按照大豆全氮含量 7% 换算，对照处理中加入 2.26kg/亩的硝酸铵钙，兑水混匀后施入烟株根部。实验设置 6 个处理：①清水对照；②无机氮肥处理；③1 倍传统豆浆；④1 倍酵解豆粕；⑤2 倍酵解豆粕；⑥3 倍酵解豆粕。每个处理 4 垄（400 株烟以上）。具体见表 8-7。

表 8-7 2017 年豆浆灌根实验 6 个处理

处理①	处理②	处理③	处理④	处理⑤	处理⑥
清水	氮肥（2.258kg/亩硝酸铵钙）	传统豆浆 （5kg 干豆/亩）	1 倍酵解豆粕 （5kg/亩）	2 倍酵解豆粕 （10kg/亩）	3 倍酵解豆粕 （15kg/亩）

注：传统大豆 5kg/亩，全氮含量按 7% 换算成相应的硝酸铵钙的使用量。

（2）实验过程。选择平整烟田地块，烟农具有丰富的豆浆灌根经验，灌溉设施良好，种植单一烟草品种。大田烟株生长期间保持土壤含水量适中，各处理间田间管理措施（浇水、喷药、除草、打顶等）保持一致，并防止杂草及病虫害发生。烟株打顶前测定株高、节距、茎围、单株有效留叶数、叶长、叶宽等农艺性状；挂牌标记采收中部叶和上部叶，取烤后 C3F 和 B2F 等级烟叶，用于烟叶物测、化学和评吸质量等指标的测定。大田豆浆灌根后 30d、45d、75d、100d、120d，按照随机和多点混合的原则采用 GPS 定位和"S"取样法，采集 0~20cm 耕层土壤样品，每份 1.5kg 左右。采集的土壤样品分为两部分，一部分装入无菌瓶中，冷藏带回实验室保存于−80℃冰箱中，用于土壤微生物指标和酶活性的测定；一部分装于布袋中，带回实验室自然风干，用于土壤蛋白和活性有机质的测定。

（二）盆栽实验

1. 实验处理

2017 年采集三门峡卢氏杜关镇当地土壤，实验安排在河南农业大学试验地开展，土壤充分混用过筛，去除石子等杂质后装入塑料盆（50L）中。实验分 6 个处理：①清水对照；②无机氮肥处理；③1 倍传统豆浆；④1 倍酵解豆粕；⑤2 倍酵解豆粕；⑥3 倍酵解豆粕。具体同 1.2.1 大田实验设置相同。

2. 实验过程

与大田种植时间一致，5 月 1 日前选择长势一致的 K326 品种烟苗移栽至塑料盆中，每盆栽 2 株，处理前 3d 剔除 1 株，移栽后 25d 左右进行处理。处理前采集烟株周围土样 1 次，处理后每 5d 采集土样一次，取样至豆浆施入后第 30d，共取样 7 次，要求每次采样去除杂草石子等杂物。采集土壤样品分为两部分，一部分装入无菌瓶中，冷藏带回实验室保存于−4℃冰箱中，用于土壤酶活性的测定；一部分装于布袋中，带回实验室自然风干，过 2 mm 筛后用于土壤活性有机碳和土壤蛋白含量指标检测。烟苗生长期间保持土壤含水量在 60% 左右（移栽期可适当提高含水量），各处理间须保持一致，并防止杂草及病虫害发生。烟株打顶前测定 SPAD、株高、节距、茎围、单株有效留叶数、叶长、叶宽等农艺性状。实验结束后挂牌标记烟株茎部，用自来水冲洗植株根系，WinRHIZO 根系扫描系统（加拿大 Regent Instruments 公司）测定烟草根系生长指标，主要包括总根长、根表面积、根直径、单位体积根长、根体积、根尖数和分根数，之后用吸水纸吸干表面水分，随后将样品置于 105℃中杀青 30min，55℃烘干后称重。

二、样品分析

（一）烟叶质量评价

参考国家相关标准建立的评分体系考察烤烟各项指标。物理特性评价包括烟叶厚度、叶面密度、平衡含水率、填充值、含梗率和拉力。化学成分评价指标主要包括总植物碱、总氮、还原糖、钾、淀粉、糖碱比值、氮碱比值和钾氯比值，各权重分别为 0.17、0.09、0.14、0.08、0.07、0.25、0.11、0.09。外观质量评价：外观评价采用定性描述和定量评价相结合的方法进行，定性描述以 GB 2635—92 烤烟分级标准为基础，定量评价根据近年的外观评价结果和有关烤烟分级专家的意见，建立烟叶外观质量评定的打分标准；烟叶外观质量因素颜色、成熟度、叶片结构、身份、油分、色度均按 10 分制进行打分，权重分别为 0.30、0.25、0.15、0.12、0.10 和 0.08，对品质因素各档次赋以不同分值，分值越高，质量越高。感官质量评价：以标准 YC/T 138—1998 烟草及烟草制品感官评价方法为基础，形成9分制烤烟感官质量指标量化评价方法。评价感官质量的指标主要有：香型、香气质、香气量、浓度、劲头、杂气、刺激性、余味。以香气质、香气量、杂气、刺激性、余味的权重分别为0.30、0.30、0.08、0.15、0.17计算感官质量的总分。

（二）游离氨基酸测定

按照YC/T 31—1996规定的方法处理烟叶样品后，通过60目筛过滤制备烟末试样，称取1g烟末（精确至0.0001g）于100mL磨口三角瓶中，加入0.005 mol/L盐酸溶液50mL，塞上塞子，室温下超声萃取30min，离心取上清液，使用水相滤膜过滤，滤液移至1.5mL色谱瓶中待测。参照YC/T 282—2009规定的方法，利用氨基酸自动分析仪（Hitachi 8900，日本）测定样品21种游离氨基酸的含量与组分。仪器所用缓冲液及显色液购自上海西宝生物公司，均为氨基酸自动分析仪专用试剂。按下式计算烟叶中各游离氨基酸的含量：

$$r = c \cdot V \cdot k / [m \cdot (1-w)]$$

式中：

r——样品中氨基酸的含量，单位为微克/毫克；

c——样品中氨基酸仪的测定浓度，单位为微克/毫升；

V——萃取液的体积，单位为毫升；

m——样品质量，单位为毫克；

k——稀释倍数；

w——试样水分含量，%。

依据标准方法，对烟叶中21种游离氨基酸进行检测，具体有：门冬氨酸（Asp）、苏氨酸（Thr）、丝氨酸（Ser）、天门冬酰胺（Asn）、谷氨酸（Glu）、甘氨酸（Gly）、丙氨酸（Ala）、缬氨酸（Val）、胱氨酸（Cys）、异亮氨酸（Ile）、亮氨酸（Leu）、酪氨酸（Tyr）、苯丙氨酸（Phe）、β-丙氨酸（β-Ala）、β-氨基异丁酸（β-AiBA）、γ-氨基正丁酸（γ-ABA）、色氨酸（Trp）、赖氨酸（Lys）、组氨酸（His）、精氨酸（Arg）、脯氨酸（Pro）。

三、结果与分析

（一）豆浆灌根对烤烟质量的影响

1. 物理性状

一般认为，下部叶、中部叶和上部叶密度合适范围分别为55～75g/m²、65～90g/m²、75～100g/m²，单叶重合适范围分别为6～9g、8.5～11.5g、10～13g，拉力在1.20～2.00N、1.40～2.20N、1.40～2.40N，平衡含水率大于12%以上烟叶吸湿性较好，烟叶的伸长率与烟叶弹性、油分呈正相关性，越高越多，而含梗率越低越好。由表8-8看出，同一部位烟叶的厚度在5种处理条件之间变化不大；下部叶清水处理的烟叶密度偏低，为53.50g/m²，传统豆浆和酵解豆粕处理后的烟叶密度分别为65.34g/m²和59.72g/m²，较为合适；不同处理条件下中部叶密度均较为合适，上部叶中清水处理条件下密度偏高，为110g/m²。传统与酵解豆粕处理后的单叶重一般高于清水对照，但烟叶质量均偏重；各处理平衡含水率均表现较好，高于13%；与传统豆浆和酵解豆粕相比，清水处理后下部叶和上部叶的拉力偏大；不同处理条件下，下部烟叶伸长率差异不大，与清水处理相比，传统豆浆与酵解豆粕处理后中上部烟叶伸长率较高；与清水对照相比，传统豆浆和酵解豆粕处理提高了中下部烟叶的填充值，降低了中上部烟叶的含梗率。综合来看，豆浆灌根提升了烟叶的物理特性，补充豆油对烟叶物理特性的影响不大。

表8-8　豆浆灌根对大田烟叶物理特性的影响

等级	处理	厚度 (mm)	密度 (g/m²)	单叶重 (g)	平衡含水率 (%)	拉力 (N)	伸长率 (%)	填充值 (cm³/g)	含梗率 (%)	总分 (分)
	CK	0.11	53.50	9.61	14.44	1.99	18.93	3.84	32.99	80.75
	T1	0.11	65.34	11.46	13.74	1.66	18.89	4.55	32.06	87.78
X2F	T2	0.11	59.72	10.39	14.13	1.44	18.08	4.20	32.92	83.33
	酵解+2.5L豆油	0.11	61.00	11.68	14.40	1.98	18.21	4.38	34.22	82.25
	酵解+5L豆油	0.10	55.05	10.83	13.97	1.99	19.20	4.48	32.90	81.33
	清水	0.11	77.43	10.82	14.71	2.12	15.52	3.83	33.48	85.23
	传统豆浆	0.12	72.48	12.47	14.79	2.02	18.14	3.89	31.58	87.84
C3F	酵解豆粕	0.11	75.71	12.80	13.84	2.18	21.52	3.95	31.09	86.27
	酵解+2.5L豆油	0.12	77.87	13.19	14.34	2.17	20.75	3.85	31.16	86.39
	酵解+5L豆油	0.14	73.31	13.92	14.40	2.12	16.15	3.88	31.70	86.25
	清水	0.21	105.15	15.22	13.93	2.75	17.29	3.56	31.30	71.17
	传统豆浆	0.20	96.35	17.69	14.11	2.64	19.81	3.48	29.10	78.48
B2F	酵解豆粕	0.20	96.58	18.13	13.77	2.73	20.86	3.49	30.75	75.21
	酵解+2.5L豆油	0.17	75.56	15.45	13.40	2.41	18.45	3.74	30.68	79.40
	酵解+5L豆油	0.17	79.29	15.03	14.06	2.69	20.24	3.74	30.27	76.45

2. 化学特性

参照烟草工业企业原料要求，下部叶、中部叶和上部叶总植物碱合适范围分别为1.3%~1.9%、1.8%~2.6%、2.3%~3.3%，氮碱比为0.90~1.40、0.60~1.00、0.60~0.80，糖碱比为8.5~13.5、6.5~11.5、5.0~9.0，两糖比均为≥0.80，钾氯比≥1.50。通过对比发现，传统豆浆和酵解豆粕处理后的烟叶化学成分均能满足这些质量要求，清水对照处理后的烟叶除中部叶及下部叶糖碱比偏高、下部叶氮碱比略低外，其他几个指标也满足上烟集团质量目标。与酵解豆粕相比，加入豆油后对下部叶化学成分评价总分提升明显，对中部叶和上部叶提升作用不显著（表8-9）。总体来看，与清水对照相比较，传统豆浆和酵解豆粕处理后，3个部位烟叶总植物碱和总氮含量均上升明显，还原糖和总糖含量有所降低，这可能是豆浆灌根后烟叶评吸质量较好的主要原因之一。

表8-9　豆浆灌根对大田烟叶化学成分的影响

等级	处理	总植物碱（%）	总氮（%）	还原糖（%）	总糖（%）	钾（%）	氯（%）	淀粉（%）	氮碱比	糖碱比	钾氯比	两糖比	评价总分（分）
X2F	清水	1.56	1.55	25.75	29.53	1.2	0.17	4.97	0.99	16.51	6.87	0.94	73.61
	传统豆浆	1.85	1.76	21.44	24.27	1.18	0.21	6.65	0.90	10.99	5.59	0.88	87.89
	酵解豆粕	1.69	1.63	24.27	26.77	1.23	0.18	3.43	0.97	15.00	7.03	0.94	78.99
	酵解+2.5L 豆油	1.79	2.04	22.32	24.82	1.45	0.13	4.54	1.14	12.48	11.10	0.90	91.00
	酵解+5L 豆油	1.77	1.85	21.30	23.65	1.53	0.16	2.69	1.04	12.02	9.64	0.90	92.59
C3F	清水	2.03	1.75	27.23	30.45	1.14	0.16	6.75	0.86	13.41	7.26	0.94	81.38
	传统豆浆	2.26	2.13	23.24	25.91	1.55	0.17	3.57	0.94	10.28	10.71	0.90	94.15
	酵解豆粕	2.59	1.92	25.17	26.85	1.16	0.16	4.83	0.74	9.71	7.44	0.94	91.12
	酵解+2.5L 豆油	2.29	1.90	20.84	24.06	1.55	0.12	3.73	0.83	9.12	12.59	0.87	96.54
	酵解+5L 豆油	2.43	1.83	23.92	26.36	1.28	0.18	5.17	0.75	9.84	7.14	0.91	90.92
B2F	清水	3.11	1.87	19.80	20.99	1.14	0.28	7.04	0.60	6.36	4.08	0.94	79.77
	传统豆浆	3.15	2.00	22.13	23.70	1.17	0.26	5.10	0.63	7.02	4.44	0.93	85.98
	酵解豆粕	3.25	2.12	19.12	20.36	1.49	0.20	5.49	0.65	5.89	7.30	0.94	85.00
	酵解+2.5L 豆油	3.28	2.13	20.52	21.92	1.72	0.21	3.78	0.65	6.25	8.11	0.94	87.82
	酵解+5L 豆油	3.30	2.23	20.39	22.14	1.28	0.20	4.68	0.68	6.70	6.51	0.92	87.75

3. 外观质量

由表8-10可知，与清水对照相比，施用传统豆浆与酵解豆粕后，3个部位烟叶外观质量都有所提升，其中下部叶的颜色、叶片结构和油分提升明显，中部叶的颜色、成熟度、叶片结构、身份、色度等指标提升明显，上部叶的颜色、叶片结构、身份、油分等指标提升明显。酵解豆粕中加入豆油对中部叶和上部叶的油分提升作用显著。

表8-10　豆浆灌根对大田烟叶外观质量的影响

等级	处理	颜色	成熟度	叶片结构	身份	油分	色度	总分（分）
X2F	清水	7.1	6.8	7.1	5.5	4.1	4.8	63.5
	传统豆浆	7.8	6.9	7.7	5.8	4.5	4.8	67.5
	酵解豆粕	8.0	8.0	8.0	5.9	4.6	5.2	71.8
	酵解+2.5L豆油	7.5	7.8	7.9	5.8	4.6	5.0	69.4
	酵解+5L豆油	7.5	7.0	7.8	5.9	4.6	4.8	67.2
C3F	清水	7.3	7.2	7.3	7.4	5.9	4.9	69.6
	传统豆浆	7.7	7.6	7.6	8.0	6.1	5.5	73.6
	酵解豆粕	7.9	8.1	8.2	8.0	6.3	5.7	76.7
	酵解+2.5L豆油	8.0	7.7	7.4	7.5	6.8	5.9	74.9
	酵解+5L豆油	8.0	7.8	7.4	7.8	6.8	5.9	75.5
B2F	清水	7.5	7.3	5.5	6.2	6.0	5.0	66.4
	传统豆浆	7.8	7.5	5.7	6.5	6.5	5.4	69.3
	酵解豆粕	7.8	7.5	5.9	7.0	6.5	5.0	69.9
	酵解+2.5L豆油	7.7	7.7	7.0	7.3	7.0	5.3	72.9
	酵解+5L豆油	8.2	8.0	7.3	7.3	6.8	5.9	75.8

4. 感官质量

由表8-11看出，与清水对照相比，传统豆浆和酵解豆粕施用后对烟叶感官质量提升作用明显。其中，下部叶感官质量总分分别提升了1.4分和1.5分，中部叶分别提升了1.5分和1.6分，上部叶均提升了1.6分。从具体指标来看，烟叶的香气质和香气量在施用传统和酵解豆粕后分值有明显上升，余味有所改善。相比酵解豆粕，在酵解豆粕中加入豆油对感官质量的提升作用不明显。

表8-11　豆浆灌根对大田烟叶感官质量的影响

等级	处理	香气质	香气量	杂气	刺激	余味	总分（分）
X2F	清水	5.7	5.7	5.8	5.7	5.7	63.4
	传统豆浆	5.8	5.9	5.8	5.8	5.8	64.8
	酵解豆粕	5.8	5.9	5.9	5.8	5.8	64.9
	酵解+2.5L豆油	5.8	5.9	5.8	5.8	5.8	64.8
	酵解+5L豆油	5.8	5.9	5.9	5.9	5.8	65.0

表 8-11　（续）

等级	处理	香气质	香气量	杂气	刺激	余味	总分（分）
C3F	清水	6.1	6.1	6.2	5.8	5.8	66.8
	传统豆浆	6.2	6.3	6.2	5.9	6.0	68.3
	酵解豆粕	6.2	6.3	6.3	5.9	6.0	68.4
	酵解+2.5L豆油	6.2	6.3	6.2	5.9	5.9	68.1
	酵解+5L豆油	6.3	6.3	6.3	5.9	6.0	68.8
B2F	清水	5.9	6.1	6.4	5.7	5.6	65.8
	传统豆浆	6.0	6.3	6.5	5.8	5.8	67.4
	酵解豆粕	6.0	6.3	6.5	5.8	5.8	67.4
	酵解+2.5L豆油	6.0	6.3	6.5	5.8	5.8	67.4
	酵解+5L豆油	6.0	6.3	6.4	5.8	5.8	67.3

（二）豆浆灌根对烤烟烟叶游离氨基酸组成的影响

1. 不同大豆前处理对大豆氨基酸含量及组成的影响

由表 8-12 看出，不同大豆前处理条件下，生豆游离氨基酸总量为 26.30mg/g，远高于煮豆（5.42mg/g）和炒豆（2.20mg/g）；生豆中除 Lys 含量低于煮豆和炒豆、Cys 与煮豆持平外，其他 15 种氨基酸含量均高于煮豆和生豆，表明生豆中大多种游离氨基酸含量较高。从游离氨基酸的组成比例来看，Asp 和 Glu 在炒豆中占比近 60%，Asp、Glu、Arg 等 3 种氨基酸在煮豆中占比近 65%，其他种类氨基酸占比较低；生豆中 Asp、Glu、Ala 的占比超过 10%，Gly、Val、Leu、Tyr、Phe 等 5 种氨基酸占比为 5%~10%，Met、Ile、His、Arg、Pro 等 5 种氨基酸占比为 1%~5%，与煮豆和炒豆相比，生豆中 17 种氨基酸组成相对均匀。

表 8-12　不同大豆前处理游离氨基酸含量及组成

氨基酸	含量（mg/g）			组成（%）		
	煮豆	生豆	炒豆	煮豆	生豆	炒豆
Asp	1.76	3.32	0.93	32.47	12.62	42.33
Thr	0.01	0.06	0.04	0.23	0.23	1.83
Ser	0.03	0.04	0.01	0.48	0.15	0.63
Glu	0.87	4.99	0.37	16.01	18.99	17.01
Gly	0.14	1.60	0.03	2.49	6.07	1.51
Ala	0.35	3.94	0.14	6.47	14.99	6.37
Val	0.09	2.19	0.05	1.71	8.34	2.34
Cys	0.19	0.19	0.14	3.53	0.73	6.17

表 8-12 （续）

氨基酸	含量（mg/g）			组成（%）		
	煮豆	生豆	炒豆	煮豆	生豆	炒豆
Met	0.05	0.63	0.03	0.97	2.38	1.16
Ile	0.07	1.25	0.03	1.29	4.76	1.51
Lcu	0.28	2.41	0.11	5.17	9.14	4.92
Tyr	0.04	1.36	0.01	0.81	5.16	0.63
Phe	0.19	1.34	0.06	3.41	5.08	2.55
Lys	0.15	0.07	0.10	2.73	0.25	4.53
His	0.27	0.77	0.07	5.05	2.92	3.40
Arg	0.87	0.96	0.04	16.01	3.65	1.91
Pro	0.06	1.19	0.03	1.15	4.53	1.19
总量	5.42	26.30	2.20	—	—	—

2. 豆浆灌根对不同部位烤烟烟叶游离氨基酸含量及组成的影响

（1）下部叶。由表 8-13 看出，在下部叶 21 种氨基酸中，占比相对较高（>1.0%）的有 Asp、Thr、Asn、Glu、Ala、Cys、Phe、β-Ala、γ-ABA、Pro 等 10 种氨基酸，其中 Pro 占比在 60% 左右，而 Asn 的占比超过 10%。与清水对照相比，传统豆浆和酵解豆粕施用后，烟叶 Thr、Ser、Glu、Cys、Leu、His 的含量均相对较高。

表 8-13 豆浆灌根大田下部叶游离氨基酸含量及组成

氨基酸	含量（mg/g）					组成（%）				
	清水	传统豆浆	酵解豆粕	酵解+2.5L豆油	酵解+5L豆油	清水	传统豆浆	酵解豆粕	酵解+2.5L豆油	酵解+5L豆油
Asp	0.15	0.20	0.22	0.39	0.44	1.44	1.25	1.69	2.28	2.33
Thr	0.15	0.17	0.17	0.21	0.24	1.43	1.07	1.32	1.19	1.26
Ser	0.07	0.08	0.10	0.09	0.10	0.69	0.53	0.74	0.54	0.54
Asn	1.23	1.74	1.40	2.43	3.09	12.04	11.02	10.95	14.11	16.51
Glu	0.27	0.39	0.37	0.52	0.60	2.60	2.47	2.90	2.99	3.22
Gly	0.01	0.02	0.02	0.01	0.03	0.11	0.12	0.12	0.05	0.16
Ala	0.42	0.57	0.47	0.47	0.62	4.11	3.60	3.68	2.75	3.29
Val	0.07	0.07	0.10	0.14	0.19	0.73	0.47	0.78	0.81	1.02
Cys	0.18	0.23	0.21	0.19	0.26	1.79	1.43	1.64	1.12	1.41
Ile	0.07	0.10	0.07	0.09	0.19	0.70	0.61	0.57	0.52	1.00
Leu	0.03	0.05	0.05	0.06	0.07	0.32	0.33	0.35	0.33	0.38
Tyr	0.04	0.06	0.06	0.10	0.10	0.41	0.35	0.49	0.55	0.53

表 8-13 （续）

氨基酸	含量（mg/g）					组成（%）				
	清水	传统豆浆	酵解豆粕	酵解+2.5L豆油	酵解+5L豆油	清水	传统豆浆	酵解豆粕	酵解+2.5L豆油	酵解+5L豆油
Phe	0.13	0.22	0.19	0.34	0.41	1.25	1.41	1.47	1.96	2.18
β-Ala	0.32	0.45	0.44	0.68	0.66	3.08	2.85	3.45	3.97	3.54
β-AiBA	0.03	0.05	0.02	0.08	0.07	0.28	0.30	0.12	0.47	0.39
γ-ABA	0.14	0.20	0.20	0.26	0.27	1.39	1.24	1.54	1.49	1.46
Trp	0.11	0.17	0.14	0.12	0.12	1.07	1.10	1.06	0.69	0.65
Lys	0.01	0.03	0.02	0.05	0.06	0.14	0.18	0.19	0.28	0.30
His	0.08	0.15	0.11	0.18	0.22	0.79	0.93	0.84	1.02	1.16
Arg	0.02	0.03	0.03	0.06	0.06	0.18	0.21	0.24	0.33	0.31
Pro	6.71	10.81	8.44	10.78	10.93	65.46	68.56	65.85	62.54	58.37
总量	10.25	15.77	12.82	17.24	18.72	—	—	—	—	—

由表 8-14 看出，下部叶 Thr、Glu、Cys、Leu、His 等 5 种氨基酸含量与刺激呈显著正相关，Ser 含量与刺激和感官总分呈显著正相关；豆浆灌根后（传统豆浆和酵解豆粕），这 6 种氨基酸含量均有所上升，这可能是豆浆灌根促进下部叶感官品质提升的原因之一。

表 8-14 豆浆灌根大田下部叶游离氨基酸含量与感官品质的相关性

	香气质	香气量	杂气	刺激	余味	感官总分
Asp	0.569	0.569	0.343	0.795	0.569	0.633
Thr	0.609	0.609	0.447	0.894*	0.609	0.691
Ser	0.846	0.846	0.713	0.892*	0.846	0.903*
Asn	0.540	0.540	0.316	0.850	0.540	0.617
Glu	0.691	0.691	0.404	0.905*	0.691	0.756
Gly	0.370	0.370	0.667	0.794	0.370	0.494
Ala	0.626	0.626	0.389	0.869	0.626	0.695
Val	0.466	0.466	0.540	0.826	0.466	0.569
Cys	0.565	0.565	0.631	0.901*	0.565	0.670
Ile	0.372	0.372	0.508	0.853	0.372	0.494
Leu	0.745	0.745	0.421	0.954*	0.745	0.810
Tyr	0.635	0.635	0.361	0.801	0.635	0.689
Phe	0.632	0.632	0.331	0.870	0.632	0.696
β-Ala	0.691	0.691	0.239	0.775	0.691	0.720

表 8-14 （续）

	香气质	香气量	杂气	刺激	余味	感官总分
β-AiBA	0.404	0.404	-0.163	0.554	0.404	0.416
γ-ABA	0.747	0.747	0.379	0.876	0.747	0.794
Trp	0.491	0.491	-0.113	0.160	0.491	0.420
Lys	0.648	0.648	0.308	0.846	0.648	0.703
His	0.670	0.670	0.286	0.894*	0.670	0.728
Arg	0.662	0.662	0.246	0.798	0.662	0.702
Pro	0.835	0.835	0.072	0.788	0.835	0.827

（2）中部叶。由表 8-15 看出，在中部叶 21 种氨基酸中，占比相对较高（>1.0%）的有 Asp、Thr、Asn、Glu、Ala、β-Ala、Pro 等 7 种氨基酸，其中 Pro 占比在 60% 以上，而 Asn 的占比超过 10%。清水处理的烟叶中，Cys、Phe、γ-ABA 等 3 种氨基酸占比均低于 1.0%，传统豆浆和酵解豆粕处理后的烟叶中组成则均大于 1.0%。

与清水对照相比，传统豆浆和酵解豆粕施用后，烟叶 Leu 含量变化不大，Phe、γ-ABA、His 等 3 种氨基酸含量均上升 2 倍以上；Trp 含量在传统豆浆、酵解豆粕、酵解豆粕+5L 豆油处理中也上升 2 倍以上，与酵解豆粕+2.5L 豆油处理相比差别不大。

表 8-15　豆浆灌根大田中部叶游离氨基酸含量及组成

氨基酸	含量（mg/g）					组成（%）				
	清水	传统豆浆	酵解豆粕	酵解+2.5L豆油	酵解+5L豆油	清水	传统豆浆	酵解豆粕	酵解+2.5L豆油	酵解+5L豆油
Asp	0.16	0.48	0.37	0.37	0.25	1.36	2.53	2.53	2.75	1.77
Thr	0.12	0.23	0.16	0.16	0.16	1.08	1.22	1.10	1.22	1.13
Ser	0.05	0.13	0.10	0.08	0.08	0.47	0.68	0.67	0.59	0.59
Asn	1.17	2.91	1.94	2.13	1.79	10.08	15.24	13.23	16.00	12.59
Glu	0.18	0.56	0.40	0.38	0.37	1.59	2.92	2.71	2.87	2.61
Gly	0.01	0.01	0.02	0.02	0.01	0.09	0.05	0.12	0.13	0.10
Ala	0.31	0.51	0.38	0.44	0.41	2.65	2.67	2.58	3.30	2.87
Val	0.09	0.10	0.06	0.08	0.06	0.75	0.53	0.40	0.59	0.44
Cys	0.32	0.28	0.05	0.18	0.24	2.80	1.45	0.31	1.34	1.71
Ile	0.10	0.17	0.07	0.09	0.07	0.86	0.88	0.47	0.66	0.50
Leu	0.05	0.05	0.05	0.04	0.05	0.47	0.25	0.31	0.33	0.32
Tyr	0.04	0.09	0.08	0.07	0.07	0.35	0.50	0.55	0.52	0.47
Phe	0.08	0.27	0.20	0.23	0.19	0.67	1.43	1.37	1.70	1.31

表 8-15 （续）

氨基酸	含量（mg/g）					组成（%）				
	清水	传统豆浆	酵解豆粕	酵解+2.5L豆油	酵解+5L豆油	清水	传统豆浆	酵解豆粕	酵解+2.5L豆油	酵解+5L豆油
β-Ala	0.37	0.73	0.58	0.46	0.54	3.19	3.81	3.96	3.49	3.83
β-AiBA	0.04	0.03	0.06	0.04	0.05	0.37	0.14	0.39	0.31	0.39
γ-ABA	0.08	0.21	0.19	0.19	0.17	0.73	1.12	1.29	1.40	1.18
Trp	0.07	0.14	0.22	0.08	0.19	0.58	0.75	1.48	0.60	1.36
Lys	0.01	0.04	0.03	0.03	0.03	0.08	0.21	0.20	0.21	0.18
His	0.05	0.17	0.13	0.16	0.12	0.44	0.90	0.90	1.21	0.86
Arg	0.02	0.05	0.04	0.03	0.04	0.20	0.27	0.27	0.24	0.25
Pro	8.23	11.93	9.58	8.06	9.33	71.17	62.47	65.19	60.54	65.54
总量	11.56	19.10	14.70	13.32	14.23	—	—	—	—	—

由表 8-16 看出，中部叶 Leu 含量与香气量、刺激和感官总分呈显著负相关，Phe、γ-ABA、His 等 3 种氨基酸含量与香气量、刺激呈显著正相关，Trp 与杂气呈显著正相关。与清水对照相比，豆浆灌根后（传统豆浆和酵解豆粕），Phe、γ-ABA、His、Trp 等 4 种氨基酸含量均有所上升，这可能是豆浆灌根促进中部叶感官品质提升的原因之一。

表 8-16 豆浆灌根大田中部叶游离氨基酸含量与感官品质的相关性

	香气质	香气量	杂气	刺激	余味	感官总分
Asp	0.270	0.758	−0.102	0.758	0.667	0.577
Thr	0.326	0.621	−0.168	0.621	0.665	0.531
Ser	0.363	0.693	0.056	0.693	0.793	0.623
Asn	0.352	0.730	−0.174	0.730	0.667	0.588
Glu	0.500	0.821	0.042	0.821	0.813	0.729
Gly	0.314	0.441	0.509	0.441	0.188	0.380
Ala	0.482	0.763	−0.180	0.763	0.648	0.641
Val	−0.474	−0.278	−0.872	−0.278	−0.287	−0.414
Cys	−0.262	−0.569	−0.587	−0.569	−0.478	−0.495
Ile	−0.243	−0.003	−0.658	−0.003	0.071	−0.113
Leu	−0.806	−0.954[*]	−0.493	−0.954[*]	−0.756	−0.909[*]
Tyr	0.469	0.838	0.167	0.838	0.856	0.745
Phe	0.530	0.888[*]	0.007	0.888[*]	0.760	0.753

表 8-16　（续）

	香气质	香气量	杂气	刺激	余味	感官总分
β-Ala	0.464	0.704	0.176	0.704	0.856	0.686
β-AiBA	0.356	0.090	0.852	0.090	0.156	0.259
γ-ABA	0.598	0.946*	0.194	0.946*	0.846	0.835
Trp	0.670	0.612	0.891*	0.612	0.867	0.770
Lys	0.513	0.867	0.076	0.867	0.821	0.758
His	0.535	0.905*	−0.007	0.905*	0.705	0.747
Arg	0.434	0.704	0.113	0.704	0.829	0.665
Pro	0.251	0.432	0.016	0.432	0.678	0.440

（3）上部叶。由表 8-17 看出，在上部叶 21 种氨基酸中，占比相对较高（>1.0%）的有 Asp、Thr、Asn、Glu、Ala、β-Ala、γ-ABA、Pro 等 8 种氨基酸，其中 Pro 占比在 68.92%~86.19%范围，Asn 的占比在 7%~8%。上部叶 Cys 含量在酵解豆粕+5L 豆油处理后占比低于 1%，在其他 4 种处理条件下占比均高于 1%；上部叶 Phe 含量在加入豆油的酵解豆粕处理后占比均低于 1.0%，在清水、传统豆浆和酵解豆粕处理后的烟叶中则均大于 1.0%。

与清水对照相比，传统豆浆和酵解豆粕施用后，烟叶 Thr 含量变化不大，γ-ABA 和 Pro 含量均上升 50%左右。

表 8-17　豆浆灌根大田上部烟叶游离氨基酸含量及组成

氨基酸	含量（mg/g）					组成（%）				
	清水	传统豆浆	酵解豆粕	酵解+2.5L豆油	酵解+5L豆油	清水	传统豆浆	酵解豆粕	酵解+2.5L豆油	酵解+5L豆油
Asp	0.21	0.14	0.36	0.17	0.15	1.89	0.90	2.36	1.38	1.09
Thr	0.14	0.16	0.15	0.16	0.14	1.30	1.00	1.01	1.29	1.02
Ser	0.08	0.06	0.08	0.07	0.06	0.72	0.39	0.54	0.54	0.41
Asn	0.78	1.34	1.11	1.01	1.10	7.07	8.48	7.25	8.31	7.80
Glu	0.39	0.44	0.47	0.32	0.30	3.56	2.81	3.07	2.59	2.14
Gly	0.05	0.04	0.05	0.05	0.04	0.45	0.28	0.35	0.39	0.26
Ala	0.32	0.53	0.44	0.43	0.42	2.86	3.37	2.86	3.51	3.00
Val	0.14	0.07	0.10	0.08	0.11	1.27	0.46	0.66	0.63	0.76
Cys	0.12	0.16	0.18	0.14	0.13	1.11	1.02	1.16	1.19	0.93
Ile	0.07	0.08	0.13	0.07	0.07	0.66	0.48	0.83	0.56	0.47
Leu	0.10	0.06	0.09	0.08	0.06	0.89	0.36	0.61	0.65	0.46

表 8-17　（续）

氨基酸	含量（mg/g）					组成（%）				
	清水	传统豆浆	酵解豆粕	酵解+2.5L豆油	酵解+5L豆油	清水	传统豆浆	酵解豆粕	酵解+2.5L豆油	酵解+5L豆油
Tyr	0.06	0.04	0.06	0.04	0.04	0.51	0.26	0.38	0.35	0.28
Phe	0.13	0.16	0.19	0.12	0.12	1.17	1.01	1.24	0.99	0.84
β-Ala	0.27	0.39	0.48	0.39	0.35	2.43	2.45	3.10	3.18	2.50
β-AiBA	0.11	0.04	0.08	0.07	0.06	1.00	0.26	0.54	0.11	0.40
γ-ABA	0.14	0.22	0.25	0.22	0.17	1.26	1.37	1.62	1.82	1.19
Trp	0.08	0.07	0.09	0.04	0.08	0.70	0.43	0.56	0.31	0.60
Lys	0.07	0.02	0.06	0.03	0.02	0.60	0.14	0.37	0.23	0.14
His	0.07	0.08	0.10	0.06	0.06	0.68	0.53	0.65	0.51	0.44
Arg	0.11	0.03	0.08	0.05	0.05	0.96	0.21	0.52	0.41	0.24
Pro	7.61	11.63	10.80	10.49	10.57	68.92	73.80	70.31	86.19	75.02
总量	11.04	15.76	15.36	13.99	14.08	—	—	—	—	—

由表 8-18 看出，上部叶 Thr 含量与杂气呈极显著正相关，γ-ABA 含量与杂气呈显著正相关；Pro 含量与香气质、香气量、刺激和余味呈显著正相关，与感官总分呈极显著正相关。

与清水对照相比，豆浆灌根后（传统豆浆和酵解豆粕），γ-ABA 和 Pro 两种氨基酸含量增幅明显，可能是豆浆灌根促进中部叶感官品质提升的原因之一。

表 8-18　豆浆灌根大田上部叶游离氨基酸含量与感官品质的相关性

	香气质	香气量	杂气	刺激	余味	感官总分
Asp	−0.013	−0.013	0.259	−0.013	−0.013	0.005
Thr	0.590	0.590	0.988**	0.590	0.590	0.631
Ser	−0.500	−0.500	0.049	−0.500	−0.500	−0.475
Asn	0.802	0.802	0.586	0.802	0.802	0.807
Glu	−0.060	−0.060	0.458	−0.060	−0.060	−0.026
Gly	−0.286	−0.286	0.456	−0.286	−0.286	−0.243
Ala	0.815	0.815	0.695	0.815	0.815	0.827
Val	−0.832	−0.832	−0.806	−0.832	−0.832	−0.850

表8-18　（续）

	香气质	香气量	杂气	刺激	余味	感官总分
Cys	0.621	0.621	0.838	0.621	0.621	0.651
Ile	0.210	0.210	0.447	0.210	0.210	0.231
Leu	−0.621	−0.621	−0.140	−0.621	−0.621	−0.604
Tyr	−0.532	−0.532	−0.035	−0.532	−0.532	−0.512
Phe	0.256	0.256	0.578	0.256	0.256	0.284
β-Ala	0.792	0.792	0.778	0.792	0.792	0.810
β-AiBA	−0.696	−0.696	−0.545	−0.696	−0.696	−0.703
γ-ABA	0.756	0.756	0.933*	0.756	0.756	0.787
Trp	−0.196	−0.196	−0.483	−0.196	−0.196	−0.220
Lys	−0.723	−0.723	−0.187	−0.723	−0.723	−0.705
His	0.054	0.054	0.456	0.054	0.054	0.083
Arg	−0.796	−0.796	−0.272	−0.796	−0.796	−0.781
Pro	0.955*	0.955*	0.676	0.955*	0.955*	0.960**

综合来看，与煮豆和炒豆相比，生豆的游离氨基酸总量及大多数游离氨基酸含量均相对较高，可能更适合制作豆浆灌根的原料。豆浆灌根后不同部位不同类别烟叶游离氨基酸含量与感官品质之间的相关性有所差异，下部叶中多与刺激有关，中部叶中多与香气量和刺激有关，上部叶中多与杂气有关，且Pro在上部叶的作用可能较大；与清水对照相比，豆浆灌根后下部叶Thr、Ser、Glu、Cys、Leu、His含量升高，中部叶Phe、γ-ABA、His、Trp含量升高，上部叶γ-ABA、Pro含量升高，可能是不同部位烟叶感官品质提升的主要原因之一。

3. 豆浆灌根对不同生育期烤烟烟叶游离氨基酸含量及组成的影响

为进一步揭示不同种类游离氨基酸在烟叶生长过程中的变化规律，采集分析了鲜烟不同生长时间点的游离氨基酸（表8-19）。结果显示，烟叶游离氨基酸总量及多种氨基酸在灌根后5d时含量较高，在灌根后20d、35d后逐步下降，灌根后45d即下部叶采收前有所上升。中部叶采收前（T6），豆浆灌根后的游离氨基酸总量高于清水对照。上部叶采收前（T7），清水与酵解豆粕处理后氨基酸总量差别不大，传统豆浆处理后游离氨基酸总量相对较高。

与清水对照相比，传统豆浆和酵解豆粕施用后，下部叶除Glu外，Thr、Ser、Cys、Leu、His含量相对较高，与烤后烟叶含量变化一致；中部叶的Phe、γ-ABA、His、Trp含量变化不明显，上部叶γ-ABA含量差别不大，Pro含量在传统豆浆处理后相对较高，清水与酵解处理差别不大。因此，豆浆灌根后中部叶、上部叶中与评吸品质显著相关的游离氨基酸含量相对较高，可能与烘烤过程中相关氨基酸含量变化程度不一致有关。

表 8-19　豆浆灌根大田后鲜烟生长过程中游离氨基酸含量变化

	T1			T2			T3			T4			T5			T6			T7		
	清水	传统	酵解	清水	传统	酵解	清水	传统	酵解	清水	传统	酵解	清水	传统	酵解	清水	传统	酵解	清水	传统	酵解
Asp	0.89	0.80	0.76	0.28	0.34	0.30	0.25	0.49	0.33	0.52	0.77	0.81	0.20	0.32	0.33	0.07	0.40	0.37	0.12	0.24	0.10
Thr	0.36	0.52	0.45	0.16	0.34	0.26	0.14	0.24	0.16	0.18	0.27	0.22	0.15	0.15	0.20	0.15	0.21	0.17	0.13	0.13	0.13
Ser	0.41	0.52	0.36	0.14	0.29	0.18	0.12	0.20	0.17	0.16	0.21	0.19	0.15	0.15	0.19	0.13	0.16	0.17	0.18	0.18	0.18
Asn	0.22	0.31	0.22	0.06	0.19	0.15	0.05	0.11	0.07	0.18	0.28	0.26	0.09	0.10	0.11	0.07	0.13	0.09	0.06	0.07	0.07
Glu	0.09	0.12	0.09	0.46	0.15	0.24	0.38	0.31	0.43	0.19	0.12	0.25	0.20	0.16	0.25	0.10	0.16	0.17	0.29	0.37	0.16
Gly	0.16	0.24	0.22	0.02	0.15	0.05	0.02	0.06	0.04	0.02	0.04	0.02	0.02	0.02	0.03	0.02	0.02	0.02	0.05	0.04	0.03
Ala	0.65	0.92	0.85	0.22	0.41	0.27	0.19	0.31	0.24	0.26	0.31	0.33	0.18	0.14	0.21	0.59	0.27	0.24	0.17	0.18	0.14
Val	0.19	0.33	0.23	0.07	0.15	0.12	0.06	0.12	0.08	0.08	0.13	0.11	0.06	0.06	0.08	0.08	0.11	0.09	0.10	0.11	0.10
Cys	0.21	0.21	0.28	0.10	0.17	0.12	0.07	0.20	0.07	0.08	0.12	0.10	0.06	0.08	0.08	0.08	0.13	0.09	0.17	0.21	0.18
Ile	0.09	0.22	0.13	0.04	0.08	0.07	0.03	0.07	0.04	0.05	0.09	0.07	0.03	0.04	0.05	0.05	0.07	0.05	0.06	0.06	0.06
Leu	0.34	0.66	0.45	0.12	0.23	0.19	0.09	0.20	0.12	0.12	0.20	0.18	0.10	0.10	0.13	0.13	0.18	0.15	0.20	0.19	0.19
Tyr	0.10	0.23	0.13	0.04	0.10	0.07	0.03	0.07	0.04	0.05	0.09	0.08	0.04	0.04	0.05	0.06	0.07	0.06	0.06	0.06	0.07
Phe	0.22	0.46	0.29	0.10	0.26	0.17	0.08	0.17	0.11	0.13	0.18	0.16	0.08	0.09	0.12	0.13	0.15	0.13	0.14	0.14	0.14
β-Ala	0.01	0.05	0.01	0.00	0.00	0.00	0.00	0.00	0.00	0.00	0.00	0.00	0.00	0.00	0.00	0.00	0.00	0.00	0.01	0.00	0.00
β-AiBA	0.01	0.05	0.02	0.00	0.01	0.00	0.00	0.00	0.00	0.00	0.00	0.00	0.00	0.00	0.00	0.00	0.00	0.00	0.00	0.01	0.00
γ-ABA	2.30	2.78	3.07	1.27	2.34	1.88	1.25	1.89	1.34	1.46	1.91	1.57	1.74	1.50	1.98	1.39	1.66	1.41	1.61	1.54	1.78
Trp	0.02	0.12	0.06	0.04	0.08	0.05	0.03	0.09	0.04	0.04	0.08	0.04	0.04	0.11	0.10	0.06	0.06	0.04	0.15	0.32	0.18
Lys	0.24	0.53	0.32	0.07	0.17	0.14	0.06	0.14	0.08	0.09	0.18	0.14	0.07	0.07	0.09	0.10	0.15	0.11	0.11	0.12	0.11

表8-19（续）

	T1			T2			T3			T4			T5			T6			T7		
	清水	传统	酵解	清水	传统	酵解	清水	传统	酵解	清水	传统	酵解	清水	传统	酵解	清水	传统	酵解	清水	传统	酵解
His	0.03	0.06	0.04	0.01	0.04	0.03	0.01	0.04	0.01	0.02	0.05	0.03	0.01	0.03	0.04	0.02	0.03	0.02	0.03	0.05	0.04
Arg	0.14	0.30	0.20	0.04	0.13	0.07	0.02	0.08	0.04	0.04	0.09	0.07	0.03	0.03	0.05	0.05	0.08	0.06	0.06	0.07	0.06
Pro	2.46	4.33	2.82	0.70	2.23	1.13	0.30	0.98	0.37	0.64	1.23	0.83	0.52	1.09	1.11	0.65	1.78	0.95	1.14	1.67	1.11
总量	9.15	13.75	10.98	3.94	7.86	5.51	3.20	5.68	3.78	4.34	6.37	5.44	3.78	4.28	5.22	3.93	5.82	4.39	4.87	5.78	4.84

注：T1、T2、T3、T4、T5、T6、T7分别表示大田豆浆灌根后5 d、20 d、35 d、45 d、55 d、65d、75 d；T1~T4取第 10 片烟叶，T5~T6取第 15 片烟叶，T7取第 20 片烟叶。

（三）豆浆灌根提升烤烟品质

烤烟豆浆灌根技术已成为豫西三门峡地区烤烟生产的一项常规农艺措施。有研究报道，该技术具有成本低、易操作、肥效好、生态环保、无毒副作用、无污染的特点，能够有效促进大田烟株生长发育，增强烟株自身营养和抗性，提高烟叶产量和质量。程兰等发现适量的豆浆灌根能够显著改善烤烟各部位叶片的物理特性，叶片肉的主要化学成分指标也不同程度地得到了优化，有效提高烟叶的可用性，改善烟叶品质，增加种烟经济效益。与常规施肥措施相比，增施豆制品处理对烟叶中叶绿素、类胡萝卜素提高幅度较大；与增施其他有机物质如芝麻相比，增施豆浆发酵物后烟叶中叶绿素降解产物新植二烯含量和类胡萝卜素降解产物总量提高幅度较高。豆浆灌根提高了烤烟中部和下部烟叶香气物质的总量和质量，香气物质含量的增加主要来源于棕色化产物类、类西柏烷类和胡萝卜素类香气物质。对各部位的香气物质总量和质量影响依次为中部>上部>下部。本研究发现，与清水对照相比，豆浆灌根（传统豆浆和酵解豆粕）提高了中下部烟叶的填充值，降低了中上部烟叶的含梗率；豆浆灌根后的烟叶化学成分均能满足上烟集团烟叶化学质量要求，而清水处理后的烟叶中部叶和下部叶糖碱比偏高；豆浆灌根后，下部叶的颜色、叶片结构和油分提升明显，中部叶的颜色、成熟度、叶片结构、身份、色度等指标提升明显，上部叶的颜色、叶片结构、身份、油分等指标提升明显；烟叶的香气质和香气量在施用传统和酵解豆粕后分值有明显上升，余味有所改善。综合来看，豆浆灌根提升了烟叶的感官品质，优化了烟叶化学成分，改善了各部位叶片的物理特性和外观质量（烟叶颜色、叶片结构、油分）。

在烘烤过程中，烟叶内的蛋白质或多肽在蛋白酶、肽酶的水解作用下，水解为多种游离氨基酸，与此同时，烟叶内的游离氨基酸也参与蛋白质等多种生物大分子的合成。烘烤过程中，烟叶开始是以蛋白质的水解作用为主导，游离氨基酸含量增加，而后随着烤房内温湿度的提高，蛋白酶活性逐渐下降，游离氨基酸则主要参与其他物质的合成反应，游离氨基酸含量减少。

通过检测不同前处理大豆及烤后烟叶发现，与煮豆和炒豆相比，生豆的游离氨基酸总量及大多种氨基酸含量相对较高，可能更适合制作豆浆灌根的原料；豆浆灌根后不同部位不同类别烟叶游离氨基酸含量与感官品质之间的相关性有所差异，下部叶中多与刺激有关，中部叶中多与香气量和刺激有关，上部叶中多与杂气有关，且 Pro 在上部叶的作用可能较大；与清水对照相比，豆浆灌根后下部叶 Thr、Ser、Glu、Cys、Leu、His 含量升高，中部叶 Phe、γ-ABA、His、Trp 含量升高，上部叶 γ-ABA、Pro 含量升高，可能是不同部位烟叶感官品质提升的主要原因之一。进一步跟踪不同烤前鲜烟叶游离氨基酸含量发现，豆浆灌根后烟叶氨基酸总量高于清水处理，但与烤后感官品质相关的氨基酸含量在3种处理的鲜烟中差别不大，因此推测，烘烤过程可能是造成烤后烟叶游离氨基酸含量差异的主要原因。

第三节　豆浆灌根对烤烟叶片物理特性及主要化学成分的影响

研究豆浆灌根对烤烟叶片物理特性及主要化学成分的影响，旨在探讨豆浆灌根对烟叶品质形成的影响机制。

一、实验安排

试验于 2017 年在河南省三门峡市卢氏县沙河乡宋家村进行，试验地海拔 916m。供试烤烟品种为云烟 87。土壤类型为褐土，主要养分状况为：pH 值 8.7，有机质含量为 0.99%，速效氮含量 52.6mg/kg，速效磷含量 7.9mg/kg，速效钾含量 141.4mg/kg。

试验共设 3 个处理，处理 D1 豆子（黄豆）用量为 112.55kg/hm², 处理 D2 豆子用量为 75.03kg/hm², 处理 D3 为对照（灌等量清水）。试验采用随机区组排列，每个小区面积为 166.6m², 行株距为 1.2m×0.55m，栽植密度为 15 000 株/hm²。烟草专用肥（N：P_2O_5：K_2O＝15：15：15）用量为 750kg/hm²；磷肥为过磷酸钙（含 P_2O_5 43%），P_2O_5 用量为 112.9kg/hm²；钾肥为硫酸钾（含 K_2O 50%），K_2O 用量为 75kg/hm²；硝酸钾 45.02 kg/hm²；其中硝酸钾于团棵期配合豆浆及清水在各处理追施，其余肥料作底肥一次施入。

具体操作中，豆子必须磨成浆，经过 2～3 d 高温充分发酵，大田灌根时按 1：1 000 用清水充分稀释，用一头削尖直径约 5cm 的木棍，在叶尖处垂直倾斜 30°打孔，平均每棵烟株灌 0.75kg，灌后待豆浆水完全下渗立即封土。田间种植管理按照豫西烟草种植标准化操作规程进行，5 月 4 日移栽，7 月 5 日打顶。

二、结果分析

（一）豆浆灌根对烤烟物理特性的影响

豆浆灌根对烤烟叶片物理特性的影响见表 8-20。由表 8-20 可以看出，上部叶烤烟的叶质重以处理 D1（0.307 3g/cm²）最高，显著高于处理 D2（0.283 3g/cm²）、D3（0.266 7g/cm²）；烤烟拉力表现为 D1（3.32N）>D2（2.79N）>D3（2.27N），各处理之间存在显著差异。烤烟的填充值和叶面厚度均以处理 D1 最高，对照处理 D3 最低；烤烟叶片的含水率在处理 D1、D2、D3 之间存在显著差异，处理 D1 的含水率（0.4076%）最高；烤烟的叶长和叶宽也呈现出 D1 显著高于 D2、D3 的规律。

中部叶烤烟的叶质重、拉力、填充值均表现为处理 D1 显著高于 D2、D3，其值分别为 0.280 0g/cm²、2.77N、3.86g/cm³；叶片的叶面厚度以处理 D1（0.120 0mm）最高，对照处理 D3（0.103 0mm）最低，处理 D2、D3 之间没有显著差异。处理 D1、D2 之间叶片含水率之间没有显著差异，但显著高于对照 D3，表现为 D1（0.242 9%）>D2（0.228 6%）>D3（0.162 6%）；烤烟叶片长和宽在处理 D1、D2、D3 之间存在显著差异，以处理 D1 显著高于其他处理。

下部叶烤烟的叶质重呈现出 D1（0.186 7g/cm²）＞D2（0.173 3g/cm²）＞D3（0.160 0g/cm²）的趋势，处理 D1、D2 之间没有显著差异，但显著高于对照 D3；烤烟的拉力在各处理之间存在显著差异，以处理 D1（2.38N）显著高于 D2（1.67N）、D3（1.36N）。烤烟的填充值呈现出 D1（4.18g/cm³）＞D2（3.84g/cm³）＞D3（3.78 g/cm³）的趋势，各处理之间存在显著差异；烤烟的叶片厚度和含水率均以处理 D1 最高，其值分别为 0.113 3mm、0.215 2%，显著高于 D2、D3，但在处理 D2、D3 之间没有显著差异，以对照处理 D3 的值最低；烤烟叶片的长和宽均以处理 D1 的最高，显著高于其他处理，均呈现出 D1＞D2＞D3 的变化趋势。

由同一处理不同部位烤烟叶片物理特性比较可以看出，烤烟的叶质重和拉力 D1、D2、D3 均表现为 B2F＞C3F＞X2F，且在不同部位之间均达到显著水平；处理 D1、D2 的烤烟填充值以 B2F 最高，显著高于其他处理，而处理 D3 的填充值以 X2F 最高。各处理烤烟的叶面厚度均以 B2F 显著高于其他部位，但是处理 D1、D2 的 C3F、X2F 之间没有显著差异。烤烟的叶片含水率以处理 D1 最高，处理 D3 最低，处理 D1 的 B2F 叶片含水率显著高于 C3F、X2F；处理 D2 的 B2F 和 C3F 叶片含水率之间没有显著差异；但显著高于 X2F，而处理 D3 的叶片含水率以 B2F 显著高于 C3F、X2F，C3F 和 X2F 的叶片含水率之间没有显著差异。烤烟的叶长、叶宽各处理均以中部叶最高，显著高于上部叶、下部叶。

表 8-20　豆浆灌根对烤烟物理特性的影响

部位	处理	叶质重（g/cm²）	拉力（N）	填充值（g/cm³）	叶面厚度（mm）	含水率（%）	叶长（cm）	叶宽（cm）
B2F	D1	0.307 3 aA	3.32 aA	4.37 aA	0.169 0 aA	0.407 6 aA	61.02 aB	24.32 aB
	D2	0.283 3 bA	2.79 bA	3.93 bA	0.148 0 bA	0.234 8 bA	56.62 bB	22.30 bB
	D3	0.266 7 cA	2.27 cA	3.70 cB	0.114 8 cA	0.223 2 bA	49.49 cB	22.08 cB
C3F	D1	0.280 0 aB	2.77 aB	3.86 aB	0.120 0 aB	0.242 9 aB	60.21 aA	24.21 aA
	D2	0.240 0 bB	1.95 bB	3.74 bC	0.108 0 bB	0.228 6 aA	59.19 bA	21.04 bA
	D3	0.220 0 cB	1.73 cB	3.68 cB	0.103 0 bB	0.162 6 bB	56.48 cA	19.12 cA
X2F	D1	0.186 7 aC	2.38 aC	4.18 aC	0.113 3 aB	0.215 2 aC	59.75 aC	18.46 aC
	D2	0.173 3 aC	1.67 bC	3.84 bB	0.099 7 bB	0.161 7 bB	54.66 bC	18.39 aC
	D3	0.160 0 bC	1.36 cC	3.78 cA	0.090 1 cB	0.164 3 bB	47.69 cC	17.73 bC

（二）豆浆灌根对烤烟化学成分的影响

1. 对烤烟主要化学成分的影响

不同豆浆灌根处理对烤烟主要化学成分影响见表 8-21。由表 8-21 可以看出，烤烟上部叶中，处理 D1 的总糖、还原糖含量显著高于处理 D3，平均含量分别为 23.42%、16.23%；处理 D2 与 D1 的总糖含量差异显著，还原糖含量差异不显著。处理 D3 的全氮（3.07%）和烟碱（3.33%）含量均较高，显著高于处理 D1 和 D2。烟叶氯含量在不同处理之间差异不大，但处理 D1 显著提高了烟叶中钾含量，呈现出 D1（1.78%）>D2（1.75%）>D3（1.72%）>的趋势。石油醚提取物含量在各处理之间没有显著差异，以处理 D3（7.31%）含量较高。

烤烟中部叶总糖、还原糖含量在不同处理间存在显著差异，以处理 D1 显著高于其他处理，平均含量分别为 26.29%、20.15%。处理 D1 的全氮和烟碱含量显著低于其他处理，可以看出采用适当的豆浆进行灌根能显著降低烤烟中全氮和烟碱的含量。烤烟叶片中钾、石油醚提取物含量在 D1 处理条件下分别为 1.81%和 7.91%，显著高于其他处理。豆浆灌根对烤烟氯含量影响较小，各个处理之间没有显著差异。

烤烟下部叶总糖、还原糖含量以处理 D1 最高，均呈现出 D1>D2>D3 的规律；未进行豆浆灌根的处理 D3 全氮（2.44%）和烟碱（2.63%）含量显著高于其他处理。烟叶中钾含量呈现出处理 D1（1.67%）>D2（1.62%）>D3（1.57%）的变化规律；氯含量也以处理 D1（0.38%）略高于处理 D2（0.37%）和 D3（0.37%）。石油醚提取物含量表现为处理 D1（7.14%）显著高于处理 D2（6.41%）和 D3（5.58%）。

同一处理的烤烟样品总糖、还原糖含量呈现出中部叶>下部叶>上部叶的变化规律；全氮和烟碱含量以上部叶最高，中部叶和下部叶次之；钾含量以中部叶略高于上部叶、下部叶；烤烟氯含量在不同部位之间差别不大，下部叶烤烟氯含量略高于其他部位。就石油醚提取物含量而言，中部叶的含量略高于上部叶和下部叶。由多重比较结果可以看出，同一处理烤烟主要化学成分在 B2F、C3F、X2F 之间均存在显著差异，但是处理 D2 烤烟钾含量 B2F 和 C3F 显著高于 X2F，在 B2F 和 C3F 之间差异不显著。

表 8-21　豆浆灌根对烤烟主要化学成分的影响

部位	处理	总糖（%）	还原糖（%）	全氮（%）	烟碱（%）	钾（%）	氯（%）	石油醚提取物（%）
B2F	D1	23.42 aC	16.23 aC	2.98 cA	3.17 bA	1.78 aB	0.31 aC	7.31 aB
	D2	22.71 bC	16.08 aC	3.06 bA	3.21 bA	1.75 bA	0.31 aC	7.27 bB
	D3	19.77 cC	15.40 bC	3.07 aA	3.33 aA	1.72 cA	0.31 aC	7.33 aA
C3F	D1	26.29 aA	20.15 aA	2.61 cB	2.80 bB	1.81 aA	0.35 aB	7.91 aA
	D2	25.47 bA	19.27 bA	2.84 bB	2.92 aA	1.77 bA	0.34 aB	7.36 bA
	D3	25.04 cA	18.42 cA	2.89 aB	2.94 aB	1.63 cB	0.34 aB	7.23 cB
X2F	D1	24.62 aB	17.63 aB	1.97 cC	2.04 cC	1.67 aC	0.38 aA	7.14 aC
	D2	24.30 bB	17.21 bB	2.18 bC	2.34 bC	1.62 bB	0.37 aA	6.41 bC
	D3	24.12 cB	17.13 cB	2.44 aC	2.63 aC	1.57 cC	0.37 aA	5.58 cC

2. 对烤烟化学成分协调性的影响

豆浆灌根不同处理对烤烟协调性影响见表 8-22。由表 8-22 可以看出，同一处理不同等级的烤烟钾氯比以 B2F 高于 C3F、X2F；在同一等级不同处理的烟叶样品中，以处理 D1 的钾氯比较高，可能与适当的豆浆灌根配合追施硝酸钾能够提高烟叶钾含量有关。同一处理烤烟样品上部叶的糖碱比明显较低，下部叶的糖碱比明显偏高；同一等级不同处理中，呈现出 D1>D2>D3 的趋势。试验各处理的烤烟样品的氮碱比均在适宜范围（0.8~1.1）内，且同一处理不同部位之间和同一部位不同处理之间差别较小。

表 8-22　豆浆灌根对烤烟协调性的影响

指标	B2F			C3F			X2F		
	D1	D2	D3	D1	D2	D3	D1	D2	D3
钾氯比	5.67	5.64	5.55	5.17	5.21	4.79	4.35	4.36	4.28
糖碱比	7.39	7.07	5.94	9.39	8.72	8.52	12.07	10.38	9.17
氮碱比	0.94	0.95	0.92	0.93	0.97	0.98	0.97	0.93	0.93

三、豆浆灌根对烤烟叶片物理特性及化学成分的影响

豆浆灌根对烤烟叶片物理特性的影响表现在提高了上部叶烤烟的叶质重（0.307 3g/cm²），提高了烤烟拉力（3.32N），提高了烤烟的填充值和叶面厚度，提高了叶片含水率（0.407 6%），烤烟的叶长和叶宽也呈现提高的规律。由同一处理不同部位烤烟叶片物理特性比较可以看出，烤烟的叶质重、拉力均表现为 B2F>C3F>X2F，各处理烤烟的叶面厚度均以 B2F 显著高于其他部位，烤烟的叶长、叶宽各处理均以中部叶最高，显著高于上部叶、下部叶。

豆浆灌根处理提高了烤烟上部叶总糖、还原糖含量，降低了全氮和烟碱含量，显著提高了烟叶中钾含量（1.78%），提高了中下部烟叶的石油醚提取物含量；同一处理的烤烟样品总糖、还原糖含量呈现出中部叶>下部叶>上部叶的变化规律；全氮和烟碱含量以上部叶最高，中部叶和下部叶次之；钾含量以中部叶略高于上部叶、下部叶；石油醚提取物含量，中部叶的含量略高于上部叶和下部叶。由多重比较结果可以看出，同一处理烤烟主要化学成分在 B2F、C3F、X2F 之间均存在显著差异；同一处理不同等级的烤烟钾氯比以 B2F 高于 C3F、X2F；豆浆灌根处理提高了烤烟样品的钾氯比，同一处理烤烟样品上部叶的糖碱比明显较低，下部叶的糖碱比明显偏高；同一等级不同处理中，豆浆灌根提高了烤烟样品的氮碱比。

第四节　豆浆灌根对烤烟香气含量和评吸质量影响研究

烤烟香气物质含量是衡量烟叶品质的重要因素之一，烟叶的香气质和香气量与其香气物质含量呈正相关，通过分析烟叶香气物质含量，可以对烟叶的香气质量进行客观、准确的评价。由于长期单一施用无机化肥，土壤有机质含量下降，我国烟叶呈现"营养比例失调、油分少、香气量不足"现象。我国豫西烟叶产区（洛阳、三门峡）烟农在农业生产实践中发现，在烤烟生长团棵期使用发酵后的豆浆灌根，对当季烟叶产量和品质的提高有明显作用，因而每年烟叶生长到团棵期时，自发采用豆浆灌根，以促进烟

叶生产。使用有机氮肥能改善烟叶品质，增加烟叶香气，改善吃味，有利于糖分和芳香物的积累，从而赋予烟叶优良的品质。相关研究多集中在有机肥对烤烟生理过程及产质的影响，发酵后的豆浆团棵期灌根对烤烟叶片香气物质含量和评吸质量的影响研究国内外未见报道。本节探讨了豆浆灌根对豫西烤烟香气物质含量和评吸质量的影响，为科学使用豆浆追肥，促进豫西烤烟烟叶香气质量提供理论依据。

一、材料与方法

（一）试验材料

试验于 2006 年在河南省洛宁县赵村乡赵村进行，供试品种为 K326。前茬作物为烟草，土壤肥力中等。移栽密度 15 000 株/hm²，行距 120cm，株距 55cm。移栽时间：5月 10 日。田间种植管理按照豫西烟草种植标准化操作规程进行。处理：于烟株团棵期按照 5kg 黄豆/亩打浆，阳光下暴晒 3d，兑水 50kg 灌根；对照 CK：团棵期每亩灌水 50kg。从试验处理间各选取生长整齐一致的烟株挂牌标记，于下部 5~6 叶位叶片、中部 10~12 叶位叶片、上部 17~18 叶位叶片正常成熟时，分别采收烟叶 4 竿，统一装置于烤房第 2 棚中部，按照烤房配套"三段式"烘烤工艺烘烤。

取烤后初烤烟叶各部位干样 2.0kg，进行中性香气物质分析和评吸评价。

（二）中性香气成分的测定

见本章第一节（二）。

（三）初烤烟叶评吸鉴定

由河南新郑烟草集团公司技术中心进行评吸鉴定，评吸结果采用打分法表示。

二、结果与分析

（一）豆浆灌根对烤烟香气物质含量的影响

1. 香气物质含量测定结果

经气相色谱/质谱（GC/MS）对烤后烟叶样品进行定性和定量分析，共检测出 25 种对烟叶香气有较大影响的化合物（表 8-23）。其中，酮类 10 种，醛类 7 种，醇类 3 种，酯类 1 种，吡咯类 1 种，酚类 1 种，烯烃类 2 种。含量较高的致香物质主要有新植二烯、茄酮、7，11，15-三甲基-3-亚甲基十六烷-1，6，10，14-四烯、4-乙烯基-2-甲氧基苯酚、β-大马酮、巨豆三烯酮 4、二氢猕猴桃内酯、香叶基丙酮、糠醛等。

团棵期豆浆灌根对豫西烤烟叶片香气物质总量的影响效果明显。团棵期豆浆灌根对下部烟叶香气物质的正效应较大，豆浆处理香气物质含量为 877.75μg/g，为对照无豆浆灌根处理的 113.5%；对中部叶片香气物质的正效应最大，该部位叶片豆浆处理香气物质含量为 984.70μg/g，为对照无豆浆灌根处理的 121.7%；豆浆处理条件下上部叶片香气物质总量较低，为 681.19μg/g，为对照无豆浆灌根处理的 92.2%，豆浆灌根对上部烤烟叶片香气物质积累的负效应可能与豆浆明显改善上部叶片的开片情况、促进上部叶片发育有关，也可能与豫西烤烟上部叶片生育时期较短、豆浆促进叶片发育后成熟时期延迟有关。豆浆灌根对豫西烤烟叶片香气物质总量的影响效应为中部>下部>上部，豆浆灌根对豫西烤烟叶片香气物质总量的影响效应及其生理机制尚需进一步研究。

从香气物质数据上看，团棵期豆浆灌根处理明显降低了豫西烤烟各个部位叶片中苯甲醛、苯甲醇物质含量，降低了上部叶片中苯乙醇、糠醛、5-甲基-2-糠醛、4-乙烯基-2-甲氧基苯酚、二氢猕猴桃内酯、巨豆三烯酮2、巨豆三烯酮3、巨豆三烯酮4、7，11，15-三甲基-3-亚甲基十六烷-1，6，10，14-四烯和新植二烯等香气物质含量；降低了中部叶片中7，11，15-三甲基-3-亚甲基十六烷-1，6，10，14-四烯的物质含量；降低了下部叶片中6-甲基-5-庚烯-2-酮、2，4-庚二烯醛1、2，4-庚二烯醛2、4-乙烯基-2-甲氧基苯酚、香叶基丙酮、二氢猕猴桃内酯、巨豆三烯酮1、巨豆三烯酮2、巨豆三烯酮3、三羟基-β-二氢大马酮和7，11，15-三甲基-3-亚甲基十六烷-1，6，10，14-四烯等香气物质含量。显著提高了豫西烤烟叶片中苯乙醛含量，提高了上部叶片中乙酰基呋喃、6-甲基-2-庚酮、6-甲基-5-庚烯-2-酮、2，4-庚二烯醛2、芳樟醇、β-环柠檬醛、4-乙烯基-2-甲氧基苯酚、β-大马酮、香叶基丙酮和巨豆三烯酮1等香气物质含量；提高了中部叶片中苯乙醇、糠醛、乙酰基呋喃、6-甲基-2-庚酮、5-甲基-2-糠醛、茄酮、6-甲基-5-庚烯-2-酮、2，4-庚二烯醛1、2，4-庚二烯醛2、芳樟醇、β-环柠檬醛、4-乙烯基-2-甲氧基苯酚、β-大马酮、香叶基丙酮、二氢猕猴桃内酯、巨豆三烯酮1、巨豆三烯酮2、巨豆三烯酮3、巨豆三烯酮4、三羟基-β-二氢大马酮和新植二烯等香气物质含量；提高了下部叶片中苯乙醇、糠醛、乙酰基呋喃、6-甲基-2-庚酮、5-甲基-2-糠醛、茄酮、芳樟醇、β-环柠檬醛、β-大马酮、巨豆三烯酮4和新植二烯等香气物质含量。

表8-23　豆浆灌根对豫西烟叶香气成分含量的影响　　　　　　　（μg/g）

物质	下部		中部		上部	
	处理	CK	处理	CK	处理	CK
苯甲醛	0.63	2.90	0.55	1.80	0.36	4.43
苯甲醇	2.53	5.48	1.62	4.12	1.78	6.92
苯乙醛	5.05	0.66	3.29	0.33	3.54	0.48
苯乙醇	1.84	1.35	1.44	0.95	0.66	2.10
糠醛	10.49	7.49	9.89	5.83	9.89	11.24
乙酰基呋喃	0.30	0.21	0.52	0.21	0.80	0.44
6-甲基-2-庚酮	0.14	0.09	0.17	0.14	0.46	0.45
5-甲基-2-糠醛	1.30	0.74	1.10	0.56	0.77	1.00
茄酮	8.91	5.65	9.96	8.87	10.40	10.70
6-甲基-5-庚烯-2-酮	0.48	0.62	0.56	0.35	0.68	0.50
2，4-庚二烯醛1	2.88	4.75	2.05	0.93	0.84	0.85
2，4-庚二烯醛2	0.58	1.05	0.53	0.27	0.42	0.20

表 8-23　（续）

物质	下部		中部		上部	
	处理	CK	处理	CK	处理	CK
芳樟醇	1.52	0.97	1.49	1.05	1.85	1.74
β-坏柠檬醛	0.43	0.39	0.50	0.36	0.55	0.48
4-乙烯基-2-甲氧基苯酚	5.36	5.87	5.22	2.16	2.06	3.28
β-大马酮	26.35	22.26	25.71	22.86	22.75	21.79
香叶基丙酮	2.01	2.39	2.36	1.90	2.59	1.92
二氢猕猴桃内酯	5.10	5.20	3.78	3.08	3.05	3.34
巨豆三烯酮1	0.91	1.15	1.04	0.86	0.94	0.90
巨豆三烯酮2	4.74	5.59	4.60	4.38	3.84	5.25
巨豆三烯酮3	1.13	1.21	1.00	0.91	0.91	1.12
三羟基-β-二氢大马酮	2.67	2.95	2.49	1.34	1.53	1.64
巨豆三烯酮4	8.20	7.86	6.64	6.28	5.00	7.71
7，11，15-三甲基-3-亚甲基十六烷-1，6，10，14-四烯	12.23	14.11	8.45	9.85	9.42	10.22
新植二烯	771.96	672.50	889.66	729.71	596.09	640.06
总量	877.75	773.44	984.70	809.09	681.19	738.75

2. 致香物质含量的分类分析

烟叶中化学成分较多，不同致香物质具有不同的化学结构和性质，因而对人的嗅觉可以产生不同的刺激作用，形成不同的嗅觉反应，对烟叶香气的质、量、型有不同的贡献。为便于分析豆浆灌根对烤烟致香物质含量的影响差异，把所测定的致香物质按烟叶香气前体物进行分类，可分为苯丙氨酸类、棕色化产物类、类西柏烷类、类胡萝卜素类4类。苯丙氨酸类致香物质包括苯甲醇、苯乙醇、苯甲醛、苯乙醛等成分，对烤烟的香气有良好的影响，尤其对烤烟的果香、清香贡献较大。由图8-16可知，下部叶中苯丙氨酸类致香物质以团棵期无豆浆灌根处理较高，两处理差异较小，表明豆浆灌根对下部叶片苯丙氨酸类香气物质的形成影响较小；中部叶苯丙氨酸类香气成分含量团棵期无豆浆灌根处理较高，两处理差异较小；和下部、中部叶片不同，上部叶片中苯丙氨酸类致香物质含量在团棵期豆浆灌根处理条件下含量显著减少，减少量在55%左右，表明豆浆灌根严重影响了豫西烤烟上部叶片苯丙氨酸类香气物质的形成，其影响原因尚需进一步研究。

棕色化产物类香气物质包括糠醛、5-甲基糠醛、二氢呋喃酮、乙酰基吡咯和糠醇等成分，其中多种物质具有特殊的香味。由图8-17可以看出，豫西烤烟下部、中部叶片中棕色化产物类香气物质含量随团棵期豆浆灌根的处理而呈增加的趋势；下部叶片豆浆灌根处理比对照处理棕色化产物类香气物质含量增加3.71μg/g，增幅达43.5%；中部叶片下部叶片豆浆灌根处理比对照处理棕色化产物类香气物质含量增加 4.94μg/g，增幅达 73.3%；上部叶片豆浆灌根处理比对照处理棕色化产物类香气物质含量减少 1.20μg/g，为对照处理的 90.9%。豆浆灌根造成上部叶片棕色化产物类香气物质含量减少可能与豫西烤烟上部叶片生长发育时期较短有关。

　　类西柏烷类香气物质主要包括茄酮和氧化茄酮，是烟叶中重要的香气前体物，通过一定的降解途径可形成多种醛和酮等烟草香气成分。由图 8-18 可以看出，下部叶片豆浆灌根处理与对照处理的类西柏烷类香气物质含量差异最大，比对照增加 3.26μg/g，增幅达 57.8%；中部叶片豆浆灌根处理与对照处理的类西柏烷类香气物质含量差异较大，比对照增加 1.09μg/g，增幅达 12.2%；上部叶片以对照处理类西柏烷类香气物质含量较高，为豆浆灌根处理的 102.9%，差异较小。豆浆灌根造成上部叶片类西柏烷类香气物质含量减少可能与豫西烤烟上部叶片生长发育时期较短有关。

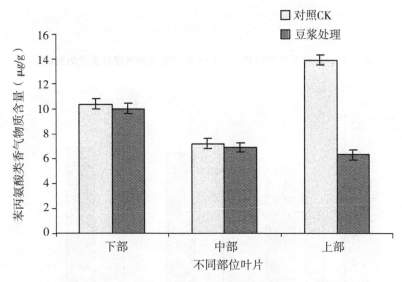

图 8-16　豆浆灌根对豫西烟叶苯丙氨酸类香气成分含量的影响

　　类胡萝卜素类香气物质包括 6-甲基-5-庚烯-2 酮、香叶基丙酮、二氢猕猴桃内酯、β 大马酮、三羟基-β-二氢大马酮、β-环柠檬醛、芳樟醇、巨豆三烯酮的 4 种同分异构体等，也是烟叶中重要香味物质的前体物。烟叶在醇化过程中，类胡萝卜素降解后可生成一大类挥发性芳香化合物，其中相当一部分是重要的中性致香物质，对卷烟吸食品质有重要影响。由图 8-19 可以看出，除中部叶片豆浆灌根促进类胡萝卜素类香气物质含量增加外，下部、上部叶片豆浆灌根处理均不同程度地影响了类胡萝卜素类香气物质的形成。下部叶片对照处理较豆浆灌根处理含量高 1.77μg/g，是豆浆灌根处理的 102.4%，各处理间差异较小；中部叶片豆浆灌根处理较对照处理含量高 9.91μg/g，是对照处理的 117.5%，各处理间差异较大；上部叶片中类胡萝卜素类致香物质以对照处理最高，较豆浆灌根处理高 4.52μg/g，为豆浆灌根处理的 108.1%。豆浆灌根处理对豫西烤烟不同部位叶片的类胡萝卜素类香气物质影响不同，总体含量表现为增加，具体影响结果及其导致结果的相关生理机制尚需进一步研究。

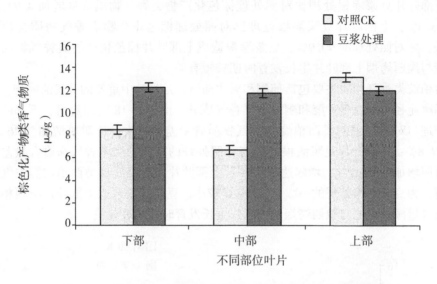

图 8-17　豆浆灌根对豫西烟叶棕色化产物类香气成分含量的影响

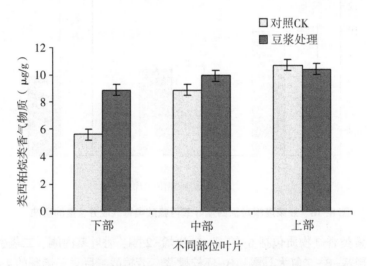

图 8-18　豆浆灌根对豫西烟叶类西柏烷类香气成分含量的影响

（二）豆浆灌根对豫西烤烟叶片香气质量的影响

豆浆灌根对豫西烟叶评吸质量有明显影响，豆浆灌根条件下下部、中部叶片评吸评价总分均较高（表 8-24）。其中下部叶片豆浆灌根处理的香气评吸评价总分值在各处理中增量最高；中部叶片在团棵期豆浆灌根条件下香气量、香气细腻度略有提高；上部叶片豆浆处理条件下降低了香气量和香气浓度，明显提高了香气细腻度，造成评吸评价结果为上部烟特征不太明显。豆浆灌根促进了豫西烤烟下部、中部叶片香气质量的提高。

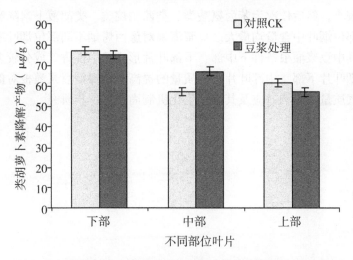

图 8-19　豆浆灌根对豫西烟叶类胡萝卜素类香气成分含量的影响

表 8-24　豆浆灌根对豫西烤烟叶片香气质量的影响　　　　（单位：分）

部位	处理	香气质	香气量	浓度	细腻度	杂气	刺激性	舒适度	甜度	燃烧性	灰分	总分	劲头	综合评价
下部	豆浆处理	6.2	6.0	6.0	6.8	6.5	6.5	6.5	6.2	7.0	7.5	65.2	较小	正常
	对照 CK	6.0	5.5	5.3	6.8	6.3	6.7	6.5	6.0	7.0	7.5	63.6	较小	正常
中部	豆浆处理	6.5	6.5	6.0	6.5	6.5	6.5	6.5	6.5	7.0	7	66.0	中	正常
	对照 CK	6.5	6.3	6.5	6.3	6.5	6.0	6.5	6.5	7.0	7.5	65.6	中	正常
上部	豆浆处理	6.5	6.5	6.8	6.5	6.0	6.0	6.3	6.0	7.0	6.5	64.1	中	上部特征不明显
	对照 CK	6.5	6.7	7.0	6.0	6.0	5.6	6.0	6.0	7.0	7.5	64.3	较大	正常

三、讨论

刘国顺等研究了饼肥中有效成分对烤烟生长及氮素吸收的影响，表明其促进了烟株的生长发育和氮代谢。刘卫群等研究不同氮素形态对烤烟根系生长发育的影响，表明适量配施腐熟饼肥对根系后期的生长发育有促进作用。有研究表明，化肥配合施用适量饼肥，有利于烟苗前期早发、中期旺长、后期适时落黄成熟，实现优质适产。李广才等研究表明饼肥比腐殖酸更有利于烟株的生长，可能由于饼肥中的氮素能更多地转化为硝态氮，有利于烟株吸收其他营养元素。韩锦峰等研究表明饼肥和化肥各半，有利于成熟期烟叶落黄。郭予琦研究表明芝麻饼肥、秸秆还田与化肥配施对提高烟叶产量和品质有利，芝麻饼肥氮占 66.6%+化肥+秸秆还田处理成熟期提前，烟叶分层落黄明显，成熟度好。韩锦峰研究在芝麻饼与化肥配比处理中，以各占 50% 的烤烟品质为好，糖/碱值接近 10。武雪萍等研究配施芝麻饼肥后烟叶内游离氨基酸含量和氨基酸总量增加，评吸质量得分也相应得到提高。

本试验表明，豫西烟叶中性香气成分含量为中部>上部>下部，其中棕色化产物类香气物质含量较小，然后依次为苯丙氨酸类、类西柏烷类、类胡萝卜素降解产物类，新植二烯在不同部位烟叶中含量均最大。豆浆灌根对豫西烤烟不同部位烟叶中性香气成分影响均较大，其中豆浆灌根条件下中部、下部叶片形成的中性香气成分较多。豆浆灌根促进了豫西烤烟叶片下部、中部叶片香气质量的提高。团棵期豆浆灌根对豫西烤烟叶片香气物质和香气质量的影响效应及其生理生化机制尚需进一步研究。

第九章 豆浆灌根自动化机具配套研究

第一节 卧式豆浆灌根设备的开发

在烟草生产过程中，通常会使用营养剂对烟田中的烟草进行浇灌，而使用经过处理的豆浆营养液对提高烟叶抗性、改善烟叶品质，特别对改善烤后烟叶的颜色和油分，提高上中等烟比例具有明显作用。烤烟豆浆灌根技术是在烟苗移栽大田 20~28d 时对烟株根部浇灌一定量发酵豆浆溶液的生产技术措施，其具体操作过程为：一般在移栽后 20~28d，最迟不超过团棵期，用一头削尖的直径 5cm 木棍，在叶尖处垂直倾斜 30°角向根部打孔，深度以 10~15cm 为宜，用搅拌均匀的发酵豆浆溶液灌根，平均每株烟的灌根量为 0.50~0.75kg。该项操作费工费时，需要机械化自动化设备配套，以提高工作效率。

一、卧式豆浆灌根设备总体设计

（一）烟田水肥一体自动注灌设备

主要由动力部分、三缸活塞泵、电源（12V）和充电器、单穴注灌设备、高压胶管等组成。由固定于可移动车架的汽油发动机提供动力带动三缸活塞泵输出水肥一体液，通过高压胶管连接到单穴注灌设备。外部电源提供单穴注灌设备部件的电路能量。通过调节三缸活塞泵的压力控制输出水肥一体液的距离和压力，通过调整单穴注灌设备的旋钮可控制水肥一体液的施入量，且通过灌水尖端 12 控制深浅度。烟田水肥一体自动注灌设备原理见图 9-1。

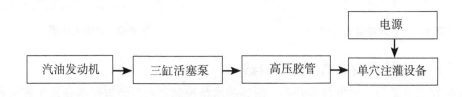

图 9-1 烟田水肥一体自动注灌设备原理图

单穴注灌设备（图 9-2）包括进水管，进水管下端设置成用于扎入地面的灌水尖端（图9-3），灌水尖端上还设置有与进水管连通的灌水孔；进水管上还设置有控制进水管通断时间的水量控制器以及水量控制器触发装置，水量控制器触发装置与水量控制器电连接。其结构原理：单穴注灌设备包括弯折成90°的进水管2，进水管2上连接有手柄1，进水管2下端设置成用于扎入地面的灌水尖端12，灌水尖端12中空、周壁上均匀设置有多个灌水孔5，用于出水；进水管2的进水端部还设置有水量控制器10，进水管2的下部设置有水量控制器触发装置，水量控制器触发装置与水量控制器10电连接。水量控制器包括触发行程开关6；所述的水量控制器触发装置还包括套设在进水管下部的第一、第二两个深浅调节管箍71、72以及触发盘4和弹簧3，弹簧3设置在触发盘4的上方，第一、第二深浅调节管箍71、72分别设置在触发盘4的下方、弹簧3的上方，用于对触发盘4和弹簧3限位；触发行程开关6固定在进水管上，触发行程开关6的触发头设置在触发盘4的盘面上方。手持手柄1，将灌水尖端12插入土壤内，触发盘4触到土壤被抬起，弹簧3被压缩，直到触发盘4的上盘面接触到触发行程开关6的触发头，触发行程开关6的触发头被触动，其信号输出端即发出一进水信号至水量控制器10。

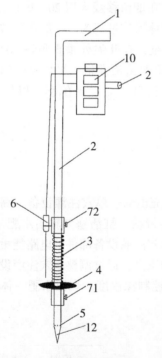

图9-2　单穴注灌设备图

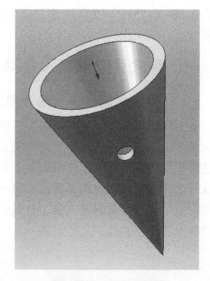

图9-3　灌水尖端图

（二）单穴注灌设备的水量控制器

包括控水电磁阀、触发行程开关；所述的水量控制器触发装置包括套设在进水管下部的触发盘和弹性器件，弹性器件设置在触发盘的上方，触发行程开关设置在进水管上，触发行程开关的触发头设置在触发盘面的上方，触发盘下端、弹性器件上端分别由第一、第二限位件限位。单穴注灌设备的弹性器件为套设在进水管上的弹簧。单穴注灌设备的第一、第二限位件分别为套设在进水管上的第一、第二深浅调节管箍，第一深浅调节管箍设置在触发盘的下方，第二深浅调节管箍挡设在弹性器件的上方。

单穴注灌设备的水量控制器还包括电源、振荡器、送水控制继电器、水量调节电位器、第一电容、第二电容以及上拉电阻和分压电阻，其中，电磁阀设置在进水管路上，电磁阀与送水控制继电器的常开接点的串联电路连接在电源与地之间；振荡器的触发端一路通过上放电阻连接电源、另一路通过触发行程开关接地，振荡器的输出端通过送水控制继电器的线圈接地；水量调节电位器与分压电阻串联后一端同时连接在振荡器的放电端和阈值端、另一端与复位端同时连接电源，第一电容串接在水量调节电位器与振荡器的放电端、阈值端的中间接点与地之间，第二电容串接在水量调节电位器与分压电阻的中间接点与地之间。

二、设备操作规范

为了更好地使用本产品，本规范将详细介绍本产品的主要用途、性能、使用方法、维修保养，以便能很好地操作使用。

（一）烟田水肥一体化注灌设备优点

烟田自动化水肥一体化灌溉装置是根据用户需求，独立设计开发的高品质、高技术含量的最新专利产品，填补了国内市场空白。该机设计精巧、流畅、美观，而且使用维修十分简便。可根据烟苗施肥施水要求调节施入量以及深浅度。该产品获河南省烟草公司2008年技术改进项目支持。

使用该产品，每灌溉1棵烟苗需时间5s，每亩需时1.5h，按每天工作8h计算，每人每天灌水5亩。移栽时期提高移栽效率300%；提高灌溉效率600%，同时节约用水90%以上；提高豆浆灌根效率600%；降低劳动强度50%以上。

（二）设备的主要组成部分

烟田自动化水肥一体化灌溉装置主要由自动喷射部件、蓄电池、柱塞泵、汽油发动机、车架、高压胶管组成。

（三）应用范围

平地、坡地的烟苗肥水灌溉。作业半径坡地500m，平地1 000 m，有效增压高度30m。

（四）操作与维修

调整本机皮带轮与动力机皮带轮，使已装妥之三角带呈一直线，三角皮带不可松置，以免下降或掉落。

由加油口注入30号机油，使油面刚好在探油盖一半处，第一次使用20h后更换油，第二次以后每使用50h更换机油一次。适当换油时间是操作后机器降温时，取下放油螺栓即可放油，并清理曲轴箱内杂质。

汽缸室上的三个油杯经常要加满黄油，每使用2h即需顺时针旋紧黄油杯盖两转。

（1）分别将吸水管、回水管、灌溉管装妥于吸水口、回水口及出水开关，务必旋紧不可漏气。

（2）将调压把手上升到最高点，并关上出水开关。

（3）启动发动机（请参考发动机说明书）。

（4）当本机正常运转后，将调压把手下降到最低点，调整调压螺丝，使压力表示数在 25kg 左右，旋紧固定螺帽。

（5）放开出水开关，即可进行灌溉操作。

常见故障排除方法如下。

（1）不能吸水或压力不稳定。（a）检查吸水管是否装牢或漏气，如发现漏气，则将其上紧。（b）检查吸水网有无阻塞，如发现阻塞，则将其清除。（c）打开开关一会儿，让存留的气体排出再关上。（d）取下吸水室看三个吸水活门是否堵塞，如发现有堵塞，则将其清除。（e）取下排水室看三个出水活门是否堵塞，如发现有堵塞，则将其清除。（f）检查活门塞、活门座是否磨损，如发现有磨损，则将其更换。

（2）压力下降。（a）检查三个角带是否松弛、如有松弛，则按说明书中"操作与维修"的第 1 点进行调整。（b）检查灌溉管是否破裂、灌溉管接头垫片是否破损，如灌溉管有破裂或接头垫片有破损，则将其更换。

（3）汽缸室漏水。取下防尘盖，旋紧汽缸室的三个迫紧压环，如仍然漏水不止，则更换汽缸内的"V"形迫紧及"△"形支撑环。

（五）灌溉喷头装置操作

将肩挎式蓄电池与灌溉喷头装置连接；水路与灌溉喷头手泵装置连接完整；根据施水量调节电路盒上方旋钮控制出水量大小；根据苗木根部位置调节喷头杆上两个可调螺丝确定灌溉深浅即可。

（六）注意事项

按照机械说明注意安全操作；烟田不同地块的灌水深度需在灌水前确定，平均 20cm 左右。

第二节　电动烟草豆浆灌根机具研发

为了改变广大农村特别是缺水少雨的干旱地区、丘陵地区种植烟叶费工、费时、费力的现状，达到有效降低劳动强度、提高种植效率，河南省烟草公司三门峡公司、河南省烟草公司烟科所、郑州烟草研究院、郑州大学、许昌同兴现代农业科技有限公司开发出了电动烟草豆浆灌根机。

一、总体概述

电动烟草豆浆灌根机由储存水箱、水泵、高压软管、控制系统模块、快装接头、各种浇灌头（插枪头、喷淋头、浇灌头等）和流量控制枪组成（图 9-4），运用该系统水泵可以平稳可靠地运行在喷雾、穴灌或浇灌的状态，实现逐株定量浇灌和定量喷雾，对于地膜覆盖的庄稼、烤烟、蔬菜效果更佳。采用该方法，既省时、省力又省水，深受农户欢迎。

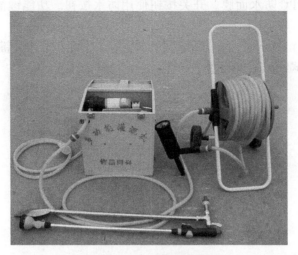

图9-4 电动烟草灌根机

二、智能流量控制枪

（1）智能流量控制枪（流量枪）通过微处理器定时控制电磁阀的开关实现自动定时定量浇灌（图9-5）。

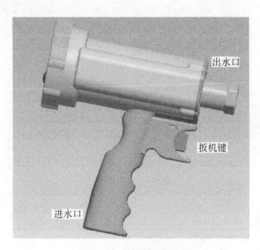

出水口

扳机键

进水口

图9-5 流量控制枪

（2）自动模式下可在0~99s范围内任意设置浇灌时间，随意控制每株浇灌水量。手动模式下，可随意控制浇灌时间。流量枪关机或掉电时自动完成关阀和状态记忆，下次开机，开关阀时间为上次设置的工作时间。

（3）使用脉冲双稳态电磁阀控制，可以最大程度节约电池能量，采用5号电池供电，能长时间可靠工作。

（4）该流量控制枪操作简单方便，工作安全可靠。

（5）整体采用防水设计。整体采用PA66+玻纤高强度材料。

机器面板采用 PC 防水面膜。开关按钮使用防水按钮。功能键液晶采用 PC 密封，防水，操作简单。

面板（图 9-6）显示有：①开阀时间。②关阀时间。③开关键。④手/自动功能键。⑤时间设置上调键、时间设置下调键。⑥设置确认键。

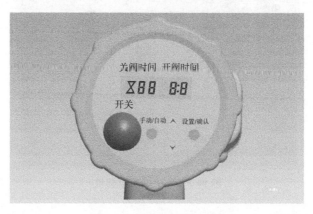

图 9-6　流量控制枪面板

打开电池门螺丝，可方便更换电池。见图 9-7。

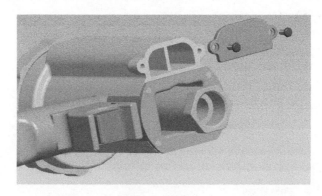

图 9-7　电池门

三、技术指标

（1）箱体外型尺寸：400mm×350mm×367mm。

（2）整机重量：35kg。

（3）电瓶容量：80Ah。

（4）电瓶电压：12V。

（5）水泵出口流量：17L/min。

（6）水泵压力：0.27MPa。

（7）扬程：27m。

（8）水泵电压：12V。

（9）水泵功率：110W。

（10）水管管径：φ18×φ12。

（11）电磁阀寿命：大于50万次。

（12）流量性能：0.05MPa ≥ 17L/min；0.3MPa 时 ≥ 22L/min；0.8MPa 时 ≥ 30L/min。

（13）电池寿命：4节2 000mAh碱性电池，启动10万次开关阀门以上。

（14）扳机键寿命：可达100万次以上。

（15）开阀定时范围：0~9.9s。

（16）关阀定时范围：0~99s。

（17）流量枪防护等级：IP54。

四、流量控制枪操作说明

（一）按键说明

（1）开关键：流量枪的电源开关。

（2）手动/自动键：状态的切换。

（3）设置/确认键：设置控制枪的开/关时间。

（4）▲键：开关间歇时间增。

（5）▼键：开关间歇时间减。

（二）操作步骤

模式的设置：分为自动模式和手动模式两种。

手动模式（图9-8）：按下流量控制枪的开关键，此时液晶屏上显示漏斗图形符号，显示开阀时间为3s，系统当前的工作状态为手动工作模式，手动模式只显示开阀时间。

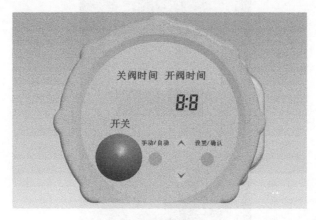

图9-8 手动模式

自动模式（图9-9）：如果系统当前在手动模式时，按下手动/自动键，此时液晶屏上无漏斗图形符号，显示开阀时间（6s）和关阀时间3s，则系统当前的工作状态为自动工作模式。

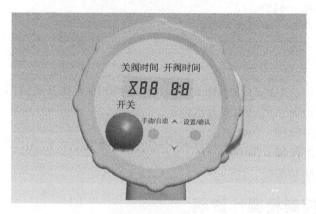

图 9-9　自动模式

五、电动豆浆灌根机控制面板说明（图 9-10）

（一）按键说明

（1）总开关键：系统的总电源开关。

（2）面板开关键：控制面板开关。

（3）浇灌键：浇灌状态按键。

（4）喷雾键：喷雾状态按键。

（5）"+"键：PWM 值调整键。

（6）"-"键：PWM 值调整键。

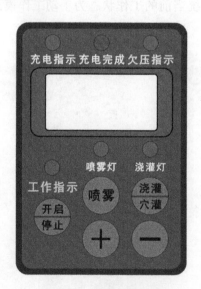

图 9-10　系统控制面板

（二）操作步骤

灌根机工作前的准备：连接好软管、流量控制枪，安装好工作时相应的枪头。如：浇灌配浇灌枪头、喷雾配喷雾枪头、穴灌配穴灌枪头。

1. 浇灌模式

（1）自动浇灌模式。

1）自动连续浇灌（不停浇灌）。流量枪设定为自动模式。具体操作参考流量控制枪模式设置说明。

先按下设置/确认键，此时液晶屏上关阀时间在闪烁。通过多次按下"▼"键，把关阀时间设为00。

再按下设置/确认键，此时液晶屏上开阀时间在闪烁。通过多次按下"▲"键或是"▼"键，可把开阀时间设为6：0。

最后再按一次设置/确认键。此时开关阀时间已全部设定好。

扣一下流量枪的扳机，打开流量控制枪的电磁阀。（注：扣一下，就打开电磁阀，水经过流量枪流出；扣两下，就关闭电磁阀，水不能流出）

按下控制箱侧面的总电源开关。

按下控制面板上的"开启/关闭"按键，此时面板电源指示灯亮，且数码管显示当前电瓶的电压值。

按下控制面板上的"浇/穴灌"键，此时浇/穴灌指示灯亮，系统工作在自动连续浇灌模式。

2）自动间歇浇灌（间歇浇灌）。流量枪设定为自动模式。具体操作参考流量控制枪模式设置说明。

先按下设置/确认键，此时液晶屏上关阀时间在闪烁。根据自身需要通过多次按下"▼"键或是"▲"键，设好关阀时间。如：把关阀时间设为04。

再按下设置/确认键，此时液晶屏上开阀时间在闪烁。根据自身需要通过多次按下"▲"键或是"▼"键，设好开阀时间。可将开阀时间设为6：0。

最后再按一次设置/确认键。此时开关阀时间已全部设定好。

扣一下流量枪的扳机，打开流量控制枪的电磁阀。（注：扣一下，就打开电磁阀，水经过流量枪流出；扣两下，就关闭电磁阀，水不能流出）

按下控制箱侧面的总电源开关。

按下控制面板上的"开启/关闭"按键，此时面板电源指示灯亮，且数码管显示当前电瓶的电压值。

按下控制面板上的"浇/穴灌"键，此时浇/穴灌指示灯亮，系统工作在自动间歇浇灌模式。

（2）手动浇灌模式。流量枪设定为手动模式。具体操作参考流量控制枪模式设置说明。

先按下"设置/确认"键，此时液晶屏上开阀时间在闪烁。根据自身需要通过多次按下"▼"键或"▲"键，设好开阀时间。如：把开阀时间设为06。

再按下"设置/确认"键，此时开阀时间已设定好。

按下控制箱侧面的总电源开关。

按下控制面板上的"开启/关闭"按键，此时面板电源指示灯亮，且数码管显示当前电瓶的电压值。

按下控制面板上的"浇/穴灌"键，此时浇/穴灌指示灯亮，系统工作在手动浇灌模式。

扣一下流量枪的扳机（打开电磁阀），此时系统出水口打开，系统浇灌一次，再扣一下扳机（关闭电磁阀），系统出水口关闭，下次工作又需重新扣一下扳机。如果扣扳机的间隔时间过长会导致水管出口压力增大，此时系统如果检测到水压超过 0.34MPa 后，水泵会自动停止，当水压低于 0.34MPa 后，水泵又重新开启工作。

2. 喷雾模式

（1）自动喷雾模式。

1）自动连续喷雾（不停喷雾）。流量枪设定为自动模式。具体操作参考流量控制枪模式设置说明。

先按下设置/确认键，此时液晶屏上关阀时间在闪烁。通过多次按下"▼"键，把关阀时间设为 00。

再按下设置/确认键，此时液晶屏上开阀时间在闪烁。通过多次按下"▲"键或是"▼"键，可把开阀时间设为 6 : 0。

最后再按一次设置/确认键。此时开关阀时间已全部设定好。

扣一下流量枪的扳机，打开流量控制枪的电磁阀。（注：扣一下，就打开电磁阀，水经过流量枪流出；扣两下，就关闭电磁阀，水不能流出）

按下控制箱侧面的总电源开关。

按下控制面板上的"开启/关闭"按键，此时面板电源指示灯亮，且数码管显示当前电瓶的电压值。

按下控制面板上的"喷雾"键，此时喷雾指示灯亮，系统工作在自动连续喷雾模式。

2）自动间歇喷雾（间歇喷雾）。流量枪设定为自动模式。具体操作参考流量控制枪模式设置说明。

先按下设置/确认键，此时液晶屏上关阀时间在闪烁。根据自身需要通过多次按下"▼"键或是"▲"键，设好关阀时间。如：把关阀时间设为 04。

再按下设置/确认键，此时液晶屏上开阀时间在闪烁。根据自身需要通过多次按下"▲"键或是"▼"键，设好开阀时间。可将开阀时间设为 6 : 0。

最后再按一次设置/确认键。此时开关阀时间已全部设定好。

扣一下流量枪的扳机，打开流量控制枪的电磁阀。（注：扣一下，就打开电磁阀，水经过流量枪流出；扣两下，就关闭电磁阀，水不能流出）

按下控制箱侧面的总电源开关。

按下控制面板上的"开启/关闭"按键，此时面板电源指示灯亮，且数码管显示当前电瓶的电压值。

按下控制面板上的"喷雾"键，此时喷雾指示灯亮，系统工作在自动间歇喷雾模式。

（2）手动喷雾模式。流量枪设定为手动模式。具体操作参考流量控制枪模式设置说明。

先按下设置/确认键，此时液晶屏上开阀时间在闪烁。根据自身需要通过多次按下"▼"键或是"▲"键，设好开阀时间。如：把开阀时间设为06。

再按下设置/确认键，此时开阀时间已设定好。

按下控制箱侧面的总电源开关。

按下控制面板上的"开启/关闭"按键，此时面板电源指示灯亮，且数码管显示当前电瓶的电压值。

按下控制面板上的"喷雾"键，此时喷雾指示灯亮，系统工作在手动喷雾模式。

扣一下流量枪的扳机（打开电磁阀），此时系统出水口打开，系统喷雾一次，再扣一下扳机（关闭电磁阀），系统出水口关闭，下次工作又需重新扣一下扳机。如果扣扳机的间隔时间过长会导致水管出口压力增大，此时系统如果检测到水压超过 0.34MPa 后，水泵会自动停止，当水压低于 0.34MPa 后，水泵又重新开启工作。

3. 穴灌模式

穴灌工作时的操作跟浇灌工作时操作一样。

4. 充电模式

如果面板上欠压指示灯亮，则需要及时充电。

充电时，关闭面板开关电源，不要关闭总电源开关，把插头直接插入通有 220V 交流电的插座中，此时系统开始给电瓶充电，充电时充电指示灯亮，当电瓶充好以后饱和指示灯亮，在饱和指示灯亮后最好再充 1~2h，保证电池电量充足。

灌根机工作过程中注意事项：用户可以通过按下面板上的"+"键或是"−"调整水泵的出口流量。按下面板上的"−"键，则泵的出口流量会变小，按下"+"键，则泵的出口流量会变大。尤其是工作在喷雾时，如果对当前的喷雾效果感觉不理想，则可通过按下面板上的"+"键或是"−"键调整。

用户如果在系统工作过程中想修改流量控制枪的开关阀时间，只需扣一下扳机（关闭电磁阀），然后按设置/确认键，根据自身的需要通过按下"▼"键或是"▲"键调整好开关阀的时间值后，再按设置/确认键，之后再扣一下扳机，系统就按新设定时间开始工作。

六、电动灌根机安全装置及注意事项

灌根机工作时，由于扣扳机间隔时间过长或由外界因素影响导致出水口关闭时间过长，水管出口压力迅速增大，此时系统如果检测到水压超过 0.34MPa 后，水泵会自动停止，当水压低于 0.34MPa 后，水泵又重新开启工作。

用户改变灌根机的工作状态时（如：喷雾变为浇灌），应先关闭面板电源开关，等待一会（等管内水压释放），当切换状态（安装好工作相应的枪头）完成后，按下"开/关"键，再按下当前工作状态按键，系统则按新的状态开始工作。

灌根机工作完毕后，请先关闭面板控制开关电源，然后把软管进出口连接互换一下，再打开面板控制开关电源，把管内剩余的水抽干，再关闭总开关电源，最后关闭流量控制枪的开关电源。长期不用时请取出流量枪内部电池。

每次浇灌、喷雾、穴灌完毕后，请用水清洗流量控制枪阀腔和过滤网。

灌根机不要用力挤压、碰撞。不要长期暴晒在高温环境。

不要自行拆卸机器。

安全保护装置。电瓶加橡胶保护套，保证了与铁壳体的绝缘；箱体采用水电分离设计，保证系统的安全可靠性；箱体的防护等级能达到 IP54。

七、常见故障分析和排除

表 9-1、表 9-2 所列现象，可对照检查分析，采取有效措施加以排除。

表 9-1　警告信息及排除

异常现象	原因分析	排除方法
欠压指示灯亮	电瓶电压偏低	关闭面板控制开关，接通 220V 交流电给电瓶充电
饱和指示灯亮	电瓶已充满	在灯亮后 1~2h 后断开 220V 交流电
充电指示灯不亮	连接充电的信号线断开	焊接好连接充电的信号线
流量枪液晶屏显示 OFF	电池没电	重新更换电池

表 9-2　故障信息及排除

异常现象	原因分析	排除方法
流量枪手柄扳机上方漏水	手柄与电磁阀螺纹连接处胶没有涂好	更换好的液态胶
流量枪手柄下边漏水	流量枪手柄连接器的生胶带没有缠好	卸下手柄连接器重新缠好
水管出口关不掉	电磁阀的电源连接线虚焊	补焊好连接线
水管出口打不开	电磁阀的电源连接线虚焊	补焊好连接线
电磁阀不工作	控制电磁阀电路出现问题	更换控制电磁阀电路的三极管
电磁阀反向	由于焊接的问题，线序焊错导致	按正确的线序重新焊接好
感应开关失灵	吸合或断开的距离不合适	如果两个销子，可考虑去掉一个销子
水泵不受单片机控制	调速板上 LM324 的 5 脚没接好	补焊好 5 脚的连接线
液晶不显示	连接液晶处的二极管损坏	重新更换新的二极管
液晶不显示，PCB 板上也没电	电池供电输出的保护板的 MOSFET 管静电击穿	重新更换 MOSFET 管，焊接时带上防静电手腕

表 9-2 （续）

异常现象	原因分析	排除方法
液晶屏出现黑斑	液晶的 PCB 板没有安装好	拆下液晶 PCB 板重新更换一块液晶模块
水泵不受单片机控制	控制水泵开关的 MOSFET 管击穿	重新更换 MOSFET 管（型号为 NSK4202）
水泵不转	水箱没有水了	往水箱中加水
水泵不转	外部压力把水管压死	排除外部压力

八、电动灌根机的保养、维护

系统欠压时，请及时充电。

蓄电池储存超过 3 个月需进行一次补充电，以防止蓄电池硫酸盐化造成的性能下降。

水泵不能长时间空转。

水泵使用半年或一年以后，压力降低。打开水泵，拧紧电机支架螺丝，将腔体内的小磨片上下调换方向，或者更换小磨片。

蓄电池长时间不使用时，应充足电再存放，否则会影响蓄电池使用寿命。

灌根机长时间工作，会产生大量的热量，平时应工作 3h 后，让系统停止工作一段时间。

九、灌根机的运输、存放

蓄电池应远离明火，存放应避免雨、雪、冻雨、腐蚀性材料等，充电及使用时应保持通风，谨防炸伤人。

免维护蓄电池在使用或运输过程中不得倾斜或倒置。

定量穴灌控制系统在使用或运输过程中不得倾斜或倒置。

第三节 背负式无级变速豆浆灌根注肥器的研发

为了保证土壤养分的充足供给，在烟草生长期间需要根据烟草的生长情况及时进行追肥，以使烟草正常生长，避免由于缺肥而产生烟草生长不良、产量降低、品质下降等不良影响。

目前，烟草追肥方法主要有穴施、撒施、水肥一体化等，其中穴施、撒施简单易操作，大多数农户采用这两种方法进行追肥，但是穴施、撒施的劳动强度大、效率低，且肥料的利用率低，造成养分资源浪费较大。

水肥一体化的施肥方式具有肥料利用率高、劳动强度低的优点，是农作物种植中追肥方式的发展方向。而对于烟草豆浆灌根的施肥方式需要采用专用设备实施，现有的水肥一体化装置不能实现精准施肥，而不同地区、不同种类的烟草对肥料量的需求不同，施肥不足或者过量施用都不利于烟草的生长，因此，有必要提供一种能够通过无级变速实现精准施肥的设备。

一、背负式无级变速注肥器总体设计

本背负式无级变速注肥器要解决的技术问题是提供适用烟草豆浆灌根的背负式无级变速注肥器，解决现有技术中注肥器对烟草灌根施肥量难以控制的问题。

提供适用烟草豆浆灌根的背负式无级变速注肥器，包括桶体和施肥枪，该桶体的顶部设置有进液口，该进液口上设置有对应的桶盖，该桶体的下方还设置有桶体底壳，该桶体底壳中设置有隔膜泵、与该隔膜泵电连接的控制单元、与该控制单元和隔膜泵电连接的电源模块，以及与该控制单元电连接的流量计，该桶体的底部通过连通管道连通到该隔膜泵的入口，该隔膜泵的出口与该流量计连通，该流量计的出口通过高压水管连通到该施肥枪，该桶体的壁面上还设置有与该控制单元电连接通过 PWM 脉宽调制调节该隔膜泵的输出流量的调节按钮，以及控制该电源模块输出电路通断的电源开关。

进液口中设置有第一滤网，该连通管道的入口中设置有第二滤网。

注肥器桶体的壁面上还设置有与该控制单元电连接用于显示该隔膜泵的流量的数码管。

电源模块包括蓄电池和 DC/DC 转换器，该 DC/DC 转换器输出电压为 5V。

注肥器还包括用于为该电源模块充电的电源适配器，该注肥枪桶体的壁面上设置有与该电源适配器的输出接头对应的插口。

注肥器桶体的壁面上设置有与该控制单元电连接用于调节该隔膜泵的工作模式的转换开关，以调节该隔膜泵处于高排量工作模式或低排量工作模式。

注肥器桶体的壁面上设置有与该控制单元电连接用于调节该隔膜泵实现无级变速的旋钮开关。

注肥器桶体上设置有两条用于背负的背带，该桶体与人体背部接触的壁面上设置有多个凸点和横条，以使得该桶体和人体的背部之间透气，该背带的上端固定于该桶体的壁面上部，下端固定于该桶体底壳的壁面上。

该注肥器的控制单元为单片机。

注肥器桶体底壳的壁面上设置有散热孔。

与现有技术相比，本实用新型的技术效果如下。

（1）喷洒的物料准确率高。针对不同地区、不同种类的烟草，调节该专用注肥器处于不同的工作模式，避免施肥不足或过施，以及避免药液施加不足或施加过多。

（2）设置的数码管便于工作人员实时掌握该施肥喷药桶的输出流量。

（3）在桶体的壁面上设置有凸点和横条，促进桶体和人体的背部之间透气，增强工作人员在背负该施肥喷药桶时的舒适度。

（4）在该施肥喷药桶上设置有两条背带，且背带的上端固定在桶体上，下端固定在桶体底壳上，使得桶体和桶体底壳之间连接紧固。

（5）在注肥器桶体壁面有通过 PWM 实现隔膜泵无级变速的旋钮开关，实现对不同烟草注肥速度的精准调节。

二、具体实施方式

以下实施例中所涉及或依赖的程序均为本技术领域的常规程序或简单程序，技术人员均能根据具体应用场景做出常规选择或者适应性调整，所涉及的单元模块和各零部件如无特别说明则均为常规市售产品。

实施例 1

图 9-11 至图 9-14 为该注肥器的各类图（图 9-11 至图 9-14 中各标号示意说明：11—桶体、111—进液口、112—桶盖、113—连通管道、114—第一滤网、115—第二滤网、116—背带、117—凸点、118—横条、12—施肥枪、13—桶体底壳、131—散热孔、141—隔膜泵、142—控制单元、143—电源模块、144—流量计、145—高压水管、146—电源适配器、151—无级变速调节按钮、152—电源开关、153—数码管、154—转换开关、155—喷药开关）。

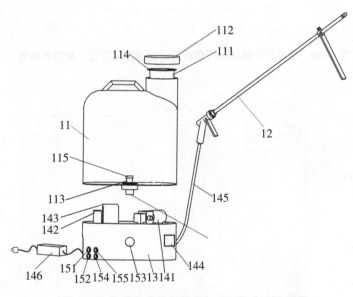

图 9-11　烟草豆浆灌根的背负式无级变速注肥器

如图 9-11 所示，实施例提供的背负式无级变速注肥器喷药桶包括桶体 11 和施肥枪 12，桶体 11 的顶部设置有进液口 111，进液口 111 上设置有对应的桶盖 112，需要对农作物施肥或喷药时，将稀释或混合好的液体肥料或药液由进液口 111 灌入桶体 11 中，这里的施肥枪 12 为无缝钢管，可抗高压作业。

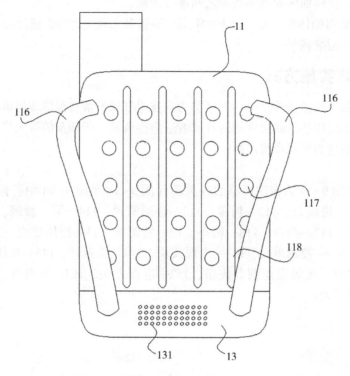

图 9-12　烟草豆浆灌根的背负式无级变速注肥器桶体和桶体底壳

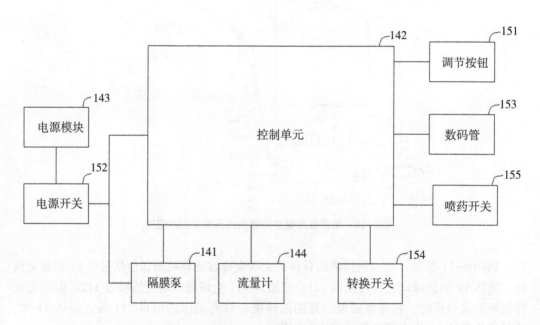

图 9-13　烟草豆浆灌根的背负式无级变速注肥器的电路框图

占空比	流速递增测试
360	6停转
370	6–7
380	7–8
390	8–9
400	9–10
410	10–11
420	11–12
430	12–13–15
440	15–16
450	16–17–18
460	18–19
470	19–20
480	20–21
490	20–21
500	21–22
510	21–22
520	21–22–23
530	23–24
540	23–24
550	24–25
560	25–26
570	25–26
580	26–27
590	26–27
600	27–28
610	28–30

**图9-14　烟草豆浆灌根的背负式无级变速注肥器
核心无级变速的测试数据图**

桶体11的下方还设置有桶体底壳13，桶体底壳13中设置有隔膜泵141、与隔膜泵141电连接的控制单元142、与控制单元142和隔膜泵141电连接的电源模块143，以及与控制单元142电连接的流量计144，桶体11的底部通过连通管道113连通到隔膜泵141的入口，隔膜泵141的出口与流量计144连通，流量计144的出口通过高压水管145连通到施肥枪12，该控制单元142是SG3525单片机，隔膜泵141是一种通过隔膜将被输送液体与泵体内重要零部件隔开的泵，能够避免被输送液体对泵体内重要零部件的腐蚀。

流量计144检测高压水管145的流量，当高压水管145内水压力达到或高于隔膜泵141预设压力阈值时，相当于流量计144的检测值大于某预设值，这时隔膜泵141停止工作，可以保护高压水管145安全工作，保护机器正常作业。

施肥喷药桶的壁面上还设置有与控制单元142电连接用于调节隔膜泵141的输出流量的速度调节按钮151，和控制电源模块143输出电路通断的电源开关152，通过电源开关152启动隔膜泵141工作，将桶体11中的液体肥料或药液抽送到施肥枪12，且可以通过速度调节按钮151在一定范围内精准调节隔膜泵141的输出流量，以控制该施肥喷药桶的施肥量或喷药量。

在注肥器的壁面上还设置有与控制单元 142 电连接用于显示隔膜泵 141 的流量的数码管 153；注肥器的壁面上还设置有与控制单元 142 电连接用于调节隔膜泵 141 的工作模式的转换开关 154，以调节隔膜泵 141 处于高排量工作模式或低排量工作模式，这里的高排量工作模式或低排量工作模式是将隔膜泵 141 输出流量大跨度的调整，而速度调节按钮 151 是在小范围内精准调整；施肥喷药桶的壁面上还设置有与控制单元 142 电连接用于调节隔膜泵 141 处于喷药流量工作模式的喷药开关 155，由于喷洒药液的流量与喷洒肥料的流量不同，所以设置一个专用于喷洒药液的按钮，实现对烟草精准施药。

当在施肥和施药两种作业方式之间转换时，必须对该注肥器进行清洗，比如，采用该施肥喷药桶施药作业后，改用施加肥料，则需要向桶体内倒入清水，并使该施肥喷药桶工作几分钟，然后将桶体内水倒干，以排出残留在器械内的药液。

电源模块 143 包括蓄电池和 DC/DC 转换器，DC/DC 转换器电连接到蓄电池，并输出 5V 电压，且该施肥喷药桶还包括用于为电源模块 143 充电的电源适配器 146，施肥喷药桶的壁面上设置有与电源适配器 146 的输出接头对应的插口。

进一步的，进液口 111 中设置有第一滤网 114，连通管道 113 的入口中设置有第二滤网 115，设置两层滤网，使得桶体 11 中的液体被充分过滤，避免隔膜泵 141 堵塞。

如图 9-12 所示，桶体 11 上设置有两条用于背负的背带 116，桶体 11 与人体背部接触的壁面上设置有多个凸点 117 和横条 118，以使得桶体 11 和人体的背部之间透气，通过将背带 116 的上端固定于桶体 11 的壁面上部，下端固定于桶体底壳 13 的壁面上，使得桶体 11 和桶体底壳 13 之间连接紧固，防止桶体底壳 13 脱落。在桶体底壳 13 的壁面上设置有散热孔 131，以便充分散去隔膜泵 141 和控制单元 142 等工作时产生的热量。

上面结合图和实施例对装置做了详细的说明，但是，所属技术领域的技术人员能够理解，在不脱离本实用新型宗旨的前提下，还可以对上述实施例中的各个具体参数进行变更，形成多个具体的实施例，均为常见变化范围，在此不再一一详述。

第四节　一种物联网豆浆灌根施肥机控制器

一、技术领域

传统农业中主要采取人工施肥的方式，这种方式人力消耗大而且肥料施于地表利用率低，造成资源的浪费和环境的污染。

有相关技术人员设计了比例施肥系统，但是其通常技术复杂、机器庞大、价格昂贵且操作困难，这种设备通常只适用在各种大型的农、林业种植园，普通农、林生产者一般使用的是文丘里施肥器，然而，单单使用文丘里施肥器进行施肥，无法精确调解比例，根据作物生产情况实现智能化施肥。

现代智慧农业通过实时检测温度、湿度、光照、土壤水分等农业生产环境，有针对性地调动施肥机进行施肥，从而最大限度地节省生产资料，达到对农业生产的智能控制。

为了提高肥料利用率，迫切需要一种能与智慧农业系统相结合的物联网施肥机，以满足新型农业生产的实际需要。

二、主要研究内容

为解决上述技术问题，本研究的具体方案如下：设计一种物联网豆浆灌根施肥机控制器，包括单片机最小系统电路、电源电路、数码管显示电路、按键电路、模拟量输入电路、流量计输入电路、水泵电机驱动电路和 485 信号输入电路；按键电路、模拟量输入电路、流量计输入电路和 485 信号输入电路分别与单片机最小系统电路的输入端相连，数码管显示电路、水泵电机驱动电路与单片机最小系统电路的输出端相连，电源电路分别与其余电路输入端相连以提供稳定电源；其中，最小系统电路包括 STM32F103RCT6 芯片以及串行输入电路、复位电路、滤波电路、振荡电路以及 LED 显示电路。

电源电路包括稳压芯片 LM2576 和低压差电压调节芯片 LM1117。

数码管显示电路采用两种驱动方式，一种是通过 3-8 译码器 74HC238 和 3 态输出的 8 路驱动器 74LV244 配合驱动 16 个位码，剩余的 3 个位码是直接用 PNP 型三极管 S8550 驱动的。数码管显示的有水源流速/流量、施肥流速/流量、定时/定量、比例施肥水施肥、速度等级共 19 位。

按键电路使用的是外接行列式薄膜按键，电路简单。

模拟量输入电路包括并联接地的电容 C12、电阻 R7，其另一端与电阻（R6）相连并且都连于 ADC123_10IN 通道，电阻 R6 的另一端与传感器输入 V_SENSOR 以及地线与 P3 接口电路相连，模拟量输入电路的信号输入端采集外部模拟信号，将模拟信号经过隔离、信号处理和 A/D 转换后，输入到单片机最小系统电路，模拟量输入电路主要是用作外部水源的电流型流量计输入。

流量计输入电路的输入端采集外部施肥流量信号，将外部施肥流量信号经过隔离、信号处理和 A/D 转换后，输入到单片机最小系统电路。

水泵电机驱动电路包括 L298N 专用驱动芯片和过流保护以及电机接口，水泵电机驱动电路的输入端连接单片机最小系统电路的 PWM 输出端，水泵电机驱动电路的输出端连接水泵电机。

485 信号输入电路采用低功耗半双工收发器芯片 SP3485，485 信号输入电路的电源输入端连接电源电路的输出端，485 信号输入电路的输出端连接到单片机最小系统电路的输入端，485 信号输入电路（8）主要是用作外部水源的 485 型流量计输入。

zigbee 输入电路，采用 cc2530 的射频单片机组成的 zigbee 输入模块电路，无线射频信号通过 zigbee 模块的输出端与单片机进行数据通信，zigbee 通讯模块主要用于组网和控制中心的通信。

本控制器的技术效果在于：

（1）功能多样。本控制器可实现调速、定时、定量、水泵开关控制、数据通讯等功能；施肥均匀，可靠性高，本控制器实现水泵电机的 PWM 调速控制和按比例施肥的 PID 控制功能，施肥更均匀精确。

（2）保护环境。本控制器通过合理的调控避免出现多余的肥料对环境造成污染。

（3）节约成本。本控制器经过简化，降低了成本，而且使用过程中节约水和肥料，生产成本也随之减少，便于推广使用。

（4）基于 zigbee 通讯的物联网技术简单、成本低、覆盖范围广，可以与智慧农业应用系统结合，实现农业生产的智能化控制。

三、设备的具体实施方式

以下实施例中所涉及的电路结构或传感器等器件，如无特别说明，则均为常规市售产品。

实施例：一种物联网豆浆灌根施肥机控制器。

控制器的电源电路包括单片机最小系统电路、电源电路、数码管显示电路、按键电路、模拟量输入电路、流量计输入电路、水泵电机驱动电路和 485 信号输入电路；按键电路、模拟量输入电路、流量计输入电路和 485 信号输入电路分别与所述单片机最小系统电路的输入端相连，数码管显示电路、水泵电机驱动电路与单片机最小系统电路的输出端相连，电源电路分别与其余电路输入端相连为其提供稳定电源。

图 9-15 中，最小系统电路中 STM32F103RCT6 芯片连接有串行输入电路、复位电路、滤波电路、振荡电路以及 LED 显示电路，串行输入电路接收输入信号，通过复位电路、滤波电路以及振荡电路的处理输出到外部器件，在此过程中，LED 显示电路用来显示系统的工作状态。

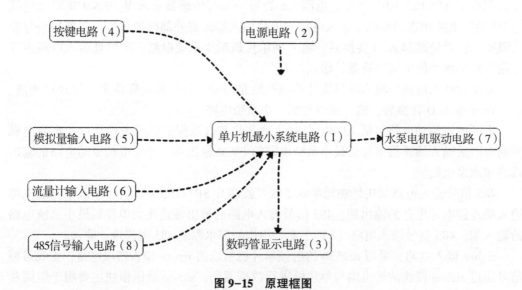

图 9-15　原理框图

图 9-16 中，电源电路采用稳压芯片 LM2576 以及低压差电压调节芯片 LM1117。

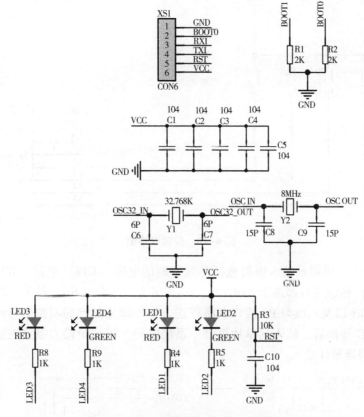

图 9-16 单片机最小系统外围电路图

图 9-17 中，数码管显示电路采用两种驱动方式，驱动 16 个位码的 3-8 译码器 74HC238 和 3 态输出的 8 路驱动器 74LV244，驱动 3 个位码的 PNP 型三极管 S8550，数码管显示的有水源流速/流量、施肥流速/流量、定时/定量、比例施肥、速度等级共19 位。

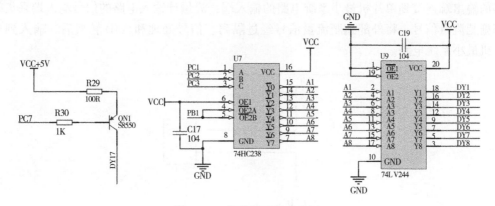

图 9-17 数码管显示电路图

图 9-18 中，按键电路使用的是外接行列式薄膜按键，电路结构简单。

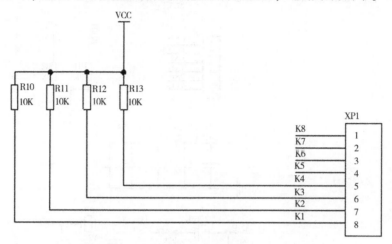

图 9-18　按键电路图

图 9-19 中，模拟量输入电路包括并联接地的电容（C12）电阻（R7），其另一端与电阻（R6）相连并且都连于 ADC123_ 10IN 通道，电阻（R6）的另一端与传感器输入 V_ SENSOR 以及地线与 P3 接口电路相连，将外部采集到的模拟信号经过隔离、信号处理和 A/D 转换后，输入到单片机最小系统电路，模拟量输入电路主要是用作外部水源的电流型流量计输入。

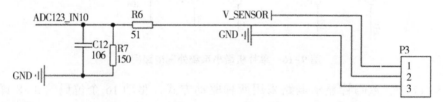

图 9-19　模拟量输入电路图

图 9-20 中，流量计输入电路的电源输入端连接电源电路的输出端，流量计输入电路的输出端连接到单片机最小系统电路的输入端；流量计输入电路的信号输入端采集外部施肥流量信号，将外部施肥流量信号经过隔离、信号处理和 A/D 转换后，输入到单片机最小系统电路。

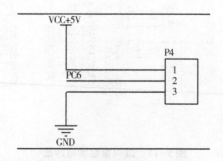

图 9-20　流量计输入电路图

图 9-21 中，水泵电机驱动电路包括 L298N 专用驱动芯片和外围电路，水泵电机驱动电路的输入端连接单片机最小系统电路的 PWM 输出端，水泵电机驱动电路的输出端连接水泵电机。

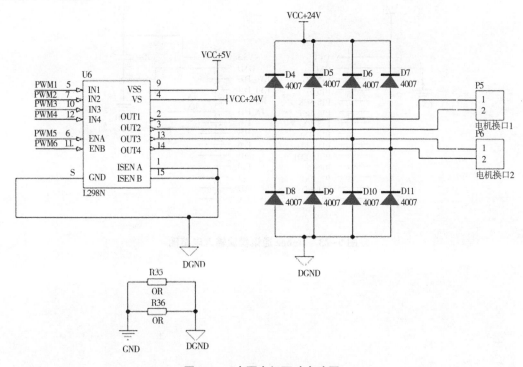

图 9-21　水泵电机驱动电路图

图 9-22 中，485 信号输入电路采用低功耗半双工收发器芯片 SP3485，主要用作外部水源的 485 型流量计输入。

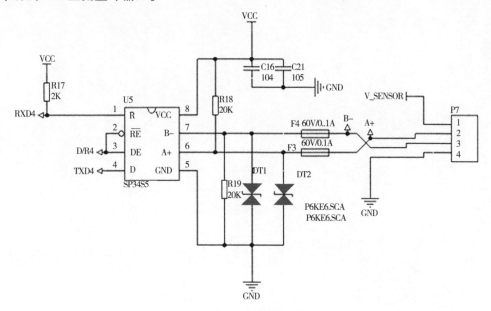

图 9-22　485 信号输入电路图

图 9-23 中，zigbee 通讯模块输入电路，采用 cc2530 射频单片机，主要用于物联网组网和上位机通讯。

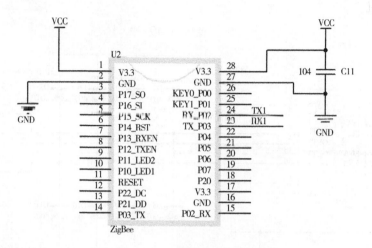

图 9-23　zigbee 通讯模块输入电路图

附录　三门峡特色的豆浆灌根
标准化技术体系

附录一　三门峡市地方标准烤烟豆浆灌根技术规程

1　范围

本规程规定了豆浆灌根的目的、依据、豆浆原料标准、发酵及灌根技术准则和注意事项等。

本规程适用于三门峡地区绿色生态烟叶的生产。

2　灌根的目标

豆浆灌根的目的是选择最佳的时间和施用位置，在原有施肥的基础上，增加有机物质，平衡养分。烟田营养均衡，提高烟株根际土壤活性，烟株抗逆性和抗病性强。使烟叶多橘黄，油分足，提高中上等烟比例、产量及产值，增强烟叶品质，增加烤后烟叶致香物质含量，增加种烟经济效益。

3　术语

3.1 大豆：种皮为黄色、淡黄色或黑色，种脐为黄褐色、淡褐色或深褐色的籽粒不少于95%的大豆。

3.2 豆浆：灌根用黄大豆（黑大豆）经磨面机磨粉后配比一定比例的水分形成的浆状物，或经豆浆机制成的乳状液或浆状物。

3.3 豆浆发酵：指豆浆在密闭容器内经有氧到无氧条件下存放 4~5d，大豆蛋白在微生物的作用下分解的过程。

3.4 发酵袋：采用单向排气装置密封塑料袋，单向排气装置拥有独特的过滤网，可以排除细碎粉体对单向排气阀排气的影响，让包装袋内气体排出去的同时不让发酵袋内固体（包括粉尘）泄露，又使得外界空气无法进入袋内。

4 原料选择

4.1 原料：黄大豆（或黑大豆），质量符合大豆 GB 1352—2009 要求：净度 ≥ 99.0%，水分 ≤13%，霉变籽少，气味色泽正常。使用时要剔除杂质（如石子、秸秆）、霉变的籽粒，预防发酵过程中杂菌、病菌感染。

4.2 制浆

4.2.1 干黄大豆制浆

4.2.1.1 黄大豆在磨粉前应充分在太阳下晾晒，使大豆含水量降低，干燥，用大豆磨面机磨粉，颗粒大小在 100~200 目，颗粒越小，越便于将来发酵充分、均匀。

4.2.1.2 每千克黄大豆粉配上 3~4kg 深井水，搅拌成均匀的糊状。

4.2.2 湿黄大豆制浆

黄大豆加 2 倍于自身重量的水分，浸泡 10h，用工业豆浆机打浆，打浆过程中注意添加水，总体水量不宜超过大豆重量的 4 倍，水分过多时，发酵慢。

5 豆浆发酵（豆浆发酵整体上安排在烟草灌根前 7d 进行）

5.1 发酵容器。

5.1.1 塑料桶、瓷质或木质容器。

5.1.2 专用发酵袋：此袋在豆浆发酵过程中能把微生物产生的气体排出去，外面的气体进不来。

5.1.3 量大的也可用发酵池，根据要发酵豆浆的多少，用砖砌成。内垫塑料筒，密封配上排气阀。

5.2 料水比：黄大豆：水 =1∶(3~4)。

5.3 豆浆发酵温度：28~32℃，最高不超过 35℃，过高温度不利于各种有益菌的活动。

5.4 发酵时间：适宜温度下 5~7d，温度低时可适当延长 1~2d。

5.5 发酵标准：发酵完全的。

注意事项：豆浆发酵过程时，装入容器时不宜超过一半，并注意加装排气装置，防止容器胀破。豆浆发酵要有厌氧条件进行。

6 烟株豆浆灌根技术

6.1 灌根时期

时间：烟株定植后 28d 左右，植株处于团棵期，植株即将进入旺长期前。

烟株长相：株高 30~35cm，叶片数 12~14 片叶，株形指数为 1∶2。

6.2 亩用量及豆浆稀释

每亩用 5~10kg 黄豆发酵好的豆浆，稀释成 600kg 豆浆液，一定要搅拌均匀，准备灌根。

6.3 灌根标准

6.3.1 工具

①容量 0.5kg 瓢或其他（便于灌根用）。

②打孔用的木棍，直径5~6cm，一端削成圆锥形。

6.3.2 在烟株叶尖处垂直斜向烟株打孔15cm深，每株灌0.5~0.6kg豆浆液，随即封口即可。

7　注意事项

条件许可的可采取机械化作业，降低人工成本。

附录二　三门峡市地方标准烤烟豆浆灌根肥料质量检测技术规程

1. 范围

本规程规定了豆浆灌根肥料的质量检测项目、依据及检测方法。豆浆灌根肥料的检测技术一般包括蛋白质、氨基酸、含油量、脂肪酸、磷脂、异黄酮、碳水化合物、各种维生素以及有益（如铁、镁、锌等）和有害（砷、铅、汞等）金属元素、有毒有害物质残留（溶残、毒残、农残）等检测技术。本技术规程仅涉及豆浆灌根肥料中蛋白质、氨基酸、脂肪酸和含油量检测技术。

本规程适用于三门峡地区绿色生态烟叶的生产。

2　检测指标

2.1 蛋白质

2.2 氨基酸

2.3 脂肪酸

2.4 含油量

3　蛋白质检测技术

蛋白质是含氮有机物，测定方法有多种，豆浆灌根肥料中蛋白质含量定量测定多采用凯氏定氮法原理，并不断在消化方法和仪器上进行改进。消化方法上主要是催化剂的改进，在仪器改进上从常量蒸馏装置到凯氏微量、半微量蒸馏装置及利用Buchi339全自动定氮仪进行全自动蛋白质测定。

凯氏定氮法测定蛋白质含量的国家标准方法（GB 2905—1982）和（GB/T 6432—94）。

4　氨基酸检测技术

常用的氨基酸检测技术主要有两类。一是氨基酸分析仪测定，其基本原理是用氨基酸专用分析仪分离，柱后衍生反应测定，检测准确度和精度较高，是目前国家标准和ISO标准方法，但由于氨基酸分析仪价格昂贵且用途专一，一般实验室很少配备。另一种是高效液相色谱柱前衍生测定法，其基本原理是柱前衍生化，利用高效液相色谱仪，反相柱分离，紫外检测。其测定结果可靠，仪器价格相对较低，而且高效液相色谱仪可广泛用于其他项目测定。根据衍生剂的不同，高效液相色谱柱前衍生测定法又分为OPA法、FOMCE法、PITC法、AQC法等，其中AQC法已列入国家农业行业标准制订计划。

5 脂肪酸检测技术

国内外脂肪酸检测技术主要有层析法（薄板层析法、纸层析法）、气相色谱法等。层析法虽测试费用低，但难以定量。大豆油中脂肪酸的测定主要采用气相色谱法，这是一种较精确的测定方法，也是国际标准和国家标准采用的方法（ISO 5508：1990 和 GB/T 17377—1998）。

6 含油量检测技术

测定豆浆灌根肥料中含油量多采用经典的索氏抽提法。该方法分析结果准确可靠，缺点是分析速度较慢，且用于提取的有机溶剂乙醚、石油醚等易燃易挥发，必须在专门的实验室内进行。

索氏抽提法测定大豆含油量为国家标准方法（GB/T 2906—1982），此方法又分为残余法和油重法两种。残余法用一套索氏抽提装置可同时抽提多个样品，适用于大批量样品的测定。油重法为仲裁法，一套索氏抽提装置每次只能测一个样品。两种方法的实验原理基本相同，即：用石油醚或乙醚等有机溶剂将样品中可溶物提取出来，再除去溶剂，即得大豆的含油量（油重法），或计算提取前后试样重量之差得出大豆含油量（残余法）。

需注意的是，用有机溶剂提取脂肪时，一些非油脂物质如高级醇、蜡、磷脂、色素、糖苷、树脂等也同时被提取，所以测定值又称为粗脂肪含量。

附录三 烟田 TX-12 型自动化豆浆灌根机械技术标准及操作规程

1 范围

本规程规定了烟田 TX-12 型自动化豆浆灌根机械技术标准及操作规程。

本规程适用于河南省三门峡市烟田 TX-12 型自动化豆浆灌根机械技术标准及操作规程。

2 性能特点和适用范围

烟田自动化豆浆灌根机械设备是根据豫西生态气候条件和烟叶生产技术要求，河南省烟草公司三门峡市公司联合郑州大学、中国烟草总公司郑州烟草研究院、河南省烟草科学研究所和许昌同兴现代农业科技有限公司，自主研发、独立设计开发并获得国家专利的高效节能烟草农业设备，填补了丘陵山区烟田精准、自动化豆浆灌根追肥领域的空白。

烟田 TX-12 型自动化豆浆灌根机械适合山区丘陵以及平原干旱缺水地区的豆浆灌根追肥，也可以进行烟田肥水灌溉。可根据烟田豆浆灌根追肥要求调节灌根深浅度及豆浆灌入量。

单喷头灌溉 1 棵烟苗需时间 3s，每亩需时约 1.0h。能节约肥、水资源，提高劳动效率和降低劳动强度。

3 工作原理

烟田 TX-12 型自动化豆浆灌根机械主要由储存水箱、水泵、高压软管、控制系统模块、快装接头、各种浇灌头（插枪头、喷淋头、浇灌头等）和流量控制枪组成。由固定于可移动车架的蓄电池提供动力带动柱塞泵输水，通过高压胶管连接到自动喷射部件。外接电池提供自动喷射部件的电路能量。通过调节柱塞泵的压力可控制输水距离和高度，通过调节自动喷射部件可控制施入量以及深浅度。

4 主要技术参数

4.1 箱体外型尺寸： 400mm×350mm×367mm

4.2 整机重量： 35kg

4.3 电瓶容量： 80Ah

4.4 电瓶电压： 12V

4.5 水泵出口流量： 17L/min

4.6 水泵压力： 0.27MPa

4.7 扬程： 27m

4.8 水泵电压： 12V

4.9 水泵功率： 110W

4.10 水管管径： φ18×φ12

4.11 电磁阀寿命： 大于 50 万次

4.12 流量性能： 0.05MPa≥17L/min，0.3MPa≥22L/min，0.8MPa≥30L/min

4.13 电池寿命： 4 节 2 000mAh 碱性电池，启动 10 万次开关阀门以上

4.14 扳机键寿命： 可达 100 万次以上

4.15 开阀定时范围： 0~9.9s

4.16 关阀定时范围： 0~99s

4.17 流量枪防护等级：IP54

5 操作规程

5.1 灌根机工作前的准备

连接好软管、流量控制枪，安装好工作时相应的枪头。如：浇灌配浇灌枪头、喷雾配喷雾枪头、穴灌配穴灌枪头。

5.2 自动连续浇灌（不停浇灌）模式

流量枪设定为自动模式。具体参看流量控制枪模式设置说明。

先按下设置/确认键，此时液晶屏上关阀时间在闪烁。通过多次按下"▼"键，把关阀时间设为00。

再按下设置/确认键，此时液晶屏上开阀时间在闪烁。通过多次按下"▲"键或是"▼"键，把开阀时间设为6：0。

最后再按一次设置/确认键。此时开关阀时间已全部设定好。

扣下流量枪的扳机，打开流量控制枪的电磁阀。（注：扣一下，就打开电磁阀，水经过流量枪流出；扣两下，就关闭电磁阀，水不能流出）

按下控制箱侧面的总电源开关。

按下控制面板上的"开启/关闭"按键，此时面板电源指示灯亮，且数码管显示当前电瓶的电压值。

按下控制面板上的"浇/穴灌"键，此时浇/穴灌指示灯亮，系统工作在自动连续浇灌模式。

根据烟草根部位置调节喷头杆上两个可调螺丝确定插入深浅。

5.3 自动间歇浇灌（间歇浇灌）模式

流量枪设定为自动模式。具体参看流量控制枪模式设置说明。

先按下设置/确认键，此时液晶屏上关阀时间在闪烁。根据自身需要通过多次按下"▼"键或是"▲"键，设好关阀时间。如：把关阀时间设为04。

再按下设置/确认键，此时液晶屏上开阀时间在闪烁。根据自身需要通过多次按下"▲"键或是"▼"键，设好开阀时间。如：开阀时间设为6：0。

最后再按一次设置/确认键。此时开关阀时间已全部设定好。

扣一下流量枪的扳机，打开流量控制枪的电磁阀。（注：扣一下，就打开电磁阀，水经过流量枪流出；扣两下，就关闭电磁阀，水不能流出）

按下控制箱侧面的总电源开关。

按下控制面板上的"开启/关闭"按键，此时面板电源指示灯亮，且数码管显示当前电瓶的电压值。

按下控制面板上的"浇/穴灌键"，此时浇/穴灌指示灯亮，系统工作在自动间歇浇灌模式。

5.4 手动浇灌模式

流量枪设定为手动模式。具体参看流量控制枪模式设置说明。

先按下"设置/确认"键，此时液晶屏上开阀时间在闪烁。根据自身需要通过多次按下"▼"键或"▲"键，设好开阀时间。如：把开阀时间设为06。

再按下"设置/确认"键，此时开阀时间已设定好。

按下控制箱侧面的总电源开关。

按下控制面板上的"开启/关闭"按键，此时面板电源指示灯亮，且数码管显示当前电瓶的电压值。

按下控制面板上的"浇/穴灌"键，此时浇/穴灌指示灯亮，系统工作在手动浇灌模式。

扣一下流量枪的扳机（打开电磁阀），此时系统出水口打开，系统浇灌一次，再扣一下扳机（关闭电磁阀），系统出水口关闭，下次工作又需重新扣一下扳机。如果扣扳机的间隔时间过长会导致水管出口压力增大，此时系统如果检测到水压超过 0.34MPa 后，水泵会自动停止，当水压低于 0.34MPa 后，水泵又重新开启工作。

5.5 充电模式

如果面板上欠压指示灯亮，则需要及时充电。

充电时，关闭面板开关电源，不要关闭总电源开关，把插头直接插入通有 220V 交流电的插座中，此时系统开始给电瓶充电，充电时充电指示灯亮，当电瓶充好以后饱和指示灯亮，在饱和指示灯亮后最好再充 1~2h，保证电池电量充足。

6 TX-12 型灌根机安全装置及注意事项

6.1 灌根机工作时，由于扣扳机间隔时间过长或由外界因素影响导致出水口关闭时间过长，水管出口压力迅速增大，此时系统如果检测到水压超过 0.34MPa 后，水泵会自动停止，当水压低于 0.34MPa 后，水泵又重新开启工作。

6.2 用户改变灌根机的工作状态时（如：喷雾变为浇灌），应先关闭面板电源开关，等待一会（等管内水压释放），当切换状态（安装好工作相应的枪头）完成后，按下"开/关"键，再按下当前工作状态按键，系统则按新的状态开始工作。

6.3 灌根机工作完毕后，请先关闭面板控制开关电源，然后把软管进出口连接互换一下，再打开面板控制开关电源，把管内剩余的水抽干，再关闭总开关电源，最后关闭流量控制枪的开关电源。长期不用时请取出流量枪内部电池。

6.4 每次浇灌、喷雾、穴灌完毕后，请用水清洗流量控制枪阀腔和过滤网。

6.5 灌根机不要用力挤压、碰撞。不要长期暴晒在高温环境。

6.6 不要自行拆卸机器。

6.7 电瓶加橡胶保护套，保证了与铁壳体的绝缘。

6.8 箱体采用水电分离设计，保证系统的安全可靠性。

6.9 箱体的防护等级能达到 IP54。

7 一般故障排除

7.1 警告信息及排除

异常现象	原因分析	排除方法
欠压指示灯亮	电瓶电压偏低	关闭面板控制开关，接通 220V 交流电给电瓶充电
饱和指示灯亮	电瓶电压已充饱	在灯亮 1~2h 后断开 220V 交流电
充电指示灯不亮	连接充电的信号线断开	焊接好连接充电的信号线
流量枪液晶屏显示 OFF	电池没电	重新更换电池

7.2 故障信息及排除

异常现象	原因分析	排除方法
流量枪手柄扳机上方漏水	手柄与电磁阀螺纹连接处胶没有涂好	更换好的液态胶
流量枪手柄下边漏水	流量枪手柄连接器的生胶带没有缠好	卸下手柄连接器重新缠好
水管出口关不掉	电磁阀的电源连接线虚焊	补焊好连接线
水管出口打不开	电磁阀的电源连接线虚焊	补焊好连接线
电磁阀不工作	控制电磁阀电路出现问题	更换控制电磁阀电路的二极管
电磁阀反向	由于焊接的问题，线序焊错导致	按正确的线序重新焊接好
感应开关失灵	吸合或断开的距离不合适	如果两个销子，可考虑去掉一个销子
水泵不受单片机控制	调速板上 LM324 的 5 脚没接好	补焊好 5 脚的连接线
液晶不显示	连接液晶处的二极管损坏	重新更换新的二极管
液晶不显示，PCB 板上也没电	电池供电输出的保护板的 MOSFET 管静电击穿	重新更换 MOSFET 管，焊接时带上防静电手腕
液晶屏出现黑斑	液晶的 PCB 板没有安装好	拆下液晶 PCB 板重新更换一块液晶模块
水泵不受单片机控制	控制水泵开关的 MOSFET 管击穿	重新更换 MOSFET 管（型号为 NSK4202）
水泵不转	水箱没水了	往水箱中加水
水泵不转	外部压力把水管压死	排除外部压力

8 安全警示与保养

8.1 使用前请仔细阅读说明书。

8.2 检查各部分螺丝的松紧。

8.3 系统欠压时，请及时充电。

8.4 蓄电池储存超过 3 个月需进行一次补充电，以防止蓄电池硫酸盐化造成的性能下降。

8.5 水泵不能长时间空转。

8.6 水泵使用半年或一年以后，压力降低。打开水泵，拧紧电机支架螺丝，将腔体内的小磨片上下调换方向，或者更换小磨片。

8.7 蓄电池长时间不使用时，应充足电再存放，否则会影响蓄电池使用寿命。

8.8 灌根机长时间工作，会产生大量的热量，平时应工作 3h 后，让系统停止工作一段时间。

主要参考文献

曹文娟，袁海生，2016. 桦褶孔菌漆酶固定化及其对染料的降解 [J]. 菌物学报，35（3）：343-354.

曹志洪，1991. 优质烤烟生产的土壤与施肥 [M]. 南京：江苏科学技术出版社.

陈建军，赵静，刘梁涛，等，2016. 高效降解棉酚菌株的分离、鉴定及发酵条件优化 [J]. 饲料研究，9（442）：37-46.

陈跃辉，2009. 三国吴简腐蚀斑微生物的分离鉴定及其木质素降解性能研究 [D]. 长沙：中南大学.

程兰，胡军，程宝玉，等，2011. 豆浆灌根对烤烟叶片物理特性及主要化学成分的影响 [J]. 湖北农业科学，50（4）：694-697.

杜介方，张彬，解宏图，等，2011. 不同施肥处理对球囊霉素土壤蛋白含量的影响 [J]. 土壤通报，42（3）：573-577.

段传人，贾秋云，2009. 白腐菌混合菌降解木质素最佳条件的优化 [J]. 生物技术通报，12（20）：167-171.

D. Layten Davis，Mark T. Nielsen，2003. 烟草：生产，化学和技术 [M]. 王彦亭译. 北京：化学工业出版社.

樊云燕，李昆，张锦华，2015. 木质素降解菌的筛选及其漆酶性质的研究 [J]. 畜牧与兽医，47（10）：35-40.

关松荫，1986. 土壤酶及其研究 [M]. 北京：农业出版社.

韩鲁佳，闫巧娟，刘向阳，等，2002. 中国农作物秸秆资源及其利用现状 [J]. 农业工程学报，18（3）：87-91.

黄茜，黄凤洪，江木兰，等，2008. 木质素降解菌的筛选及混合菌发酵降解秸秆的研究 [J]. 中国生物工程杂志，28（2）：66-70.

景延秋，高玉珍，魏跃伟，等，2007. 饼肥与无机肥的不同配比对白肋烟烟叶中的游离氨基酸的影响 [J]. 中国农学通报，23（1）：73-77.

康从宝，李清心，刘瑞田，等，2002. 一株白腐菌产生的漆酶对 RB 亮蓝的脱色作用 [J]. 应用与环境学报（3）：298-301.

李国富，栗君，卢磊，等，2013. 解淀粉芽孢杆菌 LC03 的分离及其芽孢漆酶性质的研究 [J]. 北京林业大学学报（3）：116-121.

李合生，2002. 现代植物生理学 [M]. 北京：高等教育出版社.

李志兰，杜孟浩，2010. 木质素的生物合成及降解研究现状 [J]. 浙江农业科学（4）：914-918.

梁军锋，张洪生，张克强，等，2009. 木质素降解菌的筛选及对秸秆的降解研究 [J]. 华北农学报，24（5）：206-209.

梁帅，周德明，冯友兰，2008. 白腐真菌漆酶的研究进展及应用前景 [J]. 安徽农业科学，36（4）：1317-1319.

林桂华，杨斌，上官克攀，等，2003. 施用有机肥对龙岩特色烟叶香气质量的影响 [I]. 中国烟草科学（3）：9-10.

刘家扬，蔡宇杰，廖祥儒，等，2010. 漆酶高产菌的筛选及产酶优化 [J]. 食品与机械，26（4）：10-14.

刘宁，何红波，解宏图，等，2011. 土壤中木质素的研究进展 [J]. 土壤通报，42（4）：991-996.

卢增兰，1987. 土壤肥料学 [M]. 北京：中国农业出版社.

罗玲，韩奇鹏，曲湘勇，2016. 微生物发酵饲料在动物生产上的应用研究进展 [J]. 新饲料（2）：45-50.

马京民，程兰，胡军，2009. 烤烟豆浆灌根技术及其应用效果 [J]. 江西农业学报，21（10）：52-53.

庞学勇，包维楷，吴宁，2009. 森林生态系统土壤可溶性有机质（碳）影响因素研究进展 [J]. 应用与环境生物学报，15（3）：390-398.

史宏志，刘国顺，1998. 烟草香味学 [M]. 北京：中国农业出版社.

司静，崔宝凯，戴玉成，2011. 栓孔菌属漆酶高产菌株的初步筛选及其产酶条件的优化 [J]. 微生物学通报，38（3）：405-416.

司静，李伟，崔宝凯，等，2011. 真菌漆酶性质、分子生物学及其应用研究进展 [J]. 生物技术通报（2）：48-55.

唐黎标，2013. 生物技术在造纸废水处理中的应用 [J]. 天津造纸（4）：17-19.

陶俊，2002. 柑橘果实类胡萝卜素形成及调控的生理机制研究 [D]. 杭州：浙江大学.

陶用珍，管映亭，2003. 木质素的化学结构及其应用 [J]. 纤维素科学与技术，11（1）：42-55.

王晶，解宏图，朱平，等，2003. 土壤活性有机质（碳）的内涵和现代分析方法概述 [J]. 生态学杂志（6）：109-112.

王景，胡立中，朱栋梁，等，2012. 烟叶中游离氨基酸与卷烟主流烟气中氢氰酸的相关关系 [J]. 光谱实验室，29（6）：3793-3797.

王茂成，李勇，李世忠，等，2013. 木质素降解真菌的分离与相关酶活性测定及产酶条件优化 [J]. 西南师范大学学报：自然科学版，11（12）：122-126.

王瑞新，2003. 烟草化学 [M]. 北京：中国农业出版社.

王彦亭，谢剑平，李志宏，2010. 中国烟草种植区划 [M]. 北京：科学出版社.

韦凤杰，张国显，王海涛，等，2008. 豆浆灌根对豫西烤烟香气含量和评吸质量影

响研究初报 [J]. 中国烟草科学 (3)：48-52.

魏炳栋, 邱玉朗, 陈群, 等, 2016. 发酵玉米秸秆对育肥羊生长性能、营养物质消化率及甲烷排放的影响 [J]. 中国畜牧兽医, 43 (12)：3200-3205.

魏熙宇, 项学敏, 杨凤林, 等, 2011. 草浆造纸清洁制浆工艺研究 [J]. 辽宁化工 (10)：1010-1015.

武雪萍, 秦艳青, 刘国顺, 等, 2003. 有机与无机肥不同配比对烟叶氨基酸含量的影响 [J]. 河南农业大学学报, 37 (2)：115-123.

杨琼, 孙满吉, 黄立敏, 等, 2012. 玉米秸秆高效分解菌株的筛选、鉴定及产酶条件优化 [J]. 中国饲料 (19)：31-33.

殷延齐, 刘惠民, 夏巧玲, 等, 2007. 卷烟烟丝中游离态氨基酸的主成分分析和聚类分析 [J]. 烟草科技 (10)：36-40.

尤纪雪, 廖金华, 陈星星, 等, 2008. 3 种不同酶 (体系) 降解木质素机制探讨 [J]. 中国造纸学报, 23 (3)：32-36.

郁红艳, 曾光明, 胡天觉, 等, 2003. 真菌降解木质素研究进展及在好氧堆肥中的研究展望 [J]. 中国生物工程杂志, 23 (10)：57-61.

郁红艳, 曾光明, 黄国和, 等, 2004. 木质素降解真菌的筛选及产酶特性 [J]. 应用与环境生物学报, 10 (5)：639-642.

曾志三, 2008. 不同变黄环境对烤烟蛋白酶活性及其它几种化学组分的影响 [D]. 贵阳：贵州大学.

张成娥, 梁银丽, 2001. 不同氮磷施肥量对玉米生育期土壤微生物量的影响 [J]. 中国生态农业学报, 9 (2)：72-74.

张金星, 常仲元, 2012. 中卫市玉米秸秆的综合利用研究 [J]. 现代农业科技 (8)：310-312.

张来丽, 李刚, 毛润乾, 等, 2011. 白蚁肠道微生物降解木质素研究进展 [J]. 湖北农业科学, 50 (3)：433-436.

赵铭钦, 刘金霞, 刘国顺, 等, 2008. 增施不同有机物质对烤烟质体色素及其降解产物的影响 [J]. 浙江农业科学 (2)：243-246.

赵谋明, 饶国华, 林伟锋, 等, 2005. 烟草蛋白质研究进展 [J]. 烟草科技 (4)：31-34.

甄静, 李冠杰, 李伟, 等, 2017. 毛栓孔菌 XYG422 菌株产漆酶发酵条件优化及对玉米秸秆生物降解的研究 [J]. 菌物学报, 36 (6)：718-729.

左天觉, 1993. 烟草的生产、生理和生物化学 [M]. 上海：上海远东出版社.

Aura A M, Niemi P, Mattila I, et al, 2013. Release of small phenolic compounds from brewer's spent grain and its lignin fractions by human intestinal microbiota in vitro [J]. J Agric Food Chem (61)：9744-9753.

Badiane N N Y, Chotte J L, Pate E, et al, 2001. Use of soil enzyme activities to monitor soil quality in natural and improved fallows in semi-arid tropical regions [J]. Applied Soil Ecology, 18 (3)：229-238.

Borie F, Rubio R, Rouanet J L, et al, 2006. Effects of tillage systemson soil characteristics, glomalin and mycorrhizal propagules in aChilean Ultisol [J]. Soil and Tillage Research (88): 253-261.

Capelari M, Zadrazil F, 1997. Lignin degradation and in vitro digestibility of wheat straw treated with Brazilian tropical species of white rot fungi [J]. Folia Microbiologica, 42 (5): 481-487.

Chen F, Dixon R A, 2007. Lignin modification improves fermentable sugar yields for biofuels production [J]. Nat Biotechnol (25): 759-761.

Dai X Y, Ping C L, Candler R, et al, 2001. Characterization of soil organic matter fractions of tundra soil in Arctic Alaska by carbon-13 nuclear magnetic resonance spectroscopy [J]. Soil Science Society of America Journal (65): 87-93.

Dittmer J K, Patel N J, Dhawale S W, et al, 1997. Production of multiple laccase isoforms by Phanerochaete chrysosporium grown under nutrient sufficiency [J]. FEMS Microbiology letters, 149 (1): 65-70.

Driver J D, Holben W E, Rillig M C, 2005. Characterization of glomalin as a hyphal wall component of arbuscular mvcorrhizal fungi [J]. Soil Biology and Biochemistry, 37 (1): 101-106.

Enzell C R, 1976. Terpenoid components of leaf and their relationship to smoking quality and aroma [J]. Rec. Adv. Tob. Sci (2): 32-60.

Gadelha I C N, Nascimento Rangel A H, Silva A R, et al, 2011. Efeitos do gossipol na reproduçao animal [J]. Acta Veterinaria Brasilica, 5 (2): 129-135.

Halvorson J J, Gonzalez J M, 2006. Bradford reactive soil protein inAppalachian soils: distribution and response to incubation, extractionreagent and tannins [J]. Plant and Soil (286): 339-356.

Hamilton T L, Peters J W, Skidmore M L, et al, 2013. Molecular evidence for an active endogenous microbiome beneath glacial ice [J]. The ISME Journal, 7 (7): 1402-1412.

Hatanaka A, et al, 1977. Formation of 12-oxo-trans-10-dodecenoic acid in chloroplasts from thea sinenis leaves [J]. Phytochemistry (16): 1828-1829.

Kalbitz K, Solinger S, Park J H, et al, 2000. Controls on the dynamics of dissolved organic matter in soils: A review [J]. Soil Science, 165 (4): 277-304.

Lauber C L, Strickland M S, Bradford M A, et al, 2008. The influence of soil properties on the structure of bacterial and fungal communities across land-use types [J]. Soil Biology and Biochemistry, 40 (9): 2407-2415.

Littlewood J, Wang L, Turnbull C, et al, 2013. Techno - economic potential of bioethanol from bamboo in China [J]. Biotechnol Biofuels (6): 173-185.

Liu Z, Guo L, Lin J, 2009. Advances in heterologous expression of fungal laccases [J]. China Biotechnology, 29 (6): 135-142.

Maestre Reyna M, Liu W C, Jeng W Y, et al, 2015. Structural and functional roles of glycosylation in fungal laccase from Lentinus sp [EB/OL]. PLoS ONE, 10 (4): e0120601.

Mayer A M, Staples R C, 2002. Laccase: new functions for an old enzyme [J]. Phytochemistry (60): 551-565.

Mena H, Santos J E P, Huber J T, et al, 2004. The effects of varying gossypol intake from whole cottonseed and cottonseed meal on lactation and blood parameters in lactating dairy cows [J]. Journal of Dairy Science, 87 (8): 2506-2518.

Moebius Clune B N, Moebius Clune D J, Gugino B K, et al, 2016. Comprehensive assessment of soil health—The Cornell framework manual [M]. New York: New York State Agriculture Experiment Station.

Nichols K A, Wright S F, 2006. Carbon and nitrogen in operationallydefined soil organic matter pools [J]. Biology and Fertility of Soils (43): 215-220.

Randel R D, Willard S T, Wyse S J, et al, 1996. Effects of diets containing free gossypol on follicular development, embryo recovery and corpus luteum function in brangus heifers treated with bFSH [J]. Theriogenology, 1996, 45 (5): 911-922.

Rillig M C, Caldwell B A, Wosten H A B, et al, 2007. Role of proteins in soil carbon and nitrogen storage: controls on persistence [J]. Biogeochemistry (85): 25-44.

Rillig M C, Mummey D L, 2006. Mycorrhizas and soil structure [J]. New Phytologist (171): 41-53.

Rillig M C, Wright S F, Nichols K A, et al, 2001. Large contribution of arbuscular mycorrhizal fungi to soil carbonpools in tropical forest soils [J]. Plant and Soil (233): 167-177.

Tripathi A, Upadhyaya R C, Singh S, 2012. Extracellular ligninolytic enzymes in Bjerkandera adusta and Lentinus squarrosulus [J]. Indian J Microbiol, 52 (3): 381-387.

Wang B, Yan Y, Tian Y S, et al, 2016. Heterologous expression and characterisation of a laccase from Colletotrichum lagenarium and decolourisation of different synthetic dyes [J]. World Journal of Microbiology and Biotechnology, 32 (3): 40.

Weybrew J A, 1957. Estimation of the plastid pigments in tobacco. Tobacco Science (1): 1-5.

Wright S F, Franke Snyder M, et al, 1996. Time- course study and partial characterization of a protein on hyphaeof arbuscular mycorrhizal fungi during active colonization of roots [J]. Plant and Soil (181): 193-203.

Wright S F, Green V S, Cavigelli M A, 2007. Glomalin in aggregatesize classes from three different farming systems [J]. Soil and Tillage Research (94): 546-549.

Wright S F, Upadhyaya A, 1996. Extraction of an abundant and unusual protein from soil and comparison with hyphal protein of arbuscular mycorrhizal fungi [J]. Soil science, 161 (9): 575-586.

Xie Y, Wu B, Zhang X X, et al, 2016. Influences of graphene on microbial community and antibiotic resistance genes in mouse gut as determined by high-throughput sequencing [J]. Chemosphere (144): 1306-1312.

Zbidah M A, Lupescu, Shaik N, et al, 2012. Gossypol-induced suicidal erythrocyte death [J]. Toxicology, 302 (2-3): 101-105.

Zeng G M, Yu H Y, Huang H L, et al, 2006. Laccase activities of soil inhabiting fungus Penicillium simplicissimum in relation to lignin degradation [J]. World Journal of Microbiology ang Biotechnology (22): 317-324.

Zou X, Ruan H H, Fu Y, et al, 2005. Estimating soil labile organic carbon and potential turnover rates using a sequential fumigation - incubation procedure [J]. Soil Biol Biochem (37): 1923-1928.